An Interdisciplinary MIT Study

美国麻省理工学院跨学科研究

The Future of the Nuclear Fuel cycle

郭奇勋　李　宁◎译

核燃料循环的未来

厦门大学出版社 XIAMEN UNIVERSITY PRESS
国家一级出版社
全国百佳图书出版单位

图书在版编目(CIP)数据

核燃料循环的未来 / 郭奇勋，李宁译.—厦门 ：厦门大学出版社，2018.5
ISBN 978-7-5615-5278-0

Ⅰ.①核… Ⅱ.①郭… ②李… Ⅲ.①核燃料-燃料循环-研究 Ⅳ.①TL249

中国版本图书馆 CIP 数据核字(2014)第 247374 号

出版人 郑文礼
责任编辑 郑 丹
封面设计 李夏凌
技术编辑 许克华

出版发行 厦门大学出版社
社 址 厦门市软件园二期望海路 39 号
邮政编码 361008
总编办 0592-2182177 0592-2181406(传真)
营销中心 0592-2184458 0592-2181365
网 址 http://www.xmupress.com
邮 箱 xmup@xmupress.com
印 刷 厦门市金凯龙印刷有限公司

开本 787mm×1092mm 1/16
印张 15.25
插页 1
字数 366 千字
印数 1～3 000 册
版次 2018 年 5 月第 1 版
印次 2018 年 5 月第 1 次印刷
定价 68.00 元

厦门大学出版社
微信二维码

厦门大学出版社
微博二维码

麻省理工学院《核燃料循环的未来》中译本前言

作为2011年《核燃料循环的未来》报告的共同主席，并从我随后任职美国能源部部长的角度，我很高兴我们的中国同事把这份报告翻译成了中文。显然，中国正在和将要在21世纪的核能开发和部署中扮演关键的角色。因此，该报告的发现和建议将被一个重要的受众所认知。我相信报告将继续为建设性地营造发展全球核燃料循环的讨论氛围提供深刻的见解。经济、环境影响、防核扩散等议题都是讨论的中心。

在2015年末的巴黎气候协议决定致力发展的低碳经济中，核电的效益得到了广泛的认可，但要大规模实现这些效益仍面临很多挑战。该报告澄清了历史预期中的谬误，即在核燃料循环的发展中，为了在启动快堆和高转化比燃料循环中应用钚，不可避免地需要在轻水堆中回收利用钚。举例来说，此预期基于铀资源可得性受到制约的假设，已经不符合当前的认知水平；而当前的认知水平又会引导对燃料循环方案进行根本性重新评价。在未来的燃料循环发展中，保留可选性是报告的中心主题，包括适当扩大研究和开发的议程。国际合作是及时执行这项议程的关键。

报告的第二个关键聚焦领域是后段的废物处置。自2011年起，全球的这项工作进展太慢了，美国在这一方面几乎没有实质性进展。在辐照后燃料存储和处置方案得到核技术供应国家的广泛接受之前，核电发展将面临严重的阻碍。

另一个自2011年起得到更多关注的燃料循环的方面，是在国际上传播燃料循环的能力增强了核扩散风险。在美国和中国，以及英国、法国、德国、欧盟与俄罗斯等处理伊朗核项目，并于2015年达成联合全面行动计划（伊朗核协议）的重要努力中，这些有关燃料循环的担忧被放到了聚光灯下。伊朗的铀浓缩和钚生产项目支持其宣称的核能活动，在国际上引起了担忧，被认为其可能有发展核武器的意愿。一些国家在仍然满足现有的防核扩散协议与国际原子能机构的要求的同时变成了核武器阈值国，这样的挑战会变得越来越常见。从伊朗核协议中得到的，涉及燃料循环的透明度和验证，全球核燃料服务（如核燃料租赁方法）等方面的经验教训迫切需要得到关注。

麻省理工学院的《核燃料循环的未来》还对于核燃料循环的国际化发展提出了关键问题和建设性回应，包括经济、环境、技术与安全等要素。如果该中文译本能够促进增强对话，那么这项努力就会非常有价值。

最后，如果没有致谢我们出色的同事和本研究的联合主席穆吉德·卡兹米（Mujid Kazimi）教授，那么这个前言是不完整的。他在2015年突然意外地去世，使得其同事、朋友和家人在我们倡导和需要的讨论中失去了一个关键的声音。他是所有与核相关事物的顶级教育家和研究者。他基于对技术理解的理性声音得到了国际上同行的认可。他是和蔼尽职的麻省理工学院同事,培育了很多具有不同背景的研究生,多数来自他从成长期就非常熟悉的中东地区。他在中国参加一个国际会议时突然去世,当时正值伊朗核协议谈判的最终阶段。参加该谈判的有他的本研究联合主席(本人)和一名曾直接获益于穆吉德指导的学生阿里·萨勒希(Ali Salehi)。这更使得本中译本成为对穆吉德教授非常合适的纪念。通过这个译本,穆吉德将继续对有助于环境进步和国际和平的核燃料循环发展做出贡献。

欧内斯特·莫尼兹

麻省理工学院物理与工程系统塞西尔与艾达·格林(Cecil & Ida Green)讲席教授(荣誉退休)

第 13 任美国能源部部长

Foreword for the Chinese Translation of the MIT Future of the Nuclear Fuel Cycle report

As co-chair of the 2011 Future of the Nuclear Fuel Cycle report, and from the perspective of my subsequent service as U.S. Secretary of Energy, I am delighted that our Chinese colleagues have chosen to translate the report into Chinese. Clearly, China is playing and will play a crucial role in the development and deployment of nuclear power in the 21st century, so the report's findings and recommendations will now be made available to an important audience. I believe the report continues to provide insights that can help shape the discussion about global nuclear fuel cycle development in a constructive way. Economic, environmental impact, and proliferation resistance issues are all central to the discussion.

The benefits of nuclear power in a low-carbon economy, as committed to in the Paris climate agreement of late 2015, are widely recognized and acknowledged, but many challenges remain to the realization of these benefits at large scale. The report clarifies the fallacies in the historical expectation that fuel cycle development would inevitably encompass plutonium recycling in light water reactors as a step towards utilization in starting up a fast reactor and a high conversion ratio fuel cycle. For example, the assumption of constrained uranium resource availability that underpinned this expectation does not reflect current understanding, but it is the current understanding that should lead to a fundamental reevaluation of fuel cycle options. The preservation of optionality in future fuel cycle development is a central theme of the report, including an appropriately expanded research and development agenda. International cooperation is key to execution of such an agenda in a timely way.

A second critical focus area in the report was that of back-end waste disposal. Progress has been far too slow globally since 2011, and practically nonexistent in the U.S. Until irradiated fuel storage and disposal options are widely accepted in nuclear technology supply states, the development of nuclear power will face significant headwinds.

Another fuel cycle facet that has had increased focus since 2011 is the risk of nuclear proliferation being enhanced by the spread of fuel cycle capability internationally. The important effort to address Iran's nuclear program, leading to the Joint Comprehensive

Plan of Action (JCPOA) in 2015, involved the United States and China, along with the United Kingdom, France, Germany, the European Union and Russia, and put a spotlight on these fuel cycle concerns.Iran's uranium enrichment and plutonium production programs in support of its declared nuclear energy activities raised flags internationally about possible nuclear weapons aspirations.This challenge will be more and more common as countries become nuclear weapons threshold states even as they meet current Nonproliferation Treaty and IAEA safeguards requirements.The lessons learned from the JCPOA concerning fuel cycle transparency and verification, and global nuclear fuel services (such as nuclear fuel leasing approaches) need urgent attention.

Again, the MIT Future of the Nuclear Fuel Cycle report lays out critical questions and offers constructive responses for nuclear fuel cycle development internationally-economic, environmental, technical, and security essentials.If this Chinese translation can stimulate enhanced dialogue, the effort will be extremely worthwhile.

Finally, this foreword would be incomplete without acknowledging the important contributions of our wonderful colleague and study co-chair Mujid Kazimi. Hissudden and unexpected passing in 2015 deprived all of us-colleagues, friends and family - of a critical voice in the discussion we advocate and need.He was a foremost educator and researcher on all things nuclear. He was also a colleague recognized internationally as a voice of technically-informed reason. He was a kind and dedicated MIT colleague who nurtured graduate students from many backgrounds, most especially from the Middle East that he knew so well from his formative years.His sudden death while participating in an international conference in China, during the final stages of the JCPOA negotiation that involved both his study co-chair and one of the students-Ali Salehi - who had directly experienced and benefitted from Mujid's mentorship, makes this translation even more of a fitting tribute to Professor Kazimi.Through this translation, Mujid will continue to contribute to the development of nuclear fuel cycles that contribute to environmental progress and international peace.

Ernest J.Moniz
MIT Cecil and Ida Green Professor of Physics and Engineering Systems (emeritus)
13th U.S. Secretary of Energy

核燃料循环的未来：已发生了什么变化？

美国麻省理工学院于2011年发布了交叉学科研究报告《核燃料循环的未来》。从那时起核燃料循环已经发生了变化。这项研究的重点是美国的核燃料循环，但也考虑了全球核燃料循环。研究通过合作在主要建议上达成了共识，这是集体努力的成果。这里讨论的是我自己的观点，不一定代表这项研究中其他作者的观点。

铀资源

原报告中认为铀资源供应在很长一段时间内不是制约条件。提出的一项主要建议是：应该建立一个国际合作计划，以增进了理解，并对估算铀的成本与累计产量的关系提供更多的信心。

这些结论至今仍然适用。就像对其他金属资源，寻找新的铀资源的商业努力是基于未来几十年的预期市场。现在没有商业动机来寻找一个世纪后需要的铀资源。这引出以下建议，那些需要理解长期资源利用情况的政府应该合作以更好地认识这些资源。

新的铀资源预测显示资源基础将继续扩大。大多数先进反应堆的铀消耗量比轻水反应堆的低。离心法浓缩铀的成本大幅下降，意味着从每吨天然铀能回收更多的^{235}U。有些新发展可能有重大意义。水力压裂技术扩大了石油和天然气储量，也可能增加原位采矿回收的铀储量，但目前没有足够的信息来验证这会对总铀资源产生多大的影响。美国、中国和日本的合作降低了海水中提取铀的估算成本。海洋中有超过40亿吨的铀，足以装料轻水堆供应人类1000年的能源需求。更长期的海水铀资源基数还要大几个数量级，因为地球上的河流会补充沉积到洋底的铀，或者将在海洋开采中减少的铀。海水铀资源似乎不太可能与陆地铀资源竞争。但是，它可能会把铀成本的上限控制在电力成本的20%以内。如果是这样的话，假如某些以资源利用为理由的方案会导致燃料循环成本的大幅度增加，就不会有令人信服的经济动机来发展这些先进燃料循环。由于对海水铀的较小投资就可以指导长期研发决策，我们建议继续进行适度的海水铀研发工作，以便为这一铀提取方案获得更好的长期成本估算。

最后，美国泰拉能源公司（http://terrapower.com/）开发的两个反应堆概念（行波式钠冷快堆和熔融氯化物熔盐堆）也许能使得一次通过式增殖反应堆成为可能。这些设计可以用浓缩铀启动，用天然铀或贫铀换料，乏燃料不再循环利用。这样的反应堆和燃料循环可以通过允许更高的铀燃料燃耗来获取20%～30%的铀能量值。如果成功，这些反应堆概念将使具有铀资源高利用率的简单燃料循环应用成为可能。迄今的工作已证实了科学可行性,但需要进一步的技术开发和工程设计,以确定是否有可能建造一个经济的反应堆。

核能的铀资源问题不是铀资源最终是否限制核电(它们现在还没有),而是通过后处理和循环利用提高铀资源利用率是否对核电成本造成不必要的负担。

反应堆进展:熔盐堆

《核燃料循环的未来》没有涉及反应堆技术。在编写报告时,所有得到认真考虑的反应堆都使用固体燃料。自原报告发布以来已经发生变化的是,熔盐冷却(固体核燃料和清洁液态冷却剂)和燃料溶解在冷却剂中的熔盐堆(MSRs)得到了日益增长的关注和技术进步。与所有其他反应堆不同,熔盐堆需要在反应堆现场进行一些最低限度的处理,去除和捕获惰性裂变产物气体和贵金属。液体燃料为燃料处理提供了不同的技术方案。反应堆与燃料循环的其余部分之间没有明确的分界线。

对熔盐堆的新生兴趣部分是由反应堆特性驱动的,部分是由燃料循环考量驱动的。这类反应堆最重要的商业特征可能是,盐堆相比任何其他反应堆能在更高温度下提供更大比例的热量(表1)。这是使用高温液体盐冷却剂和流经堆芯温升小的结果。相比之下,在高温气冷堆中通常有一个大的堆芯温升,以减小压缩机功率。虽然气冷堆的峰值温度可能很高,但平均供热温度远远低于熔盐堆。

表1　反应堆冷却剂温度

冷却剂	平均堆芯入口温度(℃)	平均堆芯出口温度(℃)	平均供热温度(℃)
水	270	290	280
钠	450	550	500
氦	350	750	550
盐	600	700	650

这意味着盐堆(固体和液体燃料)有能力向工业提供温度更高的热和更高的热电效率。更高的平均供热温度也意味着能够有效地耦合燃气轮机。由于在过去15年中燃气轮机的重要进步,这种耦合包括使用辅助燃料和高温蓄热的峰值功率的选择方案,使具有可变电力输出的基荷反应堆成为可能,即有能力根据市场情况购买和销售电力。

根据反应堆中不同的处理水平,熔盐堆可以与多个核燃料循环(高性能的一次通过式燃料循环、增殖堆、锕系元素焚烧堆等)耦合。优选项或选项群取决于目标和技术进步。

熔盐堆的早期开发发生在20世纪50年代到70年代中期,但是此后的几十年里几乎没有完成什么工作。在此期间,燃气轮机动力循环和许多其他技术得到了开发和改进。在过去的几年里,越来越多的人认识到,这些技术进步可以极大地提高熔盐堆的性能——含氟化物和氯化物盐的变种。因此,对熔盐堆和盐冷却反应堆的兴趣和活动有了大的增长,其中包括中国的一个重要项目、几个西方国家的多家创业公司迅速扩展的研究项目。

现在还没有足够的信息对熔盐堆及其燃料循环做出明确结论。在未来十年进行的研究应该能够理解熔盐堆的潜在作用。其独特的高温供热能力、液体燃料容许的不同安全状况或燃料循环方面的考量可能推动做出相关决策。

乏燃料管理和处置库设计

天然气和石油水力压裂技术的不断进步，创造了利用钻孔技术处理乏燃料和高放废物处置的方案，这也许使小规模的经济性地质处置成为可能，因而使得多个处置场所方案在制度上可行。这一备选方案在防核扩散方面也很重要，为拥有小规模核电项目的国家提供了国内乏燃料处置方案。

乏燃料循环利用的未来经济性取决于技术和系统设计。最近的研究表明，替代的系统设计可以显著提高乏燃料循环利用的经济性。因为历史原因，后处理厂被先开发和部署了，但处置库的发展滞后了很多。这导致在传统的燃料循环设计中，后处理、燃料制造和处置设施分开在不同的地点。然而，乏燃料后处理成本的很大一部分与废物管理有关。许多的乏燃料后处理成本与将废物转化为适合运往异地处置库的低容积废物形式有关。如果后端（后处理、燃料制造、处置库）设施被并置，那就有其他的工艺过程和废物处理方案，可能会以更低的成本生产出更好的废物形式，但也可能导致废物体积显著增加。对现场处置，较大的废物体积对处置库成本影响很小。然而，在一次通过式和循环利用之间的竞争中，铀和铀浓缩成本的下降似乎正在扩大一次通过式燃料循环的经济优势。

2011 年的燃料循环报告讨论了商业运营集中式国际处置库的模式，其价值随着时间的推移增加了。俄罗斯已经开始启用这样的策略。拥有处置库的国家制造燃料，向其他国家的反应堆提供租赁燃料，并收回使用过的核燃料。由于规模经济效应，东道国可能从就业和高利润中受益，而小国客户获得核燃料的成本可能比拥有独立燃料循环设施低很多，形成一个共赢的局面。根据经济效益、偏远场址，及作为技术成熟、政治稳定、在防核扩散条约领域享有非常好声誉的国家，澳大利亚和加拿大已经对这些选择方案开展了一定的研究，如果几个主要的核武器国家采用这种模式，就有强力的经济和防核扩散激励。

碳制约世界中核能的未来

美国麻省理工学院目前正在完成关于“碳制约世界中核能的未来”的新研究，研究报告预计于 2018 年 9 月发布。这个报告将对除核燃料循环以外的核能的其他方面进行讨论。

查尔斯·福斯伯格
麻省理工学院核科学与工程系研究科学家
核燃料循环项目执行主任

Future of the Nuclear Fuel Cycle: What Has Changed?

In 2011 MIT published The Future of the Nuclear Fuel Cycle, An Interdisciplinary Study. Since then there have been changes in fuel cycles. The primary focus of the study was the United States but with consideration of the global fuel cycle. The study was a collaborative effort where a consensus was developed on the major recommendations—a group effort. The discussions herein are my own perspectives and do not necessarily represent the perspectives of other authors of the study.

Uranium Resources

The original report conclusions on uranium resources was that Uranium resources will not be constraint for a long time. One major recommendation was made: An international program should be established to enhance understanding and provide higher confidence in estimates of uranium costs versus cumulative uranium production.

These conclusions remain unchanged. Commercial efforts to find new uranium resources, like for other metals, are based on expected future markets several decades into the future. There is no commercial incentive to find uranium resources that would be needed in a century. This leads to the recommendation for governments that have incentives to understand long-term resource utilization to work together to better understand these resources.

New projections[①] of uranium resources show continued increases in the resource base. Most advanced reactors have lower uranium consumption than light-water reactors. The cost of centrifuge enrichment has dropped dramatically, implying more ^{235}U can be recovered per ton of natural uranium. There are potentially significant new developments. The fracking technology that has expanded oil and natural gas reserves may also increase uranium reserves recovered by in-situ mining[②]—but there is insufficient information at this time to know whether this has a small or large impact on total uranium

① Nuclear Energy Agency, Uranium 2016: Resources, Production and Demand (2016).

② International Atomic Energy Agency, In-Situ Leach Uranium Mining: An Overview, IAEA Nuclear Energy Series No. NF-T-1.4, 2016 resources. Cooperative work by the United States, China, and Japan have lowered the estimated cost of uranium from seawater.[①,②] The oceans have over 4 billion tons of uranium, sufficient to fuel LWRs supplying man's energy needs for 1000 years. The longer-term seawater uranium resource base is orders of magnitude larger because the rivers of the earth replenish uranium that is lost to ocean sediments or would be lost to seawater mining[③]. It does not appear likely that seawater uranium will compete with terrestrial uranium resources. But, it may put an upper limit on uranium costs to less than 20% of the cost of electricity. If that were the case, there would be no compelling economic incentive to develop several types of advanced fuel cycles for resource utilization reasons if such fuel cycles result in major increases in fuel cycle costs. Because a relatively small investment in seawater uranium could inform long-term R&D decisions, we recommend continuation of modest seawater uranium R&D efforts to obtain better long-term cost estimates for this uranium option.

Finally, there has been the development by TerraPower© (http://terrapower.com/) of two reactor concepts (traveling wave sodium fast reactor and molten chloride-37 molten salt reactor) that may enable a once-through breeder reactor[④,⑤]. These designs can start with enriched uranium and are refueled with natural or depleted uranium with no recycle of the SNF. Such a reactor and fuel cycle could recover 20% to 30% of the energy value of uranium by allowing for higher burnup of the uranium fuel. If successful, these reactor concepts would enable use of a simple fuel cycle with high uranium utilization. The work to date has demonstrated scientific feasibility but additional technology development and engineering design is necessary to determine whether it is possible to build an economic reactor.

The uranium resource question for nuclear energy is not whether uranium resources ultimately limit nuclear power (they do not now), but whether higher uranium utilization through reprocessing and recycling places an unnecessary burden on the cost of nuclear electricity.

---

① M. F. Byers, E. Schneider. Uranium from Seawater Cost Analysis: Recent Update, Transactions of the American Nuclear Society, June, 2016.

② Special Issue: Uranium in Seawater, Industrial and Engineering Chemistry Research, 56 (15), April, 2016.

③ R. Petroski, L. Wood. Sustainable, Full-Scope Nuclear Fission Energy at Planetary Scale, Sustainability 2012, 4, 3088-3123, http://www.mdpi.com/2071-1050/4/11/3088.

④ J. Gilleland, R. Petroski, K. Weaver. The Traveling Wave Reactor: Design and Development, Engineering, 2, 88-96, 2016.

⑤ A. Cisneros, et al. Molten Nuclear Fuel Salts and Related Systems and Methods, U.S. Patent 2016/0189813 A1, June 30, 2016.

Reactor Advances: Molten Salt Reactors

The fuel cycle report did not address reactor technologies. All of the reactors under serious consideration when the report was written used solid fuel. What has changed since the report is the growing interest and technology advances in molten salt-cooled (solid fuel and clean liquid coolant) and molten salt reactors (MSRs) with fuel dissolved in coolant. Unlike all other reactors, a MSR requires some minimum processing at the reactor site—removal and trapping of noble fission product gases and noble metals. A liquid fuel opens different technology options for fuel processing. There is not the clear division line between the reactor and the rest of the fuel cycle.

The new interest in MSRs is partly driven by the characteristics of the reactor and partly driven by fuel cycle considerations. Perhaps the most important commercial characteristic of this class of reactors is that salt reactors deliver a larger fraction of their heat at higher temperatures than any other class of reactors (Table 1). This is a consequence of using a high-temperature liquid salt coolant and the small temperature rise across the reactor core. In contrast, in a high-temperature gas-cooled reactor there is typically a large temperature rise across the core to minimize compressor power. While the peak temperature in a gas-cooled reactor may be very high, the average temperature of delivered heat is much lower than a salt reactor.

Table 1: Reactor Coolant Temperatures

Coolant	Average Core Inlet Temperature (℃)	Average Core Exit Temperature (℃)	Average Temperature of Delivered Heat (℃)
Water	270	290	280
Sodium	450	550	500
Helium	350	750	550
Salt	600	700	650

This implies that salt reactors (solid and liquid fuel) have the ability to deliver more higher-temperature heat to industry and a higher heat-to-electricity efficiency. The higher average temperature of delivered heat also implies the ability to efficiently couple to gas turbines. Because of major advances in gas turbines in the last 15 years, this includes options for peak power using auxiliary fuels and high-temperature heat storage that enables a base-load reactor with variable electricity output—the ability to buy and sell electricity based on market conditions.[①]

Molten salt reactors can be coupled to multiple fuel cycles (high-performance once-

① C. Forsberg, P. F. Peterson. Basis for Fluoride-Salt-Cooled High-Temperature Reactors with Nuclear Air-Brayton Combined Cycles and Firebrick Resistance-Heated Energy Storage, Nucl. Tech.., 196, (October 2016). http://dx.doi.org/10.13182/NT16-28.

through fuel cycles, breeder, actinide burning, etc.) involving different levels ofprocessing at the reactor. The preferred option or options depends upon goals and advances in technology.

Early development of MSRs occurred in the 1950s to mid-1970s; but, there was almost no work done for several decades thereafter. During that time gasturbine power cycles and many other technologies have been developed and improved. In the last several years there has been a growing recognition that some of these technology advances could dramatically improve MSR performance—both fluoride and chloride salt variants. As a consequence, there has been a major increase in interest and activities on MSRs and salt-cooled reactors including a major program in China, multiple startup companies in several western countries, and rapidly expanding research programs.

At this time there is insufficient information to make definitive conclusions on MSRs—including their fuel cycles. The ongoing research over the next decade should provide an understanding of the potential role for MSRs—where decisions may be driven by the unique high-temperature heat delivery capability, the different safety case enabled by liquid fuels, or fuel cycle considerations.

SNF Management and Repository Design

Continuing advances in drilling technology driven by natural gas and oil fracking are creating the option of disposing of SNF and HLW using boreholes① that may enable economic geological disposal on a small scale and thus the institutional option of many disposal sites. This option is also important in terms of nonproliferation in providing a domestic spent nuclear fuel disposal option for countries with small nuclear power programs.

The future economics of recycle of spent nuclear fuel depends on technology and system design. Recent studies② suggest that alternative system designs could significantly improve economics of spent nuclear fuel recycle. For historical reasons reprocessing plants were developed and deployed but development of repositories came much later in time. This has led to the traditional fuel cycle design of separate reprocessing, fuel fabrication, and disposal facilities in different locations. However, a large fraction of the costs of spent nuclear fuel reprocessing are associated with waste management. Much of that cost is associated with converting wastes into low-volume waste forms suitable for shipment to offsite repositories. If backend (reprocessing, fuel fabrication, repository) facilities are collocated, there are alternative processes and waste treatment options that

---

① W. Cornwall. Deep Sleep: Boreholes Drilled into the Earth's Crust Get a Fresh Look for Nuclear Waste Disposal, Science, 349 (6244), July 10, 2015.

② C. Forsberg. Coupling the Back End of Fuel Cycles with Repositories, Nuclear Technology, 180, 191-204, November 2012.

may produce better waste forms at much lower costs but with significant increases in waste volumes. With on-site disposal, larger volumes have little impact on repository costs. However, in the competition between once-through and recycle, the decreases in uranium and enrichment costs appear to be widening the economic advantage of the once-through fuel cycle.

The 2011 fuel cycle report discussed the model of a centralized international repository as a business; the value has increased with time. Russia has begun to initiate such a strategy. The country that owns the repository manufactures the fuel, leases fuel to reactors in other countries and takes back the used nuclear fuel. Because of economics of scale, there is the potential for the host country benefit from jobs and high profits while the cost of nuclear fuel to the customer in a small country is significantly lower than would be possible with stand-alone fuel cycle facilities—a situation where everybody wins. There have been limited studies of such options in countries such as Australia and Canada based on economic benefits, remote locations, and reputations as technically-sophisticated, politically-stable countries with very good reputations in the context of the non-proliferation treaty. There are strong economic and non-proliferation incentives if several major nuclear-power countries adopt such a model.

The Future of Nuclear Energy in a Carbon Constrained World

MIT is currently completing a new study on The Future of Nuclear Energy in a Carbon Constrained World that is expected to be released in September 2018. This report will not discuss fuel cycles but other aspects of nuclear energy.

Charles W. Forsberg
MIT Principal Research Scientist of Nuclear Science & Engineering
Executive Director, MIT Nuclear Fuel Cycle Project

MIT:核燃料循环的未来

提出新的问题、新的可能性,从新的角度去看待旧的问题,都需要有创造性的想象,而且标志着真正的科学进步。

我们不能用与造成问题时同样的思维解决问题。

——爱因斯坦

美国麻省理工学院(MIT)于 2011 年发布了跨学科研究报告《核燃料循环的未来》,这是一项集各领域顶级学者、专家、行业高管和政府高官丰富经验与卓越智慧的重大研究成果。该报告重新审视了长期主流策略与观点的前提、假设与外部条件变化,提出了深具系统性、颠覆性和前瞻性的分析、见解、结论和建议,为高层次重大科技发展路线与策略选择提供了具有广泛参考价值的决策基础或佐证。其丰富简洁的说明、旁注和附录也为有兴趣学习和从事核燃料循环研究与开发的从业者和学生提供了比较全面的学习参考材料。美国在核能和平利用、核燃料循环开发利用等方面开拓先河,引领世界,长期保持科技领先优势。其反应堆技术路线成为世界核电主流,并且在核燃料循环前后段做了很多尝试,虽然其内部一直存在分歧和争议,政策和路线多次改变,但它坚持开展技术研究和开发,因此其发展历程和思路具有很高的研究价值。

我们有幸得到 MIT 报告作者的授权出版其中译本,希望能够帮助和影响更多的企业、公众和政府部门了解和关注核燃料循环的发展路线和策略,充分吸取先进国家的经验教训,从更高的起点出发,开展适合当前和未来实际情况、需求和期望的研发工作,制定相关政策与规划,加快促进清洁、低碳核能的安全、高效发展。该报告也展示了灵活有效的多学科交叉研究范式和定性定量结合的决策咨询智库模式,非常值得我们学习和借鉴。我长期参与核燃料循环发展规划和技术研发,与本报告的几位主要作者有过共同研究或交流的经历,对此中译本的出版深有感触和期待,借此机会简要阐述自己的相关研发、学习体会与引发观点,希望能够帮助读者更好地了解该研究和中译本出版的契机、目的和意义。

研究报告开宗明义,提出要回答在核能大幅增长情景中的两个重要问题:(1)长期理想的核燃料循环方案是什么?(2)对短期政策选择的可能影响是什么?

高质量的问题指导有意义的研究分析,从而导出了三个广泛结论(详见正文第 1 页)。虽然其研究对象以美国核电为主,但是其结论适用于大多数规模化发展核电的国家,尤其是第二、三个结论,即“B:乏燃料长期临时储存(大约 100 年)的计划,应当成为核燃料循环设计不可分割的一部分”“C:从长远来看,目前存在多个可行的核燃料循环方案,各自有着不同的经济性、废物管理、环境问题、资源利用、安全和保障以及防核扩散等方面的利益和挑战。需要建立一个重大研究议程，探索、开发和示范先进技术，达到能够为未来市场和政策做出明智选择的程度。”

这项研究系统性地总结提出并建模分析了多种核燃料循环方案，为做出明智决策提供了高质量的选择方案。研究也通过历史回顾分析与未来情景模拟，测试比较了各种核燃料循环方案的发展过程和效益，为选择决策提供了定性定量的可行性研究科学框架基础。其中尤其突出、价值很高的研究成果，是基于研究者们的顶级专业能力、多元研究领域、丰富从业经历而做出的比较客观中立、多重维度视角的评价、反思、发现和建议。

核燃料循环是生产核电涉及的一系列工业过程，包括前段矿物开采、燃料制备、反应堆中辐照裂变、后段存储、后处理、再循环利用与最终处置。为什么会有核燃料循环？为什么没有化石燃料（煤、油、气）或可再生能源循环，但会有碳循环？如果我们跳出核能系统，在能源与环境的大局中思考燃料、循环及其外部影响，就能够更好地学习领会本研究报告的重要内容和理念，理解核燃料循环的特殊性和先进性，以及核能利用需要有超越其他能源的燃料循环的必要性和复杂性。

核裂变时释放的能量是化学反应能量的上亿倍，同时伴随产生很多不稳定的、带放射性的裂变产物。在天然铀中，只有约 0.7％的^{235}U 可以在现有的商业用轻水堆中直接裂变，另有少量^{238}U 吸收热中子转化为^{239}Pu 后也参与裂变。其他约 95％的^{238}U 需要在快堆中吸收剩余中子转化成^{239}Pu 后才能裂变。因为在现有热中子反应堆中燃料的能量利用率很低，理论上可以回收利用；使用过的燃料（乏燃料）和产生的废物中含有放射性物质，需要妥善保护处置，所以从系统规划设计的角度，核燃料使用需要形成闭式循环就变得顺理成章。相比之下，化石燃料的能量在燃烧后即全部释放，不会形成燃料循环；其产生的废物，尤其是二氧化碳，在很长时间内没有得到足够的重视和妥善的处置。在人们意识到开采利用化石燃料造成的环境和气候变化影响并开始从源头治理后，碳循环成为重要研究领域，得到公众和政府关注，而低碳排或碳中性的可再生能源则成为重点开发利用的新能源。在核能开发利用的早期，核能技术先驱们就已经系统性地思考和设计了核燃料循环，率先把能源利用的外部环境和生态效应内化到循环之中。核燃料循环在能源利用的系统理念上已领先其他能源很长时间。

基于早期对资源储量与反应堆型的有限认知，规划设计核燃料循环的前提假设是：(1)可裂变元素（铀资源）极其匮乏，因此(2)需要能够快速转化增殖材料为裂变燃料的高转化比的快堆来满足未来能源增长需求。半个多世纪以来，以上前提假设主导了世界主流的核电技术与核燃料循环发展路线和策略。

MIT 报告的一个最为重要和突出的评估结果是以上这两个假设都过时了而且是错误的，并得出一个重要的发现，即转化比为 1 的反应堆对于长期闭式可持续燃料循环不仅可行，而且与传统的燃料循环相比还有诸多优点，包括更好的经济性、防核扩散及废物管理特征。这个发现得益于美国微软创始人和董事长比尔・盖茨创投的泰拉能源公司研发的行波堆技术的启发和支持。从 2008 年起，我作为泰拉能源的高级顾问和亚洲发展主任，参与了早期的技术研发、概念设计、技术评估及开发规划。2009 年起，我应邀担任厦门大学能源研究院院长，在国家能源局、中国核电企业及美国相关政府部门的积极支持下，协助中国引进了行波堆概念和技术。随着行波堆合作开发的推进，与其相应的核燃料循环及发展远景也逐渐明朗，进一步印证了 MIT 报告中的发现，提高了简化核燃料循环的可行性。

这份报告明确指出曾经主导核燃料循环发展路线和策略的前提假设是错误的,这必定会引起很大范围的争议和反思,我认为这是必要和及时的。虽然其中的一些观点、结论和建议或不尽完善,或某些部分会令人感到研而不决,但是我想瑕不掩瑜,其经过系统严谨分析并依据丰富实践经验得出的颠覆性观点和结论深具影响力。借用科学范式(paradigm)和转移的概念,MIT 的这项研究(部分)改变了核燃料循环科技体系的假设、理论、准则和方法,因此可能会转移或改变核燃料循环的研发和部署范式,需要我们在符合现状和未来趋势的新前提假设下,发展新的理论、准则和方法,形成新范式。

从 20 世纪 90 年代中期开始到 2008 年,我曾经作为美国国家实验室技术专家和项目负责人参与制定了美国能源部的加速器驱动嬗变核废料、四代核能系统、先进核燃料循环动议和全球核能合作伙伴等民用核能技术发展路线图及研发规划,并且参加和领导了其中一些子项目的研发。由于比较系统全面地接触和学习了核燃料循环的前、中、后段的多种技术与系统,并且对部分环节的先进技术开展了深入研究和开发,我开始思考核燃料循环的系统性问题和解决方案。以我当时的能力和见识,还远不能达到看清和分析全系统过程的水平,但是已经开始感到既有的核燃料循环存在比较严重的问题和局限,而很多先进反应堆及燃料循环的技术研发又缺乏系统指导、关联衔接和渐进实施的可行性。2005—2006 年间,我在 MIT 的核科学与工程系进行学术访问研究,与该研究报告的部分主要作者在一起交流、研讨,并且了解学习到其他先进能源技术与系统的发展现状和趋势,尤其是非常规油气(页岩气)革命(当时已经初步显示成功)及其对全球能源格局的巨大潜在影响,开始能够跳出和超越核能系统来发现问题、认识问题、分析问题,进而开始寻求解决问题的新型路径和方法。2011 年,日本福岛核电站事故的发生,极大地提高了解决问题的迫切性和必要性,同时也大幅增加了在传统体系和路径中解决问题的难度。而随后 MIT 研究报告的发布,让我们开始对核燃料循环有了比较系统性、颠覆性和前瞻性的认识与理解。

该研究项目的两位共同负责人之一穆吉德·卡兹米(Mujid Kazimi)是 MIT 核科学与工程系及机械工程系的东京电力讲席教授、先进核能系统中心主任、美国工程院院士、核技术领域的世界顶级教育家和技术专家,著有《核系统》两册经典教科书。卡兹米教授是我于 2005—2006 年间在 MIT 学术访问时的东道主之一。我曾经与卡兹米教授一起开会讨论工作、同台参加国际论坛演讲等,近距离感受到他对推进领域发展,为各国政府、高校和研究机构发展核能提供顾问指导的专注。本报告是一份得到广泛关注、有影响力的跨学科研究成果,是卡兹米教授留下的一份宝贵思想遗产。

项目的另一位共同负责人欧内斯特·莫尼兹是 MIT 物理与工程系统的塞西尔与艾达·格林(Cecil & Ida Green)讲席教授、校长特别顾问,于 2013—2017 年间接替诺贝尔物理学奖得主朱棣文教授担任美国能源部部长,是一位在能源技术与政策领域有广泛影响力的学者和高官。莫尼兹教授曾经在 MIT(共同)主持了一系列的能源未来(核电、煤、天然气与核燃料循环等)多学科研究并发布报告,探索通向低碳世界的途径,对形成美国的能源政策和项目有重大影响。我在 2005 年间曾经到莫尼兹教授的办公室专门汇报和讨论了我对开发小型堆的设想,得到他的认可和支持。当时他是 MIT 能源动议(MITEI)的发起主任、能源与环境实验室主任。MITEI 扩大到覆盖了全校 1/4 以上的教师,推出了新的能源教育项目，设立了新颖的产业与师资合作模型，用共性方法定制公司研究项目组合来提升整个能源行业。2013年，莫尼兹教授作为新任美国能源部部长来访中国，我应邀赴京参加接待他和随行代表团的晚宴和研讨会，很高兴又在一起讨论能源发展与国际合作。在研讨会中，我们特别谈到小型堆研发已经成为世界先进核能领域的重要且活跃的创新方向。

项目的执行主任查尔斯·福斯伯格（Charles Forsberg）博士曾是美国橡树岭国家实验室的资深研究员、美国核学会的资深会员，是氟化盐冷却高温球床堆的主要发明人和推动者之一，非常博学多识，交叉集成创新思想活跃。我与福斯伯格博士在2000—2002年间为美国能源部组织的国际合作制定四代核能系统路线图和开发规划期间结识，经常就先进核电技术如何扩大应用和市场开展交流讨论，例如核-煤结合改善碳基能源系统与基础设施的使用效率和降低碳排等。关于中国的核燃料循环发展路径，他曾建议先选择一处最终处置核废料的场所，展示已经存在处置方案，然后通过系统研发来逐步发现、开发、完善和实施明智的方案。

项目组成员中还有很多特殊人物，如约翰·多伊奇教授，为物理化学家，是MIT设立的享有最高荣誉、做出特殊重大成就和贡献的学院教授之一，曾任美国国防部副部长、中央情报局局长。项目组的其他成员、咨询委员会成员也都是各自领域行业的重量级学者、专家、高管和高官。这显示出核燃料循环得到的高度重视及该研究报告可能影响技术路线与政策选择的分量。

世界核能技术与行业正处于一个深层次、全方位的转型升级关键时期，面临诸多严峻的内外压力和挑战。在内部，以既有反应堆燃料与材料、设计与控制为核心，多重冗余安全与应急响应系统组成纵深防御的商业化核能技术与系统，已经非常成熟，但也已达到整体边际改进效益极小甚至下降的程度，而同时保障和提升核电安全性和经济性的难题还得不到有效解决，核燃料循环的发展路径和策略也不明朗。在外部，燃气轮机和联合循环的大幅增长、超（超）临界火电技术与系统的广泛应用，尤其是相对便捷灵活的可再生能源（风电、光伏等）和储能等新兴技术和产业的高速发展，削弱了核电的市场竞争力，挤压了其发展部署的空间，很多公众和政府部门继续对核电安全表示担忧和怀疑，部分核电先行国家选择退出或减少核电项目，核电占世界发电的比例从20世纪90年代中期的近18%下降到现在的11%以下，许多老牌的著名核电龙头企业深陷财务困境。

与此相对应的则是先进核能技术和应用开发、示范与商业模式创新和投资空前活跃，包括四代核能系统、先进快堆、行波堆、高温气冷堆、铅冷堆、加速器驱动系统、钍基熔盐堆、小微型模块堆、耐事故燃料、海上浮动核电站、核火箭与空间反应堆等，干式桶装核乏料作为近中期存储方案被广泛应用，新型核燃料循环方案开始得到关注和研发。使用耐事故燃料、即使在严重事故中堆芯都不会熔毁的小微型模块堆在保障核电本质安全的同时，可以简化设计和运行，实现工厂批量制造，降低系统成本，多元化、灵活便捷地应用部署，符合能源电力市场的现状和趋势，提供了可以快速复制扩张的渐进式技术切入、扩张和进化解决方案和路径；行波堆或其他转化比为1的快堆可以用低浓铀启动及在堆内完成燃料增殖与焚烧，有望大幅简化核燃料循环，可以相对独立开发部署，在前期弱化甚至消除与燃料循环后段建设的耦合，避免以价值链中相对价值较低环节锁定主要高价值环节的发展利用方案和路径。这些都在提示我们“危机”是“危险”和“机遇”的结合。

MIT 的研究报告重新审视了核燃料循环的发展历史、假设、现状和趋势,分析比较了各种循环的实施路径和目标,是该研究领域在此关键阶段的重要尝试和突破,是众多顶级学者、专家、高管和高官等长期研发和应用实践的经验积累和智慧结晶,并且已经开始得到世界核能技术与行业发展的部分阶段性验证。经过翻译工作组师生及厦大出版社的努力工作,我们完成并出版中译本,期望在中国这个全球新增装机容量最大、发展速度最快的核电国家,以及其他坚持发展核电的国家和地区,介绍这项重要的研究成果及其理念,引起行业、相关政府部门的关注和思考,学习借鉴先行国家的经验教训,避免重走弯路或歧路,在现有和先进技术与应用的基础上及系统发展理念的引导下,创新突破和引领核燃料循环的未来发展。应我邀请,莫尼兹部长和福斯伯格博士专门分别撰写了原作者前言,补充介绍了报告发布后的相关重要进展情况,以及对中译本促进对话与加强国际合作的期望。我相信这将给原报告增添精彩的注解和故事。

核能作为一种有潜力大规模开发利用的清洁低碳、稳定可靠的新型能源,虽然带来了新的问题和挑战,但也具有其他能源无法比拟的优势,在全球能源清洁低碳转型、治理环境生态、应对气候变化的过程中,本应该发挥更大作用。但是既有核燃料循环的范式已经不符合实际发展现状和需求,极大地限制了核能的发展潜力和空间。《核燃料循环的未来》提出了极具启发性的见解和倡议,为建立和启动新型核能范式做出了重要贡献。我希望读者能通过阅读和学习,感受和理解创新的需求和潜力,并在制定和实施发展政策、技术路线和策略方案的过程中,丰富和完善新范式,共同创造核燃料循环的未来。

李 宁

2018 年 3 月于厦门

致　谢

厦门大学能源学院院长李宁教授于2013年首次提议将美国麻省理工学院(MIT)2011年发布的交叉学科研究报告《The Future of the Nuclear Fuel Cycle》(《核燃料循环的未来》)翻译成中文在中国出版,供我们学习和借鉴,并安排本人具体负责翻译和出版的相关工作。李宁院长2014年成功争取到MIT的翻译和出版授权,并在近期荣幸邀请到原报告作者为中译本作序。他认真审阅了翻译稿,重点修改了引言与致谢、执行摘要等内容,并为中译本作序。在为我国核能安全、高效发展而努力奋斗的过程中,李宁院长身上所体现出来的爱国情怀、科学精神和创新理念深深地感动着我们。如果没有他的提议、支持和坚持,完成本翻译和出版工作几乎是不可能的,在此向他表示衷心的感谢和崇高的敬意!

厦门大学能源学院尹昊、周芳、谢秋荣、尹东明、黄勇、肖飞龙、沈道祥等研究生参与了本书的翻译、校对和整理工作。尹昊同学参与了前言、第1章、第2章、第10章的翻译工作和第3章至第6章的校对工作,并参与了图片的处理工作和文稿的整理工作;周芳同学参与了第7章至第9章、第9章附录的翻译工作和第5章附录、附录A的校对工作;谢秋荣同学参与了第3章、第5章、第3章附录、第5章附录的翻译工作和附录B、附录C、附录D、附录E的校对工作;尹东明同学参与了附录B、附录C、附录D、附录E的翻译工作和第1章、第2章、第9章、第10章的校对工作;黄勇同学参与了第4章、第6章、附录A的翻译工作和第7章、第8章的校对工作;肖飞龙同学参与了表格的翻译和校对工作;沈道祥同学参与了目录的整理工作。衷心感谢他们的辛勤付出!

厦门大学能源学院张尧立、张建、曹留烜、刘希颖、黄子敬等老师参与了本书的校对工作。张尧立老师参与了前言、第1章和附录B、附录C的校对工作,张建老师参与了第2章、第3章、第6章、第3章附录的校对工作,曹留烜老师参与了第5章、第8章、第10章、第5章附录的校对工作,刘希颖老师参与了第7章、第9章、第7章附录、附录D的校对工作,黄子敬老师参与了第4章、附录A、附录E的校对工作。厦门大学能源学院相关领导和核能研究所全体老师对翻译和出版工作给予了关心和支持,衷心感谢他们的鼎力相助!

秦山核电退休核工程师杜铭海先生曾翻译过本报告的执行摘要等部分,我们参考了他的译文,受益匪浅,在此对他表示衷心的感谢!

MIT授权厦门大学翻译其研究报告《The Future of the Nuclear Fuel Cycle》(《核燃料循环的未来》),并出版中译本。第13任美国能源部部长欧内斯特·莫尼兹先生和MIT核燃料循环项目执行主任查尔斯·福斯伯格先生是原报告的主要撰写人,他们非常关心我们的翻译和出版工作，给予了大力支持和帮助，并欣然为中译本作序。衷心感谢 MIT、莫尼兹部长和福斯伯格主任！

原报告涉及较多学科领域，内容广泛深入，语言专业精练，翻译难度较大。我们在翻译过程中力求意思准确、可读性强，但限于专业水平、时间和精力等，翻译不当之处在所难免，恳请广大读者批评指正。

中译本的出版工作得到了中央高校基本科研业务费专项资金(No.2012121034)的资助。

郭奇勋

2018 年 3 月于厦门

引言与致谢

(原报告)

2003年,麻省理工学院(Massachusetts Institute of Technology,MIT)发表了跨学科研究报告《核电的未来》,其论点为:核能是低碳世界市场的一个重要选择。至少在今后的几十年内,减少发电过程中二氧化碳排放的现实方案只有四个:提高能源利用效率;扩大使用可再生能源如风能和太阳能;改造化石燃料电厂,用天然气来替代煤炭或者采用碳捕获和碳封存技术;使用核能。该报告的观点是四个方案都是必要的,从碳排放全面管理战略中排除四者中的任何一个都是错误的。该报告调查了发展核电的各种障碍,提出了一系列建议使核能成为一种市场的选择。

报告发表以来美国以及全世界发生了巨大变化,这正如我们在2009年发表的《对2003年〈核电的未来〉的更新》中所描述的一样。由于对气候变化的担忧急剧增加,许多国家对温室气体的排放采取了各种限制手段,而且美国也期望在未来限制二氧化碳的排放量。在美国的"零"碳电力生产中,核能提供了70%的份额,是目前电力部门减少温室气体排放的主要选择。虽然受到全球经济不景气的影响,但美国以及全世界核电增长预期依然大幅上升。在美国发布的各种各样的建造新型反应堆的意向公告中,有27台机组提出了许可证申请,8台机组提出联邦贷款保证申请,还有几个厂址在做前期准备。然而直到2010年年中,美国尚未颁发任何新建工程建造许可证。而世界其他地区,特别是中国和印度,正在加速建造新的机组。此外,韩国与阿拉伯联合酋长国签署了建造四座反应堆的协议,成为了全球传统核电站供应商中的一员。

核燃料循环也有重大进展,但在美国,核燃料循环政策仍处于混乱状态。布什政府发起制订了各种规划,目标是商业回收乏燃料(SNF)中的易裂变材料来制造新的燃料组件,但这没有得到国会的支持。美国能源部(DOE)花费多年评估并提出许可证申请,要在尤卡山(YM)建造乏燃料和高放废物地质处置库。但是之后奥巴马政府要求撤回许可。在海外,日本的一个商用核燃料后处理厂开始运行。芬兰和瑞典在获得公众赞同后,选定了乏燃料地质处置库厂址。

鉴于境况发生了重大的变化,我们开展了关于"核燃料循环的未来"的研究,目的是将目光集中到利于扩展美国核电项目的关键技术上,并关注这些技术对短期政策的影响。

我们感谢美国电力研究所(EPRI)、爱达荷国家实验室、阿海珐、通用电气－日立、西屋、能源解决方案(Energy Solutions)以及核保险公司(Nuclear Assurance Corporation)慷慨的资金支持。

研究参与者

STUDY CO-CHAIRS

Mujid Kazimi —Co CHAIR

Tokyo Electric Professor of Nuclear Engineering

Director，Center for Advanced Nuclear Energy Systems

Department of Nuclear Science and Engineering

Department of Mechanical Engineering

Ernest J. Moniz —Co CHAIR

Department of Physics

Cecil and Ida Green Prof of Physics and of Engineering Systems

Director MIT Energy Initiative

Charles W. Forsberg

Executive Director MIT Fuel Cycle Study

Department of Nuclear Science and Engineering

STUDY GROUP

Steve Ansolabehere

Professor of Government，Harvard University

John M. Deutch

Institute Professor

Department of Chemistry

Michael J. Driscoll

Professor Emeritus

Department of Nuclear Science and Engineering

Michael W. Golay

Professor of Nuclear Science and Engineering

Andrew C. Kadak

Professor of the Practice

Department of Nuclear Science and Engineering

John E. Parsons

Senior Lecturer，Sloan School of Management，MIT

Executive Director, Center for Energy and Environmental Policy Research and the Joint Program on the Science and Policy of Global Change

Monica Regalbuto

Visiting Scientist, Department of Nuclear Science and Engineering

Department Head, Process Chemistry and Engineering

Argonne National Laboratory

CONTRIBUTING AUTHORS

George Apostolakis

Korea Electric Power Company Professor of Nuclear Engineering

Department of Nuclear Science and Engineering

Department of Engineering Systems

Pavel Hejzlar

Program Director, CANES

Principal Research Scientist

Department of Nuclear Science and Engineering

Eugene Shwageraus

Visiting Associate Professor

Department of Nuclear Science and Engineering

STUDENT RESEARCH ASSISTANTS

Blandine Antoine

Guillaume De Roo

Bo Feng

Laurent Guerin

Isaac Alexander Matthews

Lara Pierpoint

Behnam Taebi

Keith Yost

MIT 核燃料循环研究咨询委员会成员

PHIL SHARP, CHAIR

President, Resources for the Future

Former Member of Congress

JAMES K. ASSELSTINE

Managing Director, Barclays Capital

JACQUES BOUCHARD

Advisor to the Chairman of the Commissariat à l'énergie atomique et aux énergies alternatives (CEA)

MARVIN FERTEL

President and CEO, Nuclear Energy Institute

KURT GOTTFRIED

Chairman Emeritus of the Union of Concerned Scientists

JOHN GROSSENBACHER

Director, Idaho National Laboratory

JONATHAN LASH

President, World Resources Institute

RICHARD A. MESERVE

President, Carnegie Institution for Science

CHERRY MURRAY

Dean of the School of Engineering and Applied Sciences, Harvard University

JOHN W. ROWE

Chairman and CEO, Exelon Corporation

MAXINE L. SAVITZ

Vice President, U.S. National Academy of Engineering

STEVEN R. SPECKER

President and CEO, Electric Power Research Institute (retired)

JOHN H. SUNUNU

JHS Associates, Ltd.

DANIEL PONEMAN (Resigned)

Scowcroft Group

执行摘要

研究背景

2003年,MIT发表了跨学科研究报告《核电的未来》,其根本动机在于,核电目前提供给美国约70%的“零”碳电力,是低碳世界市场的重要选择。我们在2009年发表的报告《对2003年〈核电的未来〉的更新》中指出,自2003年MIT的报告发表以来,美国和世界形势发生了重大变化。由于对气候变化的担忧增加,许多国家对排入大气的温室气体采取了各种限制,美国也期望采取类似的限制。全世界核电增长预测值急剧上升,并且新型电厂的建设已在加速,特别是在中国和印度。由于核电是一种重要的低碳能源的可选方案——可大规模发展缓解气候变化的风险。预计到21世纪中叶,全球核电部署规模可达到1 000 GWe,因此我们开展了《核燃料循环的未来》研究。

为了发展核电,必须克服核电在成本、废物处置以及核扩散问题等方面遇到的严峻挑战,同时保持其当前卓越的安全性和可靠性。在短期内,有可能为具有长期深远意义的核燃料循环演进做出决定——使用什么类型的燃料、什么类型的反应堆,辐照后的燃料发生了什么变化,有什么方法长期处置核废物。本研究的目的就是报告关于上述方向的决策。

几十年来,关于未来核燃料循环的讨论一直集中在期望最终发展以钚燃料启动快堆为基础的闭式燃料循环。然而,这个观点深植于一个过时的理解——铀的稀缺性。我们重新审查核燃料循环后发现,还有很多更有效的核燃料循环方案,然而其最佳方案面临很大的不确定性:某些是经济上的,如先进堆的成本;某些是技术上的,如对废物处置的影响;某些是社会的,如核电发展的规模和核扩散风险管理。如果我们开展替代工艺技术的研究,并且全世界能够共同应对气候变化风险,在今后几十年内,这些不确定性就能够被大大澄清。我们研究的关键启示在于,通过继续使用开式燃料循环、实施轻水堆乏燃料储存管理系统、开发地质处置库以及研究适用于各种未来核能技术的替代方案,我们能够也应当对核燃料循环方案保留选择的余地。

研究结果和建议

1.经济性

作为未来重要的能源选项，核电的生存力关键取决于它的经济性。虽然核电厂运营成本低，但本身的资本成本高。由于担心建设新型核电厂存在财务风险，更高的融资建造成本增大了核电厂的资本成本。对于美国新增的基荷电力，核电厂的平准化发电成本很可能高于新型燃煤电厂（未使用碳捕获和碳封存）或新型天然气机组。消除融资风险溢价可使核电平准化发电成本与煤电电价相竞争，而征收适度的二氧化碳排放税还会使核电平准化发电成本低于煤电电价。从过去十年大部分时间的天然气燃料价格特点看，与天然气相比，核电同样具有优势。根据这种分析，我们在 2003 年就建议对第一批新建核电机组提供财政激励。虽然美国自 2005 年就已开始实施先行者计划，但实际执行非常缓慢。

建议：应当加速实施先行者激励计划，以展示美国在目前条件下建设新型核电厂的成本，并以良好的业绩表现消除筹资风险溢价。该激励计划不应扩大到先行者（最初 7～10 台机组）之外，因为我们相信核能应当像其他能源一样，可以在开放市场上竞争。

2.核燃料循环

至少在 21 世纪大部分时间内，铀资源尚不会缺乏，不会约束未来建造新型核电厂。

某些国家使用混合氧化物燃料在轻水堆（LWRs）内做有限再循环，但其扩大资源和废物管理方面的收益极小。

用科学有效的方法管理乏燃料。

建议：今后几十年内，使用轻水堆一次通过式燃料循环是美国最为经济的选择，而且这很可能是 21 世纪大部分时间内美国和其他地方核能系统的主流方案。改进轻水堆设计以提高燃料资源利用效率、降低未来反应堆电厂的成本，应成为研究与发展的重点。

3.乏燃料管理

以相对较小的成本进行长期管理储存，为未来乏燃料的利用保留各种选择。保留选择很重要，因为在今后，几个主要的不确定性问题（如美国核电发展的路线、新型反应堆和核燃料循环工艺技术的可用性和成本）的解决，将会确定轻水堆乏燃料是直接地质储存还是用作未来闭式燃料循环的燃料资源。

在核燃料循环政策的讨论中，人们低估了保留未来核燃料循环选择的价值。实际上，在反应堆运行现场、集中储存设施或可回收性设计的地质处置库（集中储存的备选方式）可安全地进行管理储存。

建议：乏燃料长期管理储存规划——约 100 年——应当成为核燃料循环设计的重要构成部分。尽管在此期间管理储存被认为是安全的，但是研发计划仍应致力于证实并扩大安全储存和运输的周期。

储存百年比预期的核反应堆运行寿命还长，这种可能性暗示美国应当转向集中乏燃料储存场——从退役反应堆现场运出乏燃料开始着手，并支持长期的乏燃料管理战略。

由于联邦政府对未能自1998年开始从反应堆现场转移乏燃料负有责任，这样做的好处在于可以使联邦政府摆脱此负担。

4.废物管理

乏燃料的某些长寿命组分需要进行永久性地质隔离，因而须着手系统地开发一处地质处置库。2003年MIT报告的结论为长期地质隔离的科学基础仍然合理。

在美国，乏燃料和高放废物地质处置库的选址仍然是个大问题。美国和欧洲规划的失败与成功经验表明，核废物管理组织应有以下特征：(1)拥有与州和当地政府合作选址的权利；(2)拥有对核废物处置基金的管理权；(3)拥有与核电厂业主商议谈判乏燃料和废物移除的权利；(4)与政策制定者和监管机构磋商，选择影响放射性废物流特性的核燃料循环方案；(5)管理的长期连续性。到目前为止，美国的规划还没有以上明确的特征。废物管理规划成功的一个关键在于科学决策的一致性。

建议A：我们建议设立新的、半官方的废物管理机构执行国家废物管理规划。

闭式燃料循环设计一直以来将焦点集中于“返回到反应堆的是什么”，但从未关注“该如何管理废物”。

建议B：我们建议：(1)把废物管理与核燃料循环设计整合在一起；(2)在废物管理过程中设立一个支持性的研发计划，使核燃料循环与废物管理决策充分耦合。

一个重要的发现是，美国对许多放射性废物的分类依据是废物来源而不是废物的危害。这已造成废物处置方式的分歧，这个问题还将因更多核燃料循环备选方案而加剧。

建议C：我们建议采用综合风险预知的废物管理系统，所有废物按成分分类，并按风险设定处置方式。

5.未来的核燃料循环

核燃料循环(开式、闭式或通过有限乏燃料再循环的部分闭式)的选择取决于：(1)开发的工艺技术；(2)目标(安全性、经济性、废物管理以及防核扩散)的社会权衡。一旦做出选择，它们将对核电发展有着巨大而长期的影响。目前我们还没有足够的知识对最佳循环和相关工艺技术做出明智的选择。

通过对到2100年核电持续增长情况的备选核燃料循环的分析，我们得出几个在核燃料循环选择方面至关重要的结论：

(1)核燃料循环转型需要50～100年；

(2)21世纪内超铀元素库存总量或铀需求总量变化不大；

(3)对于标准钚启动闭式燃料循环，21世纪仍需许多轻水堆以维持核电增长状况。

一个重要发现是，能够充分利用铀和钍资源的可持续闭式燃料循环并不需要转换比(产生的易裂变材料除以初始堆芯内的易裂变材料)很高的反应堆。转换比接近1是可接受的，并且开辟了如下备选核燃料循环方案：

(1)完全不同的反应堆选择,如采用闭式燃料循环选择硬谱轻水堆而不是传统的快堆,这有重要的政策含义,而且有可能降低成本。

(2)用低浓缩铀启动快堆而不是高浓缩铀或钚,从而省去了轻水堆乏燃料后处理。

在今后为发展需要而做出任何放弃开式燃料循环的选择之前,我们依然有充分的时间。然而,有许多可行的工艺技术选择需要加以审查,而且在核电业务方面建立新的商业方案所需时间很长。因此,现在需要大力开展研发工作,使备选核燃料循环方案在21世纪中叶成为可能。

建议:今后几年要全力以赴地着手关于创新反应堆和核燃料循环的综合系统研究与实验,以确定可行的技术方案,做出时间安排,设定何时需要做出决定,并挑选一组方案作为前进的依据。

6.防核扩散

核扩散的核心是制度性挑战。民用核燃料循环是通往核武器材料的几条路径之一。建立浓缩和/或后处理设施存在核扩散问题,而且不是小规模反应堆计划的经济选择。然而,对于着手核能发电的国家,保证燃料供应很重要。废物管理将会成为许多国家面临的重大挑战。

建议:美国和其他核供应集团国应当积极为有小规模反应堆计划的国家推行燃料租赁方案,为放弃铀浓缩提供财政激励政策,为先进反应堆推广技术合作,并将乏燃料退还给燃料供应商,由供应商在本国国内进行乏燃料管理并许下固定期限且可更新的燃料租赁承诺(比如说10年期)。

7.研发与示范(RD&D)

任何重要的新型核技术的研究、开发、示范、颁发许可以及大规模的部署都需要几十年时间。如果美国想要拥有良好的核燃料循环方案,适时地做出正确的战略核燃料循环选择,则必须执行坚实的、与核电实质性增长可能性保持一致的研发与示范。2010年美国能源部(DOE)的路线图对先前的计划做出了重大改进。

RD&D优先顺序建议:

(1)提高轻水堆的性能,开发先进的核燃料。

(2)与过去几十年相比,追求更多的乏燃料储存和核废物处置方案。

(3)提高用于技术方案开发以及用于方案选择的建模与仿真能力。

(4)创新核能的应用与概念,包括为工业提供供热和开发模块化反应堆。

(5)重建辅助研发基础设施,如材料试验装置和其他关键设施,使创新核燃料循环和反应堆研发成为可能。

我们估计,支持研发和基础设施项目的拨款约为每年10亿美元。在适当时候还需要为大规模的政府-工业示范工程提供额外资金支持。

附 言

2011年3月11日,9.0级地震及其引发的海啸袭击了日本,当时这份报告即将完成,因此,并未将福岛第一核电站的严重影响纳入其中。报告中提出了对不同核燃料循环方案的分析,而对于美国及其他各国未来核电的讨论将会不同程度地重新开放。在我们关于乏燃料管理和核燃料循环选择的讨论中,一个重要的主题是保留各种选择性方案的重要性,因其未来不确定的路径而引起了重视。

调查并完全理解福岛反应堆和乏燃料池所发生的事件需要一些时间,而且核管理委员会需要对美国运行反应堆的安全系统、操作规程、规章制度监督、应急响应计划、设计基准事故以及乏燃料管理协议进行重新审视。其中的一些问题在三哩岛2号反应堆(TMI-2)事故和"9·11"恐怖袭击之后得到了解决,这不仅加强了美国核电厂应对意外事故状况的能力,同时还改善了应急响应准备工作。随着这份报告的付印,各种调查的结果仍然未知。尽管如此,在美国,有些后果仍可以预见:

(1)对于目前正在运行以及将要建造的核电站,其成本有增长的趋势。例如,现场处置乏燃料的需求可能增加,设计基准事故要求将会有所上升。虽然美国许可程序已经考虑了超设计基准事故,但其重要性将有所增加。正如报告中所指出,新型核电厂的经济性正接受挑战。此外,可以预计一些不利因素将会影响公众对扩大核电厂的接受程度。

(2)已经运行40年的核电厂若要继续运行,需重新申请延长运行20年的许可并进行额外的详细审查,审查结果取决于电厂满足新要求的程度如何。目前,在美国104座运行反应堆中,已有60多座被授予这种延长运行寿命的许可,但这并不影响预期60年寿命的新型核电厂(这些电厂依靠非能动安全系统)。我们对核燃料循环的分析包括了目前和未来具有60年寿命的核电厂。

(3)因为福岛乏燃料池的经验,我们需要站在一个新的角度对整个乏燃料管理系统,包括现场储存、综合的长期储存、地质处置,进行重新评估。我们认为乏燃料储存一直是美国核燃料循环政策的事后补救措施,而这一观点越发凸显,并且这可能作为将乏燃料运出反应堆场址并进行综合储存和处置的一个新的动力。

(4)与我们许多的研发建议一样,研发计划可能会发生重大变化,以下几点越来越受到人们的重视:增强现有轻水堆的性能以及延长其寿命;研发新材料,以提高安全限度;延长干式储存寿命;研发先进技术,以防止重大事故发生;改进在多种异常事件下电厂行为的模拟。

福岛事故之后的问题如何解决,对未来核能和未来所需的最佳核燃料循环方案有着重大意义。我们希望这份报告能在未来几年里为公众和个人决策过程提供建设性意见。

2011年4月

目　录

第1章

核燃料循环的未来
——概述、总结和建议

2003年,MIT发表了研究报告《核电的未来》。该报告集中于探讨核电作为一个重要选择在防止温室气体排放中的作用。报告的一个主要结论为:“在开放市场,核电目前在成本上与煤电和天然气发电不具有竞争性。然而,它在工业上合理减少资本成本、运行和维护成本以及建造时间可以减少这之间的差距。此外,如果政府制订了碳排放额度,核电成本则具有了优势。”其主要的建议是美国政府应当为第一批新核电厂的建造提供帮助。该建议作为气候变化风险缓解策略的一部分,其指定依据有三项:需要在一个未经检验的管理制度下运行;政府发起将乏燃料从反应堆场址移除的失败经验;理解美国新型核电厂经济的公众利益。如果能证明可以在预算范围内如期建造电厂,就有机会减少甚至消除大量融资风险溢价。

自2003年以来,解决气候变化问题已愈发紧迫。美国国会已经采取一系列激励措施来援助“先行者”核电厂的建造,而且美国政府已经提议扩大激励。目前,核电预期增长已有全球性增幅,同时,在少数国家如中国,大量新型核电厂将开始投入建造。我们研究核燃料循环的未来,其目的是在核能潜在大幅增长的环境下解决两个重要问题。

(1)长期理想的核燃料循环方案是什么?

(2)对短期政策选择的可能影响是什么?

我们的分析导出三个广泛结论,将会在这章以及报告的主体中介绍其主要内容。

结论A:在接下来的几十年里,使用轻水堆(LWRs)的一次通过式燃料循环是美国首选的方案。

在21世纪大部分时间内,轻水堆的一次通过式燃料循环或开式燃料循环以及对乏燃料进行管理的需求将会是美国乃至其他国家核能系统的主要特征。这是目前经济的首选方案,能够科学有效地管理乏燃料,同时至少在21世纪的大部分时间内,因铀资源匮乏而限制新型核电厂建造的情形不会出现。

结论B:乏燃料长期临时储存(大约100年)的计划,应当成为核燃料循环设计不可分割的一部分。

这会为废物管理带来利益,并使未来燃料循环的决策更加灵活。未来核电发展的规模和速度将强烈地影响这些决策。

结论C:从长远来看,目前存在多个可行的核燃料循环方案,各自有着不同的经济性、废物管理、环境问题、资源利用、安全和保障以及防核扩散等方面的利益和挑战。为了探索、开发和示范先进技术,需要建立一个重大研究议程,探索、开发和示范先进技术,达到能够为未来市场和政策做出明智选择的程度。

从历史上看,闭式燃料循环包括从轻水堆乏燃料中回收钚,并用回收的钚来启动具有高转换比的钠冷快堆。转换比是指反应堆中裂变燃料(由增殖材料转变而来)的产生率除以裂变燃料的消耗率。转换比大于1表示裂变燃料的产生量比消耗量多。该循环的未来基于两个假设:(1)铀资源极其匮乏;(2)高转换比是满足未来需要所需的。我们的评估是,这两个假设都是错误的。

(1)我们的分析得出一个结论,转换比为1对于长期闭式可持续燃料循环是可行的,并且具有诸多优点:①可使用所有易裂变和可转变材料;②最大限度地减少易裂变燃料流量,包括在处理厂的吞吐量;③反应堆方案多样而不单一;④核反应堆堆芯设计拥有更多选择,使其具有可取的特点,如省略包用于生产更多钚的增殖区。

一些反应堆方案可能会显著地改善经济性、防核扩散、环境、安全和保障以及废物管理等方面的问题。然而,在重大投资决策之前需要花费时间来研发、验证和评估各种方案。一个必然的推论:

(2)如果要在今后几十年内实现真实的选项,我们必须有效地利用时间。这个结论有着重要的影响。例如,未来的闭式燃料循环可能是基于先进硬谱轻水堆而不是传统快谱反应堆,同时可能有着完全不同的成本和燃料形式,或者将目前轻水堆乏燃料移至地质处置库而不是进行回收。这些本质上不同的技术路径强化了在未来几十年内保留选择方案的重要性。

1.1 经济性

研究结果:核能作为基荷电力在合适的市场条件下具有经济竞争力。

建议:美国从2005年开始实施的先行者激励机制应当加快实施步伐。

我们最新的经济性分析(MIT 2009)汇总于表1.1。尽管美国核工业一直表现出改善的经营业绩,然而资本成本和融资成本仍然存在重大的不确定性,其中融资成本是新型核电厂电价的主要组成部分。

表1.1 平准化发电成本比较($ 2007)

	隔夜成本($/kW)	燃料成本($/MBTU)	基本情况[¢/(kW·h)]	W/碳费 $25/$TCO_2$ [¢/(kW·h)]	W/相同资本成本[¢/(kW·h)]
核电	4 000	0.67	8.4		6.6
煤电	2 300	2.60	6.2	8.3	
天然气发电	850	4/7/10	4.2/6.5/8.7	5.1/7.4/9.6	

核电成本是由高昂的前期资本成本决定的。相反,天然气发电成本取决于燃料成本。相比于其他燃料,天然气价格会经常波动,因此,这里给出的是天然气的价格范围,而煤电

成本介于两者之间。美国20世纪80年代到90年代初期建造的核电厂,其建造成本的记录保留下来的很少。实际的成本远远比计划的多得多。施工进度经常长时间拖延,再加上当时利息的增加,导致融资费用高。过去的经验是否能在未来核电厂的建造中作为影响因素考虑进去仍有待观察。这些因素对投资者融资新建电站的风险有巨大影响。因此,2003年的报告和2009年的分析对新型核电厂的建造应用了一个更高的加权资本成本(10%),而不是新型煤电或新型天然气电厂建造的加权资本成本(7.8%)。降低或消除这个风险溢价可为核电的电力竞争力做出巨大贡献。这些建造成本和进度困难仅仅发生在某些国家。

考虑金融风险溢价并忽略碳排放费用,核电电价比煤电电价(无碳封存)和天然气电价($7/MBTU)都要高。如果风险溢价可以消除的话,核电平准化发电成本会从₵8.4/(kW·h)降到₵6.6/(kW·h),即使不算碳排放费用,与煤电和天然气发电相比也具有竞争力。如果包括碳排放费用,核电的竞争力将更大。美国最初的几座核电厂是对有关各方的一次严峻考验。风险溢价只有通过验证建造成本和进度绩效来消除。基于此分析,我们建议在2003年为第一批新型核电站的建造提供先行者金融激励。然而,该激励自2005年实施以来,执行得极其缓慢。为了确定核电厂建造成本和进度,先行者激励应当加速执行。另外,该激励不应扩大到先行者计划(如7～10台机组)之外。

1.2 铀资源

研究结果:铀资源在较长时间内不会成为一个约束条件。

目前,铀燃料的成本是电价的2%～4%。我们分析了铀的开采成本与累积产量,发现当轻水堆数量为目前的10倍,同时每座轻水堆运行寿命为100年时,铀的成本会增加50%。铀成本少量的增加对核电经济性影响不大。然而,鉴于铀资源对现存反应堆和未来核燃料循环的决策有着重大影响,我们提出以下建议。

建议:应当建立一个国际性项目以加深认识,同时为评估铀成本与累积铀产量提供更高的可信度。

1.3 轻水堆

在接下来的几十年里,使用轻水堆的一次通过式核燃料循环将是美国的首选。

研究结果:轻水堆将是几十年内的首选堆型,并且可能在21世纪之内都占据着主导地位。

轻水堆的广泛部署在任何缓解气候风险的战略中都有着重要作用。轻水堆是现有的商业化技术,并且在目前核电方案中成本最低。轻水堆运行安全,同时可建造足够数量来匹配任何可靠的核电增长情景。而其他堆型的商业化在不同程度上都进行得十分缓慢,这部分是由于新技术的测试和许可需花费一定的时间。

轻水堆的商业运行时间最初被认定为40年。如今,超过一半的轻水堆已经获得延寿许可，可延长寿命至60年，并且余下的反应堆中绝大多数也有望获得此许可。此外，许多反应堆可能会运行60年以上。同时，运行和技术的改善增加了轻水堆的产量。美国很可能会对轻水堆做出重大额外投资。由于轻水堆寿命的增加，我们有更多的时间对其经济性、安全性、防核扩散特性和核燃料循环（包括具有可持续转换比接近1的闭式燃料循环）进行改善。可能的改善包括有利于现存及未来轻水堆的先进燃料和相关技术。保护和提高投资已经在轻水堆中实行。

建议：我们建议建立一个长期研发与示范项目来进一步改进轻水堆技术。

1.4 乏燃料管理

从历史上看，美国从来没有将乏燃料储存当作核燃料循环政策的主要部分。然而，世界各地的处置计划都采用一个政策，即先将乏燃料（或后处理的高放废物）储存40～60年，再将其移至地质处置库进行处置，达到减少其放射性和衰变热的目的。这减小了处置成本和绩效的不确定性。因此，几十年以前，像法国一样采用部分闭式燃料循环的国家以及像瑞典一样采用开式燃料循环的国家都选择建造储存设施。而美国未将长期储存作为乏燃料管理的一部分，这对尤卡山处置库计划（YMR）的设计有着重大影响。由于乏燃料的热负荷，当乏燃料冷却时，处置库需要通风来释放衰变热。尤卡山处置库作为一个地下贮存设施，在经过30年的装载后，会在关闭前主动通风50年，以释放衰变热。

核燃料循环的转变需要半个世纪或更久。美国核燃料循环的更新换代可能会花费几十年。长期临时储存为保证处置库合理的开发提供了时间，同时，也为决定轻水堆乏燃料是否是废物或者是可利用的资源提供了充足的时间。

建议A：为乏燃料规划长期临时储存（时长约100年），应当成为核燃料循环设计和保留方案的重要组成部分。

在建议百年储存时，如果技术允许，我们可以更早地对乏燃料进行后处理、地质处置或者长期管理储存。保留这些方案意义重大，而且关键一点是应当尽早做出核燃料循环的决策。

研究结果：不论是分布式储存（在反应堆附近）、集中式长期储存，还是在处置库储存，技术上都是可行的。

若要从这些方案中做出选择，需要考虑技术、经济、政治等因素。反应堆附近储存乏燃料的压力很小，因为现场储存只需要在乏燃料从反应堆中卸出到装载运出这段时间内储存即可。然而，对于已退役的核电厂来说，情况有所不同。因为已退役的电厂没有正在运行的反应堆，也就无法进行乏燃料的处理、储存和安全保障；另外，乏燃料的储存限制这些核电厂址（即使这些厂址具有靠近水源和运输基础设施等优势）用于其他用途；而且这些核电厂早已没有税收和就业福利。乏燃料应当尽快地从退役的反应堆中移出至集中储存设施或正在运行的反应堆设施中。

目前，在退役反应堆中的乏燃料总量还很少，大约是美国一年产生的乏燃料总量。大规模集中临时储存将有利于满足联邦从反应堆场址移出乏燃料的义务。我们对乏燃料长期临时储存提出以下建议。

建议 B:我们建议美国开辟乏燃料集中存储场址,先将已退役电厂中的乏燃料移出,并且支持长期乏燃料管理战略。联邦政府应当保有集中储存的乏燃料的所有权。

乏燃料储存的成本很低,因为乏燃料的总量较少(美国每年产生约 2 000 t 乏燃料,如果干法储存,则每年需要 5 英亩土地)。在某些核电厂,乏燃料干法储存许可的有效期为 60 年。

系统管理储存可在 100 年内保证安全。然而,随着时间的推移,热负荷、放射性以及外部环境条件都会使乏燃料和储存桶发生降解。因此,需要将临时储存的乏燃料装载运送至后处理厂或处置库。若要运输经过 100 年储存后的乏燃料,需要对乏燃料和储存罐的条件有所了解。如今,人们已经在一定程度上开展了关于高燃耗燃料降解机制的研究和测试工作,而且还有向更高燃耗的燃料研究的趋势。对于选择核燃料循环,我们需要着重考虑乏燃料经过 100 年储存后的完整性、合适的运输方式、可能的后处理,以及乏燃料是否能储存更长的时间等问题。其中,强大的技术基础是至关重要的。

建议 C:应当建立一个研发与示范项目,来确认和扩展安全储存和运输周期。

1.5　废物管理

研究结果:所有的核燃料循环方案产生的长寿命核废物最终都需进行地质隔离,MIT 2003 年的报告发现地质隔离的科学基础是合理的。

建议 A:为轻水堆中产生的乏燃料和先进核燃料循环中产生的高放废物开发合适的地质处置库应当迅速推进,而且是燃料循环的重要组成部分。

在对地质处置库的选址、开发、许可以及运行过程中,有成功也有失败。目前,没有一个地质处置库用作乏燃料处理。然而,美国有个地质处置库(废物隔离试验场,WIPP)正在运行,该处置库用作处理含有低浓度超铀元素(钚等)的军用废物。废物隔离试验场已经运行 10 年了。商业和军工乏燃料与高放废物原本计划在尤卡山处置库进行处理,而现在茫茫无期。瑞典和芬兰在得到公众认可后已经对地质处置库进行了选址,用以处理附近反应堆的乏燃料。两国目前正在为该设施颁发许可。欧洲已有多个地质处置库运行了几十年,用以处理长寿命化学废物(主要是重金属,如铅)。

成功的处置项目具有几个明显的特征:项目中包含废物来源;项目具有长期性,并且有持续的资金来源;项目具有透明度,主要致力于公众宣传,得到当地社区的支持等。此外,利用社会科学来理解巩固公众认可的特点,并将此融入建设处置库的技术设计基础中。例如,法国社会评估明确将废物的长期可回收性纳入设计要求中,提供公众可信度。成功的项目都包含一个自愿选址的内容,如瑞典采取这一举措,促使多个社区自愿提供处置库址。最后,项目都会审查诸多场址以及相关技术,来提供:(1)备选方案,以防一个方案的失败;(2)项目与公众可信度,而且在做出决策之前,会对各种方案进行评估。瑞典的项目主要审查多个场址以及两种技术(地质处置和地质钻孔)。法国的项目包括三个方案(直接处理、多世纪储存以及利用嬗变处理废物)。

在理想情况下,一个核废物管理组织应当具有以下特征:(1)拥有与州和当地政府合作选址的权利;(2)拥有对核废物处置基金的管理权;(3)拥有与核电厂业主商议谈判乏燃料和废物移除的权利;(4)与政策制订者和监管机构磋商选择影响放射性废物流特性的核燃料循环方案;(5)管理的长期连续性。到目前为止,美国的规划还没有这些明确的特征。

建议 B:我们建议设立新的、半官方并具有以上特征的废物管理机构执行国家废物管理规划。

成功的处置项目不会彻底排除备选方案,直到被选择的方案表现出极高的可信度。不同的方案有着不同的体制特征,这为政策决策者提供了不同选择,并增加了成功的概率。一些方案,例如钻孔处置,作为地质隔离的备选方案,在小规模实施中具有经济性,并且其防核扩散特性也令人满意,钻孔处置适用于具有小规模核电项目的国家。而美国的这一方案已经冻结几十年了。

建议 C:我们建议建立一个研发项目来改善现存的处置方案,并开发具有不同技术、经济性、地质隔离和体制特征的备选方案。

核废物如何分类(高放废物、超铀元素等)取决于处理要求。美国是按照来源对放射性废物进行分类(基于 1954 年技术的 1954 年《原子能法案》),而不是废物的危害。美国还为特别的废物制订政策,而未制订一个全面的废物处理方针,因此在默认情况下,从不含后处理路径的开式燃料循环中会产生落单废物,该废物没被纳入分类中。例如,尤卡山处置库主要是用于处理乏燃料和高放废物,然而,其他高放落单废物也需要进行地质处置。如果美国采用闭式循环,额外的落单废物就会产生,因其未纳入分类中,导致处理方式未知。目前的系统将会难以运转,于是我们提出以下建议。

建议 D:采用一个综合风险指引废物管理系统,根据废物组成对所有废物进行分类并依据风险制订处置路径。

这将会消除监管制度当中的不确定性,并建立与备选核燃料循环相关的废物管理决策基础。核管理委员会应根据其他国家的经验和国际原子能机构所做出的努力带头开发合适的制度。今后,其他国家发展核能时可采用我们的废物管理经验(包括积极的和消极的因素),改进监管制度。

美国在历史上还没有适当地将废物管理注意事项整合到核燃料循环决策中。军工废物清理项目成本很高,部分是因为废物管理注意事项未能整合到军工核燃料循环中。而未将乏燃料储存考虑进去的这一政策失误导致尤卡山处置库的设计决策成本偏高。

闭式燃料循环设计主要集中于"返回反应堆的是什么",而不是"如何管理废物"。一个闭式燃料循环需要处理乏燃料来产生反应堆燃料组件以及满足储存、运输和处理需要的废物形式。为改进废物管理(如通过焚烧锕系元素)的核燃料循环研究只片面地考虑了一些反应堆基础方案,而未全面地考虑核燃料循环和废物管理方案(优化乏燃料处理包装、备选核燃料设计、焚烧锕系元素、对具体长寿命放射性核素选择特殊废物形式、钻孔处理等)。历史上,人们以为美国会首先通过回收燃料,采用闭式燃料循环,然后为分离出的废物建造地质处置库。然而之后,美国采用了开式燃料循环政策,同时为乏燃料寻找处置库址。因为不论核燃料循环开放与否,都需要建立处置库,所以美国不论对核燃料循环做出何种决策都应当寻找处置库。因为处置库的设计允许储存可回收的废物包,所以处置库在进行乏燃料储存的同时还保留了未来选择闭式循环的可能。这种战略一方面处理了现今认为的废物,另一方面维持了保留方案的代际利益。如果在采用闭式循环之前确定了处置库的场址,这会促使后处理和处置设施的协同定位;反过来,能够减小风险(运输减负、后处理厂简化等)并改善经济性,同时通过选择对特定处置库优化的废物形式来改善处置绩效,以及将未来工业设施与处置库相结合来帮助处置库选址。

建议E:(1)把废物管理与核燃料循环设计整合在一起;(2)在废物管理中设立一个支持性的研发计划,使核燃料循环与废物管理决策充分耦合。

1.6 未来的核燃料循环

核燃料循环(开式、闭式或通过有限乏燃料再循环的部分闭式)的选择取决于我们开发的工艺技术和目标(安全性、经济性、废物管理以及防核扩散)的社会权衡。一旦做出选择,它们将对核电发展产生巨大而长期的影响。目前我们还没有足够的知识对最佳循环和相关工艺技术做出明智的选择。

为了理解备选核燃料循环对美国的意义,我们创建了一个跨越到2100年的核能系统动态模型。动态建模是一种研究在不同假设下备选核燃料循环部署与时间关系的方法。近几年才开发出这样的核燃料循环数学模型,并对以下的一些备选方案进行了审查。

(1)核电增长情景。考虑了三种核电增长情景:每年增长1%(低),每年增长2.5%(中等)以及每年增长4%(高)。对核燃料循环的选择部分依赖于核电增长速率。在低增长速率下,延续当前的开式燃料循环是首选。在高增长速率下,需要采取激励措施,提高铀矿能源潜在的利用率,同时也需要对减轻乏燃料的长期负担采取激励手段。但由于技术的限制,该激励需要根据现有的技术和经济做出改变。

(2)核燃料循环。三种核燃料循环的建模细节:目前使用轻水堆的一次通过式燃料循环;一个部分闭式的轻水堆燃料循环,该循环将轻水堆乏燃料中的钚重新回收到轻水堆中,并直接处理回收的乏燃料;使用轻水堆和快堆的闭式燃料循环。在闭式燃料循环中,对轻水堆乏燃料进行后处理,再用其中的超铀元素(包括钚元素)来启动快堆。快堆一方面卸出乏燃料,另一方面又将其中的铀和超铀元素继续回收进快堆中。

(3)快堆。我们对闭式燃料循环的分析包括三类不同作用的快堆。第一种是用作消耗锕系元素,因此,该快堆的转换比为0.75。第二种快堆的目标是自持式燃料循环,其转换比为1.0。第三种快堆的目的是为快堆快速扩展裂变燃料的可用性,其转换比为1.23,并且用过量的超铀元素来启动更多的快堆。

上述假设下的模型结果表明:

①核燃料循环主导的系统的转变需要50～100年。

②在21世纪,对于中等增长和高增长情形,不同核燃料循环的超铀元素(钚、镅等)贮存库的差异相对较小。

➢ 主要的区别在于贮存库的位置。在一次通过式燃料循环中,贮存库在处置库中;而在部分闭式燃料循环中,贮存库在反应堆附近;完全闭式循环的贮存库在乏燃料储存设施中。

➢ 如果要焚烧长寿命超铀元素(转换比为0.75),在21世纪只有很小部分超铀元素能够使用。

①在任何给定的核能增长率下,在21世纪不同核燃料循环中铀的开采总量差异不

大。开采的铀存量最多为25%。

②对于中等以及高增长情况,在21世纪由钚启动的快堆需要建造大量的轻水堆,部署大容量后处理和燃料制造设施,以提供堆芯燃料。

研究结果:该分析的一个重要发现是,转换比远大于1的反应堆对可持续核燃料循环并没有实质性的优势,而转换比接近1时是可接受的并具有诸多优势。这种反应堆使循环与传统先进核燃料循环相比具有更好的经济性、防核扩散以及废物管理特征。

自20世纪70年代以来,关于发展可持续闭式燃料循环的重大决定是基于假设铀资源是有限的,并且需要一个具有高转换比(结果表明转换比为1.2~1.3)的反应堆。我们评估认为这两个假设都不正确,因为铀资源很充足,而且选择转换比为1更好。这个结论有多重启示。

①有效利用铀资源。转换比为1能够使快堆充分利用所有的铀和钍资源,包括从铀浓缩设施和乏燃料中产生的贫铀。

②尽量减少闭式燃料循环设施的所需吞吐量。转换比为1意味着一个快堆乏燃料组件具有足够的易裂变材料,通过回收可制造一个新的快堆燃料组件。这可最大限度地减少回收和制造的燃料量。

③多种反应堆选择。因为具有高转换比,钠冷快堆是闭式循环中长期可持续反应堆的首选,但这种核燃料循环仍未商业化。如果需要的是转换比为1,其他堆型也可供选择(附录B),包括硬谱(改进的)轻水堆。由于工业上水冷堆技术已经很成熟,其具有更大的经济优势并且更能为电力生产商所接受。

④使用低浓铀来启动快堆是可行的。一个具有高转换比的快堆需要堆芯中易裂变燃料的富集度较高,铀富集度超过20%(核武器可用)。一个具有转换比为1的快堆可使用低含量或低富集度的易裂变燃料,并且可通过钚或核武器不可用的低浓铀(富集度小于20%)来启动。启动之后,为充分利用铀和钍资源,快堆的乏燃料继续被回收进快堆中。使用低浓铀代替钚来启动快堆有以下几点优势。

- 经济。使用低浓铀来启动快堆避免了投资轻水堆乏燃料后处理厂的需要。低浓铀比从轻水堆回收的钚更便宜。
- 铀资源的充分利用。使用钚来启动快堆,引入速度受钚的可得性限制。而使用低浓铀则避免了此限制,并可促进快堆的大规模使用,同时降低长期铀需求。

⑤目前仍不清楚轻水堆乏燃料最终会成为废物还是燃料资源。轻水堆乏燃料中的易裂变组分含量很低。需要回收7个或8个轻水堆乏燃料组件才能制造出一个新的轻水堆燃料组件。快堆需要更大的裂变载荷,因此,需要后处理更多的轻水堆乏燃料来制造快堆燃料组件。与此相反,一个快堆乏燃料组件足以制造一个新的快堆燃料组件。鉴于铀资源的现状,存在使用浓缩铀来启动快堆的选项,并回收快堆的乏燃料,这些情景可能使得回收利用轻水堆乏燃料一直没有经济性可言。[2]

在该框架下,我们强调一次通过式燃料循环在未来可能包括乏燃料的处理(如分离)。特别地,对废物管理或防核扩散构成威胁的放射性核素应当分离进行替代处理(附录B),例如小包装的深度钻孔处置。这里需要以科学为基础分析系统的风险和效益。

⑥核燃料循环选择的范围很广。如果裂变材料资源不是主要的约束条件(铀资源充足且首选转换比为1),就不需要从轻水堆乏燃料中回收过多的裂变材料。此外,在更为广泛

的选择中，将可能具有更多闭式燃料循环，有更好的经济性和防核扩散特性。燃料中裂变材料的富集度可降低，而其他杂质可保持不变，这在一定程度上可防止非法使用乏燃料。

我们的分析得出了如下两个结论。

在今后为部署需要而做出任何放弃开式燃料循环的选择之前，我们依然有充足的时间。就目前核电系统的增长速率反映出对铀的需求来看，铀资源相对来说还很丰富。从开式循环进化到其他循环将缓慢进行。

目前仍不确定首选的长期道路是什么。从长期来说，对发展备选核燃料循环的激励有：裂变资源的扩展，废物管理挑战的缓解，以及对核扩散担忧的最小化。然而，近十年来，我们对铀资源、不同核燃料循环假设（如先进反应堆的转换比）的意义以及新技术的理解产生了很大的改变。多种因素会影响对核燃料循环的最终选择，包括：(1)核电厂部署的速度和规模；(2)改进燃料后处理方法的技术、经济性和安全性能，改进反应堆型（轻水堆和快中子堆）以及废物流的处理路径；(3)社会对不同目标的相对重视。

建议：在未来几年内，为了决定可行的技术方案、明确决策确定的时间以及选择有限的一组方案作为前进道路的基础，需要针对反应堆和核燃料循环方案的创新进行集成化研究和试验。

几十年来，人们只对一些具有潜在吸引力特性的新型反应堆和核燃料循环方案（硬谱轻水堆、一次通过式快堆燃料循环、综合加工处置系统等）进行了少量的研究。基于20世纪70年代那时所知道的而选择的传统核燃料循环适合今天的假设已改变太多。如果集中精力并明智地使用存在的时间窗口，可在对部署先进核燃料循环做出重大决策之前，开发出更好的核燃料循环方案。[3]

在核燃料循环选择的背景下，有些人提出把代际权益作为决策的根据，一般考虑放射性废物的长期危害以及对子孙后代的影响。终止某个核燃料循环的代际利益是基于为子孙后代扩展核燃料的可用性方面考虑，但这必须在面对现代对乏燃料进行后处理及相关活动的风险中保持平衡。净风险和利益在一定程度上取决于指向保留方案代际利益的可行技术。

核燃料循环

美国使用轻水堆一次通过式开式燃料循环，这是目前最简单、最经济的核燃料循环。该循环分为六个主要步骤（见图1.1第一行）。

(1)铀的碾磨。铀是所有核燃料循环的启动燃料。铀矿的开采和粉碎与铜矿、锌矿以及其他金属的开采和粉碎类似。铀矿附近经常会发现铜矿、磷酸盐等其他矿物，因此，铀矿是其他采矿业的一种副产品。一座1 000 MWe的轻水堆每年需要开采大约200 t的天然铀。

(2)铀的转化与浓缩。铀的浓缩要通过化学方法。大自然中，铀包含两种主要的同位素：^{235}U和^{238}U。^{235}U是最初用作核反应堆的核燃料。天然铀中^{235}U占0.7%。在铀浓缩过程中，天然铀经过分离成为富集的铀产品，其中包含3%～5%的^{235}U以及95%以上的^{238}U，用作轻水堆燃料。贫化铀包含大约0.3%的^{235}U以及99.7%的^{238}U。轻水堆燃料的富集度是贫化铀的10～20倍。

(3)燃料制造。将富集后的铀转化成铀的氧化物，并制造成核燃料。一座轻水堆一年需要20 t左右的燃料。

(4)轻水堆。美国所有的核反应堆都要轻水堆,其最初的燃料是^{235}U,通过^{235}U的裂变来产热。核燃料也含有^{238}U,是一种可转变的非燃料材料。在核反应堆中,许多^{238}U会转变成^{239}Pu,而^{239}Pu作为一种核燃料,也是通过裂变来产热。而反应堆可以将裂变产生的热转变为电能。在新的燃料组件中,所有的能量都是通过^{235}U的裂变产生。当燃料作为乏燃料从反应堆中卸出时,大约一半的能量是来自反应堆中产生的^{239}Pu的裂变。

(5)乏燃料的储存。轻水堆燃料组件一般寿命为3~4年。对于卸出的乏燃料,其中包括0.8%的^{235}U、1%的钚、5%的裂变产物,剩下的主要为^{238}U。在进行处理之前,需要将乏燃料储存几十年以降低其放射性和放射性衰变热。

(6)废物处置。在临时储存之后,乏燃料作为核废物在处置库进行处理。

核燃料循环与化石燃料循环有所不同,因为核反应堆只能焚烧部分燃料,之后便会卸出剩余燃料,而燃料在卸出前不可能充分焚烧。

反应堆通过^{235}U和^{239}Pu的裂变来产生热量,而由此产生的高浓度裂变产物"灰"将会使反应堆停止运行。

燃料元件结构材料在反应堆运行工况下耐久度有限,这对燃料燃耗有所限制。

因为反应堆无法完全利用燃料组件中的易裂变和可转变材料,所以存在多种可能的核燃料循环形式。

(1)轻水堆部分闭式燃料循环(见图1.1前两行)。轻水堆乏燃料中易裂变材料可重新回收进轻水堆中。轻水堆乏燃料经过后处理,提取出铀和钚,并将回收的铀和钚制造成新燃料,最后将合成的燃料送进轻水堆中焚烧。因为乏燃料中易裂变组分含量较低,钚的回收仅仅减少了15%的铀燃料需求,而铀的回收只减少了10%。在进行处理之前,需要将高放废物(HLW)储存几十年以降低其放射性和放射性衰变热。轻水堆乏燃料的回收会改变钚的同位素,这样的乏燃料只能回收一两次。回收的乏燃料一方面等待进入处置库,一方面可作为快堆燃料。许多国家都在回收轻水堆乏燃料。

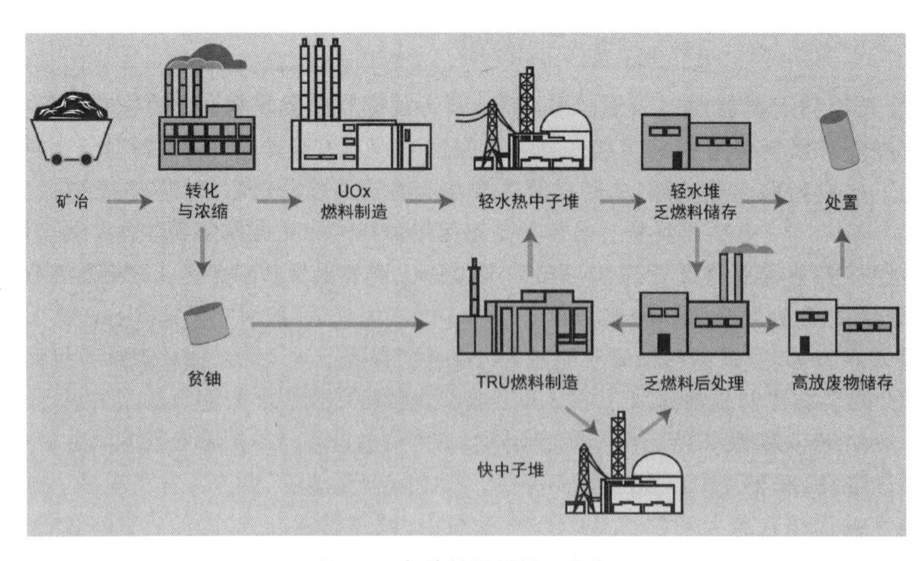

图1.1 备选核燃料循环方案

(2)快堆燃料循环。快中子堆能够快速地将可裂变材料^{238}U转化为易裂变材料^{239}Pu。这样,轻水堆铀浓缩设施中产生的贫铀,轻水堆乏燃料的铀和钚都能得到充分利用。快堆对铀矿能量的利用率是轻水堆的 50 倍。然而,快堆的启动需要大量的易裂变燃料。传统的方法是对轻水堆乏燃料进行后处理,再利用回收的钚来制造快堆燃料。轻水堆运行了 30 年后,其乏燃料中回收的钚足够启动一个高转换比的快堆。快堆在启动和运行后,其乏燃料经过后处理后继续回收铀和钚;并用回收的铀和钚以及选配的贫铀来制造新的快堆燃料组件。每个快堆乏燃料组件中回收的钚足够制造一个新的快堆燃料组件。虽然很多国家都在发展快堆技术,但目前快堆仍未商业化。

还有很多其他的核燃料循环,我们在第 2 章里将会完整详细地介绍核燃料循环的选择、标准和历史。

1.7　防核扩散

作为一个国际安全问题,核武器扩散需要外交和制度上的解决方法。随着各国技术的推进,要想某些国家因为安全利益的驱使而拒绝发展核武器用的技术和材料已经变得越来越困难。因此,核扩散的本质是一个制度问题。民用核燃料循环是通往核武器材料的道路之一,因此,非常有必要采用核燃料循环战略来尽量减少核武器和商业核燃料循环的结合,例如在未来循环中避免产生分离钚等。

在民用核燃料循环和防核扩散的背景下,反应堆已不是主要关注的问题。目前主要关注的问题是关于铀浓缩和/或后处理设施,即核燃料循环前端和后端设施,这些设施能够在突发状况下为国家提供核武器可用材料。对于小型反应堆项目,建立浓缩和后处理设施是不经济的。然而,对于使用核能发电的国家,保证燃料的供应十分重要。对某些国家来说废物管理将成为一个重大挑战。

建议 A:美国和其他核供应集团国应当积极为有小型核反应堆计划的国家推行燃料租赁方案,为放弃浓缩提供财政刺激,对先进反应堆进行技术合作,并将乏燃料退还燃料供应商,由供应商在本国国内进行乏燃料管理,以及固定期限且可更新的燃料租赁承诺(例如 10 年)。

根据 2003 年报告的分析,至少到 21 世纪中叶,80%的乏燃料都是由主要的核国家产生。因此,假如这些国家选择最终管理全世界的乏燃料,这只会对他们现有的项目添加小部分内容。在核燃料循环的背景下,美国未能制订一个在国内广为接受的乏燃料储存和处置战略,这限制了其防核扩散政策的选择。所以,防核扩散的目标是通过有效的废物管理策略实现的。

在防核扩散的背景下,先进的技术可能会显著地减少乏燃料以及其他废物形式的吸引力。[4]我们建议:

建议 B:减小核武器吸引力的先进技术方案应当作为体制的补充,并成为反应堆与废物研发项目的一部分。

需要建立一个研发与示范项目来加强保障制度的技术成分。

新的技术能显著地提高安全保障,包括及时的转移警告。虽然防核扩散从根本上说是一个制度问题,但技术的提高可以辅助保障制度,提高裂变材料转移的标准。

1.8 研发与示范建议

研究结果：如果美国要想及时制订出完善的核燃料循环方案以利于做出明智的战略核燃料循环选择，则需要实施健全的研发与示范项目，并与可观的核电增长的可能性保持一致。

建议 A：我们为此建议大量增加研发与示范项目，以提高轻水堆的性能；同时应当继续从事扩展乏燃料储存和核废物处置方案的研发与示范工作。开发技术方案并进行各方案比较的核心能力在于建模和仿真。对创新性核能应用和概念的研发应当在总体规划中占据更重要的地位。

一个健全的研发与示范项目包括三部分：研发、支持性研究和测试基础设施以及示范工程。有必要扩大研发项目的范围，投资以加强配套基础设施建设并对有前景的技术方案进行测试，这些都需建立在对备选方案的科学模拟基础之上。每年大约有 10 亿美元拨给核研发与基础设施研究项目。

研发项目包括七个主要内容，并且每年需要资金约 6.7 亿美元。大致内容见表 1.2。

表 1.2 研发项目建议汇总

项目	$ 10^6/a	说明
铀资源	20	理解成本与累积世界产量的关系
轻水堆性能提高	150	提高现有轻水堆的性能并延长其寿命 新型轻水堆技术（新材料、燃料包壳等） 通过领先的测试装置开发先进燃料
乏燃料/高放废物管理	100	干法储存寿命延长 深度钻孔与其他处置概念 废物形式/工程障碍
快堆和闭式燃料循环	150	先进快堆概念的分析、试验、模拟、基础科学、工程以及成本降低 新型分离与分析 安全和运行分析
建模与仿真	50	先进核仿真创新；核应用先进材料
新应用与创新概念	150	高温堆；模块堆；混合能源系统（核能—再生能源—化石燃料提供液态燃料、工业供热）。新概念采用同行评审，提高竞争力
核安全	50	先进安全保障 核材料的管控、监控、安全和跟踪技术

很有必要对支持性研发基础设施进行重建。为了支持新型反应堆和新型核燃料循环的研发，仍需建设具有特定测试能力的设施，例如快中子通量材料试验设施、核燃料循环分离试验设施以及新型核应用设施（产氢、为工业设施传热等）。其中一些设施的价格高达 10 亿美元，未纳入以上列出的研发支出中。为了做出显著改变，每年需要一份价值 3 亿美元的结构性投资，并持续 10 年左右。

美国有很多激励措施来促进国际项目的合作，不同国家负责建立不同的设施，并达成设施长期共享的协议。不同于过去，如今大多数新型反应堆与核燃料循环的研究都是在国外(法国、日本、俄罗斯、中国和印度)进行。对于合作项目，美国在经济上和政策上都会提供激励措施。

最后，有必要建立示范工程，以支持新型先进堆及其相关的核燃料循环的商业化可行性。这种示范工程应当联合政府工业项目，可能需要几十亿美元的投资。而这是开发和部署新技术最困难的一步，美国历来在此方面感到困难重重。示范工程可能将有所减少。应当考虑示范工程的国际合作，以扩大可供选择的研究方案的数量。

根据以上的研发项目所给的建议计划，核燃料循环的最优选择会适时出现。这些选择应当着眼于支持授权能力，批准经济上可行的新技术。[5]新技术的许可成本已成为一个严重障碍，尤其是采用小型堆设计，其许可成本更高。

建议B:联邦政府应当探索新方法，采用一个基于风险的技术中立批准制度，以减少新技术许可的时间与成本。

引文与注释

[1]我们在分析钍与铀燃料循环(附录A)中发现，两种循环都有利有弊，但其中的差异尚不足以从根本上改变我们所下的结论。

[2]在一个受经济驱使的核燃料循环中，后处理就像铀的开采，矿石品位越高，经济性越好。我们只开采高品位的铀矿，同样，我们未来可能只回收高裂变品位的乏燃料。

[3]我们若不能很好地理解未来的核电增长，就不知道何时做出重要的核燃料循环部署的决策。许多国家正在发展一种核燃料循环，即通过回收轻水堆乏燃料并从中分离出钚，再将其导入钠冷快堆系统中。如果加以审查的话，这种循环方案将默认成为前进的方向。由于具有更好特性的核燃料循环具有很大潜力，美国采取大量的激励措施来评估和开发方案，以做出更好的选择，而不是默认已做的决定。

[4]对现有的核燃料循环模式进行分析后(附录C)发现，不同类型的乏燃料，其防核扩散能力有着显著的不同。问题在于具有这样的燃料类型的反应堆是否具有经济性。

[5]已经为轻水堆制订了核电厂安全法规。该法规不适用于其他堆型。美国核管会正在推行“技术中立”许可，新技术必须达到其安全标准。然而，批准任何一个新技术所需的成本和时间是创新和优化系统(包括更安全的核系统、更好的废物管理以及更强的防核扩散能力等)的主要障碍。新技术虽然社会效益高，但经济性低，对于商业化此技术的公司来说利益很低，而示范工程中的联邦资金减小了两者之间的障碍。

第 2 章

制订核燃料循环问题的框架

核电的潜在增长使得一些备选核燃料循环重新获得关注。这就产生了三个问题:选择一个核燃料循环的标准是什么?有哪些选择?有什么限制?

2.1 核燃料循环考虑因素

核燃料循环选择的核心在于一个问题,即应当使用什么因素或标准作为制订长期核燃料循环决策的基础。我们开发了一系列标准(表 2.1),以助于对核燃料循环的思考。标准包括技术和制度两部分。该标准的重要性从商业的角度(经济、安全、环境)与从国家或政府的角度(废物管理、长期资源利用、能源自主以及防核扩散)上看有所不同。很多关于选择核燃料循环的困难和争论都源于不同集体所理解的标准的侧重点不同。

表 2.1 核燃料循环标准的比较

标准	技术上(举例)	制度上(举例)
经济	隔夜建设成本	融资、规定
安全	风险评估	监管机构
废物管理	废物形式、储存时间	规定、代际风险的社会观点
环境	水资源消耗、土地资源消耗	水法规、温室气体法规
资源利用	铀资源和成本	供应安全(国家铀资源分布)
防核扩散	分离钚、安全保障	燃料材料的制度规定

这些标准是根据核燃料循环的特性选择的。要对标准有所理解就需要了解核燃料循环。下面的附加内容描述的是一次通过式(开式)燃料循环,它是目前最经济的核燃料循环,并且运用于美国所有反应堆中。

对于轻水堆的一次通过式燃料循环

世界上的反应堆绝大部分是轻水堆,都使用一次通过式燃料循环。这种核燃料循环包括七个步骤。

(1)铀的碾磨。铀是所有核燃料循环的启动燃料。铀矿与铜矿、锌矿以及其他金属的开采和碾磨类似。铀矿附近经常会发现铜矿、磷酸盐等其他矿物,因此,铀矿是其他采矿业的一种副产品。一座 1 000 MWe 的轻水堆每年需要大约 200 t 的天然铀。

(2)铀的转化。铀矿通过化学方法提纯并转化为 UF_6 形式。

(3)铀的浓缩。铀包含两种主要的同位素:^{235}U 和 ^{238}U。^{235}U 是最初用作核反应堆的核燃料。天然铀中 ^{235}U 占 0.7%。在铀浓缩过程中,天然铀经过分离成为富集的铀产品,其包含 3%～5%的 ^{235}U,用作轻水堆燃料,剩余贫化铀包含大约0.3%的 ^{235}U。

(4)燃料制造。将富集后的铀转化成 UO_2,并制造成核燃料元件。一座轻水堆一年大约需要 20 t 的燃料。

(5)轻水堆。当具有 ^{235}U 的新燃料装载进反应堆中,^{235}U 裂变会产生热量。核燃料也含有 ^{238}U,在吸收中子后会转变为 ^{239}Pu,而 ^{239}Pu 作为一种如 ^{235}U 易裂变的材料,也是通过裂变来产生热。当燃料作为乏燃料从反应堆中卸出时,反应堆的热能有一半通过 ^{239}Pu 的裂变而产生。最终反应堆可以将裂变产生的热转变为电能。

(6)乏燃料的临时储存。轻水堆燃料组件一般在反应堆中焚烧 3～4 年。对于卸出的乏燃料,其中包括约 0.8%的 ^{235}U、1%的钚、5%的裂变产物,剩下的主要为 ^{238}U。在进行处理之前,需要将乏燃料储存几十年来降低其放射性和放射性衰变热。

(7)废物处理。如果没有先进核燃料循环可直接使用钚和 ^{238}U,则乏燃料就会被当作废物,最终被送进地质处置库进行处理。

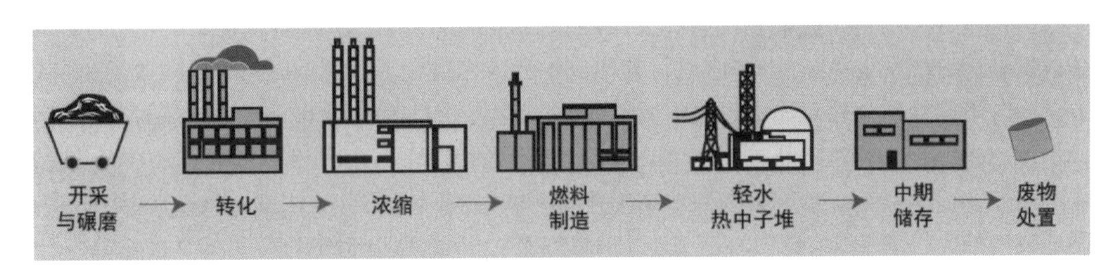

图 2.1　一次通过式燃料循环

如果核电增长是有限的,则改变一次通过式燃料循环的激励也将受限。从开式循环转变为其他核燃料循环需要几十年以及大量的资金投入。然而,如果增长很快,则备选核燃料循环就显得很有吸引力,并且需要决定使用哪种核燃料循环以及使用什么标准来审核燃料循环。其中一些标准与用来评估其他任何能源系统的标准类似,如经济、安全和环境。但废物管理、铀资源利用以及防核扩散的标准是核燃料循环所特有的。

2.1.1 铀资源利用

现有的一次通过式燃料循环仅使用了开采出的铀中小于 1%的能量。使用其他反应堆型的核燃料循环可利用天然铀中高 50 倍的能量。这些反应堆能够使用浓缩过程产生的贫化铀以及乏燃料中的铀和钚来产生能量。更有效地利用铀能保证燃料使用数千年。但不经济等原因导致美国没有采用这种循环。

2.1.2 防核扩散

裂变核材料可用于制造核武器。铀浓缩厂可用于制造核武器级材料(^{235}U 含量超过90%)。乏燃料可通过化学加工回收用作核武器材料的钚。回收武器用材料的难易程度取决于核燃料循环的选择,因为循环影响燃料中武器用材料的浓度,以及相关的放射性的强度水平使处理材料更加困难。从根本上来说,约束核武器扩散的国际应用政策对防核扩散影响最大。

2.1.3 废物管理

乏燃料是一次通过式燃料循环产生的主要废物。乏燃料含有超过99%的放射性,与化石燃料废物相比具有一些独特性。反应堆只消耗了核燃料5%的能量。乏燃料可被认为是一种废物,也可作为一种未来的能源资源。每吨核燃料释放的能量大约是每吨化石燃料燃烧所释放能量的100万倍,而废物产生量仅仅是化石燃料燃烧产生的百万分之一。单位能量产出的乏燃料数量很少(每堆每年20 t),这使得多种废物管理方案在经济上可行。废物管理方案包括多种直接处理方案,以及多种化学方法处理乏燃料的方案,回收指定材料进行循环和(或)转化成其他废物形式。

2.1.4 经济

经济是以市场为基础的系统选择反应堆和核燃料循环的主要标准。表2.2所示的是新核电厂和化石燃料发电厂的成本分析,其中成本分为建设成本、运行和维护成本以及燃料成本。同时不同能源的相对成本也具有显著的区域差异。目前使用的一次通过式燃料循环,轻水堆燃料循环成本包括从买铀矿到处置乏燃料的所有费用,占发电总成本的10%。铀的成本[₵0.25/(kW·h)]是整个燃料成本的1/3,即发电成本的3%。废物管理成本比核燃料循环成本的10%略高,大概为发电成本的1%~2%。从这些分析中可得出如下结论。

表2.2　平准化发电成本分解

成本	核电₵/(kW·h)(%)风险溢价[1]	无风险溢价[1]	煤电₵/(kW·h)(%)	天然气[2]₵/(kW·h)(%)
建设成本	6.6(79)	4.9(74)	2.8(45)	1.0(15)
运行和维护成本	0.9(11)	0.9(14)	0.8(14)	0.2(3)
燃料成本	0.8(10)	0.8(12)	2.6(41)	5.3(82)
总共	8.4(100)	6.6(100)	6.2(100)	6.5(100)

1.在美国,新核反应堆的融资风险溢价会使建设成本增加。联邦政府的先行者激励措施目的在于消除这种融资风险溢价。

2.由于近十年内,天然气价格波动很大,我们就用了三种天然气价格($\$4/10^6$ BTU、$\$7/10^6$ BTU和$\$10/10^6$ BTU)来评估平均发电成本。相应的发电成本为₵4.2/(kW·h)、₵6.5/(kW·h)和₵8.7/(kW·h)。

(1)在不改变反应堆选择下,核燃料循环方式对发电成本影响也很小。若因为某些原因需要将乏燃料回收进轻水堆中重新利用,或者使用其他更昂贵的处置乏燃料方案,其相应的成本影响也很小。

(2)如果选择一种需要不同堆型的核燃料循环,与轻水堆相比,新反应堆的建设成本很可能决定着相应的两种方案的经济性。

(3)高的反应堆建设成本青睐使用具有最低建设成本反应堆的核燃料循环。目前,轻水堆的建设成本最低,而且一次通过式燃料循环是经济上的首选。有很多人提议发展创新的轻水堆,采用不同类型的堆芯和核燃料循环,包括硬谱堆芯以及焚烧超铀元素(钚等)的堆芯。经推测,这些改进的轻水堆与传统轻水堆相比,其建设成本应该相差不大。对于任何一种燃料循环,如果技术上可行且满足安全要求,最经济的情况是改进现有的最经济的反应堆型以满足所需目标。

(4)如果一个新型反应堆表现出比轻水堆更好的经济性,这可能会推动许多核燃料循环的决策。

2.2　核燃料循环方案

在核电商业化的历史上,人们已经开发出三种主要的核燃料循环模式:美国目前使用的开式燃料循环,某些国家如法国使用的部分闭式燃料循环,以及特定的快堆燃料循环,虽然已经有过证明但仍未部署。本报告分析了这三种方案,让读者对核燃料循环有一个基本的理解。

商业化核燃料循环的历史发展,以轻水堆的商业化部署以及根据当时得到的信息认为铀资源极其有限的看法为特征。当时认为轻水堆使用铀资源相对低效,会导致铀资源价格增高并在经济上制约核能的利用。这导致在 20 世纪 60 年代末,研究者开发出一种单一的核燃料循环模式(图 2.2),以供未来核能发展使用。

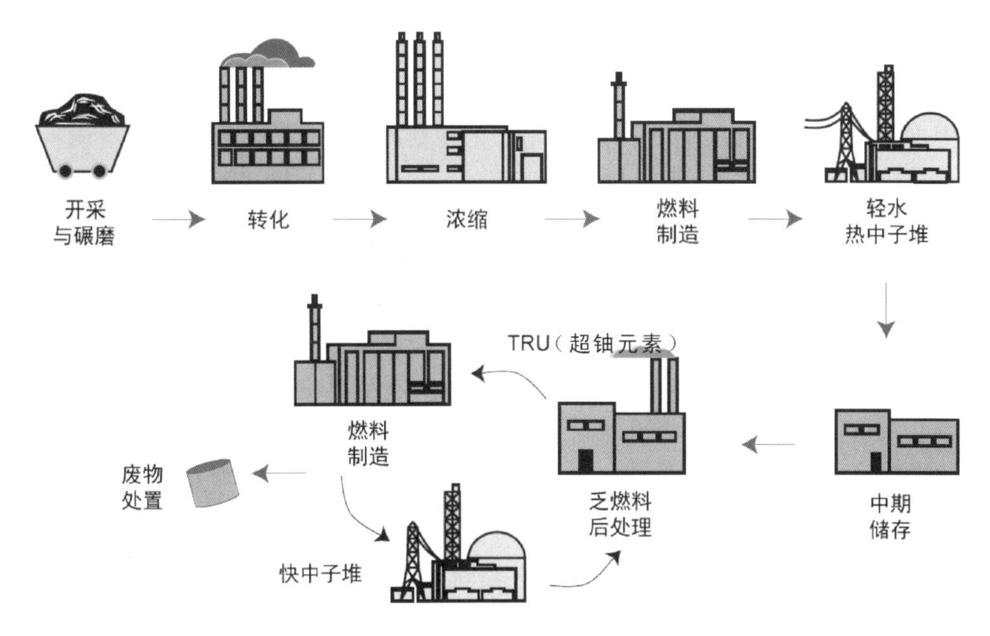

图 2.2　闭式燃料循环

(1)第一代商业堆是轻水堆,在一定程度上是以海军核动力推进项目为基础开发出来的。因为轻水堆只利用了开采的铀矿中不到1%的能量,所以需要转变技术以开发出铀利用率更高的反应堆。

(2)轻水堆中的乏燃料将通过化学后处理,回收其中的铀和钚,用来制造钠冷快堆燃料。轻水堆乏燃料中的裂变产物废物将转化为高放废物进行处理。

(3)钠冷快堆将会得到发展与部署。快堆乏燃料将会进行后处理,其中的钚和铀将结合贫铀,用来制造新的快堆燃料组件。

根据快堆的反应堆物理知识,快(快中子能谱)堆如钠冷快堆对每千克铀的能量利用率是轻水堆的50倍。轻水堆主要是通过^{235}U的裂变而产生能量。反应堆中一些^{238}U在吸收中子后会转变为^{239}Pu,而^{239}Pu可通过裂变来产能。快堆能把大量非燃料的^{238}U转变为可裂变的^{239}Pu,且转化速率大于对^{235}U和^{239}Pu的消耗速率;因此,能将所有的铀焚烧殆尽。

转换比(CR)定义为裂变燃料的产生与消耗的速率之比。转换比大于1表示反应堆通过把^{238}U转变为^{239}Pu产生的裂变材料快于消耗的。如果一个快堆的转换比为1.2,表示1吨的快堆乏燃料具有足够的裂变材料来制造1.2吨新的快堆燃料。乏燃料可通过化学处理回收铀和钚,同时将裂变产物当作废物处理。将钚和补充的^{238}U结合,制造新的燃料组件。唯一的补充材料是^{238}U。所有的贫铀,无论从铀浓缩厂产生的还是从轻水堆乏燃料中产生,都可作为铀转变为钚的补充材料。

转换比为1或大于1的快堆,可以作为一个可持续的大规模的能量源,理论上可持续上万年。每年必须开采200 t的铀,供给一座1 000 MWe的轻水堆运行一年;然而,快堆每年只需要4 t的铀。在20世纪六七十年代,这一模式促成了世界各地大型项目从乏燃料中回收铀和钚及可持续快堆的发展和商业化。钠冷快堆作为首选,是因为以当时的技术在所有可行的反应堆方案中,其转换比(1.3)最高。

使用钠冷快堆的闭式燃料循环没有商业化是因为示范堆的经验表明:(1)钠冷快堆建设成本比轻水堆高出约20%;(2)其电厂的维护成本比轻水堆高;(3)铀资源比最初估计的更丰富。核电成本中超过70%的是核电厂的初始成本,而对于轻水堆,燃料成本仅仅占发电总成本的小部分。

钠冷快堆的发展需要后处理技术的发展,以从轻水堆和钠冷快堆乏燃料中回收钚和铀。随着钠冷快堆的延迟推出,一些国家(法国、英国、日本)通过使用后处理技术,从轻水堆乏燃料中回收钚,并将回收的钚作为新的混合氧化物燃料(MOX,包括铀和回收的钚)重新送进轻水堆(图2.3)。

由于受目前轻水堆技术的限制,回收混合氧化物乏燃料很困难。因此,目前的计划是先将混合氧化物乏燃料储存,并在未来技术条件允许下处理该乏燃料,回收其中的易裂变和可转变材料,以供未来快堆使用。轻水堆乏燃料的部分回收循环使每吨天然铀的能量输出增加了约25%,但其经济性不足,而且导致核电总成本增加了几个百分点。

核燃料循环方案远不止这些

(1)目标。快堆能够在各种转换比下运行,这主要取决于我们的目的是什么。如果转换比小于1,钚和其他锕系元素都被消耗了。如果转换比等于1,则表示从可转变材料转

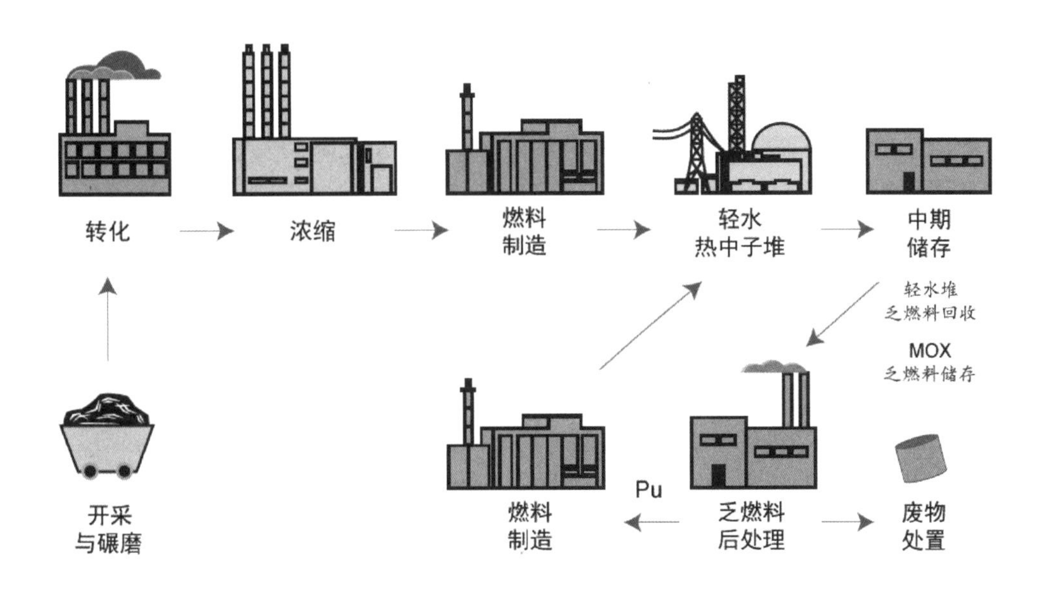

图 2.3 轻水堆乏燃料的部分回收循环

变成裂变材料的速率与裂变材料消耗的速率相等。所有的铀和钍都可转变为易裂变燃料。如果转换比大于1,则表示裂变燃料的产生速率比消耗速率更快,在一定时间后,获得启动新快堆的燃料。

(2)转换比。历史上,人们曾认为先进堆的转换比要远大于1,因为这样可使可转变材料最快转变为易裂变材料。这个观念导致选择了钠冷快堆,钠冷快堆是唯一可以实际建造且转换比大于1.2的反应堆。正如报告所描述的,在对核燃料循环更好地理解之后,转换比远大于1极大地限制了核燃料循环的选择,并且与转换比接近1的反应堆相比,并不具备很大的优势。将转换比降低至接近1,可以产生大量的具有我们需要的特征的核燃料循环方式。然而,目前我们不知道其中的最佳选择是什么。

①反应堆选择。技术的进步产生了多种反应堆(硬谱轻水堆、不同类型的高温堆等),其转换比可为1,但在高转换比下则无法建造。放宽对转换比的要求可扩大具有潜在经济性和其他优势的反应堆的选择。

②快堆启动。传统快堆需要钚或中等富集的铀燃料(核武器可用)来启动。MIT最近的研究表明,具有转换比为1的快堆可以使用低富集的铀(^{235}U含量小于20%,核武器不可用)来启动。这具有潜在的经济性以及防核扩散性,适用于所有快堆。

③快堆燃料总装量。高的转换比需要堆芯裂变燃料总装量更高。这具有经济意义,同时表示只有少数反应堆能够由所给数量的钚所启动。

(3)裂变资源。反应堆通过裂变易裂变燃料(^{233}U、^{235}U、^{239}Pu)来产能。如果燃料的选择取决于经济性,目前易裂变材料最经济的来源是铀矿中的^{235}U;在未来可能是从乏燃料中回收的钚,但不是所有的乏燃料都是一样的。就像铀矿的开采,乏燃料中裂变组分含量越高,其回收成本也就越低。在未来,有可能是某些乏燃料可回收而其他则作为废物。

①轻水堆乏燃料循环。轻水堆的新燃料中含有大约5%的^{235}U和95%的^{238}U。轻水堆中卸出的乏燃料含有0.8%的^{235}U以及约1%的钚。从7 t乏燃料中回收的钚可制造1 t新的轻水堆燃料。轻水堆乏燃料中裂变组分含量很低,而后处理乏燃料成本很高,使得目前轻水堆乏燃料循环经济性较差。

②快堆乏燃料循环。在一个可持续快堆中,初始燃料的易裂变组分为15%~30%,产生的乏燃料的易裂变组分含量相差不大。1 t的快堆乏燃料可产生不止1 t新的快堆燃料。此外,每吨快堆燃料的产能大约是轻水堆的2倍。相对于轻水堆,在一座快堆中每单位发电,只有5%~10%的乏燃料需进行后处理。在很多情况下,快堆乏燃料循环具有良好的经济性,而轻水堆乏燃料循环则不经济,轻水堆乏燃料将会作为核废物进行处理。

(4)乏燃料处理。从历史上看,人们认为乏燃料应该进行后处理来提取其中的易裂变材料用于反应堆。然而,乏燃料可处理成其他化学形式,进行储存或处理以符合不同的废物管理或防核扩散目标。

(5)万能技术。在过去的几十年里,关于核能利用的可选方案的研发工作相对较少。而在此之前不同反应堆和核燃料循环的技术和新概念都有着重要进展。目前,人们还未分析和通过相关实验来整理这些先进概念,以决定这种"通用"技术是否可行,并可从根本上改变未来核燃料循环的选择。我们描述了一些更具有吸引力的概念(附录B)及其相关的技术挑战。

2.3 核燃料循环分析

核燃料循环是复杂的。我们建议使用两种方法为基础来理解核燃料循环方案。首先,开展集中研究,以理解与具体核燃料循环步骤(铀资源、乏燃料储存以及废物管理)相关的具体挑战。其次,发展新型仿真工具,用于不同核燃料循环的动力学模拟。动力学模拟能使人们理解从一个核燃料循环到另一个的动态转变,以及不同假设的含义,如转换比的选择。使用这种工具,可进行一系列的研究。

审查合理范围内的核能增长速率对不同核燃料循环方案(一个世纪以内,主要集中于最初的50年)的意义。从分析建议中导出未来十年的实行计划。

核电厂成本结构和技术支持核电厂的长期运行。核电厂最初许可运行40年,而如今很多反应堆的许可运行延长至60年,此外,许多人还期待核电厂的寿命最终可达80年。这表明核燃料循环必须在一个世纪的时间尺度下进行考量。关键问题有:

(1)各种核燃料循环方案如何影响核燃料(开采的铀矿或者从轻水堆乏燃料回收的易裂变燃料)需求;

(2)乏燃料如何储存,系统中的超铀元素(TRU,主要是钚)以及地质处置库容量如何受核燃料循环的选择影响;

(3)引入部分或全部闭式燃料循环的时机对储存的乏燃料、超铀元素及送入处置库的废物存储数量有何影响。

对于每个核燃料循环情况,我们审查了三种核电增长速率:每年1%、2.5%以及4%。

由美国能源情报署 2010 年到 2035 年计划报告可知，1%的增长满足电力需求的期望增长。在这种情况下，核电占总发电份额的 20%。更高的增长速率表示核电在总发电配比上占据更大的比重。对于每种增长速率，都将考虑三种核燃料循环。

(1)开式燃料循环。这是美国目前使用的核燃料循环。

(2)部分回收循环。该回收循环是通过处理轻水堆乏燃料，回收其中的钚制造轻水堆混合氧化物燃料，并在轻水堆中进行辐照，之后将混合氧化物乏燃料进行储存。这是法国目前使用的核燃料循环。

(3)闭式燃料循环。轻水堆乏燃料经过后处理，其中的钚用于制造新的快堆启动燃料，而快堆乏燃料会回收进快堆中。闭式燃料循环三种类型都已建模。

①转换比为 0.75。该快堆在焚烧包括钚的超铀元素时，消耗速率比裂变燃料的产生速率快。在此情况下，其目的为减少超铀元素库存，以满足未来防核扩散的目标，或者减少最终需通过地质处置的长寿命超铀同位素。

②转换比为 1。该快堆产生钚的速率与消耗的速率相等。

③转换比为 1.23。该快堆产生钚的速率比消耗的速率更快，额外的钚则用于其他快堆的启动。

此外，还有其他的核燃料循环。这里选择的有代表性的核燃料循环抓住了不同核燃料循环的主要特征。我们没有分析钍燃料循环，因为这种循环不会从根本上改变结论。附录 A 中描述和讨论了钍燃料循环。

核燃料循环的历史

在第二次世界大战之前，铀矿开采工业规模还很小，其最主要产物为镭，是一种铀的衰变产物。镭可用作荧光手表和仪表表盘材料。铀矿开采的第一次热潮是在第一次世界大战，为手表和飞机仪表表盘提供镭。当时，铀的使用还很有限，少量的铀用作陶瓷釉料的着色剂以及其他一些特殊用途。

在第二次世界大战，美国研发出了原子弹，紧接着在冷战期间建立了大量的核武器和核动力潜艇以及核动力船舶的军械库，导致铀的需求大幅增加。由于当时认为铀资源极为稀少，铀矿开采成为国家优先考虑的事。同时，开发并实施新的分离处理技术，对所有乏燃料进行后处理，回收其中的钚和铀。之前的后处理会产生包含铀的高放废物，对其进行二次后处理，可回收铀。超过 1×10^5 t 的铀都是通过军工乏燃料后处理回收得到，并将回收的铀送入铀浓缩厂以制造回收的浓缩铀(商业乏燃料库存已超过 6×10^4 t，因此军工项目需要处理比库存更多的乏燃料。然而，大多数军工乏燃料的燃耗更低，因此锕系元素和裂变产物含量较少)。

因为当时普遍认为铀资源很有限，铀的价格会快速增长，所以随着核电厂商业化运行，美国政府也支持乏燃料后处理的商业化。在政府的支持下，在纽约的西瓦利城建立并运行了一个小型私人的后处理厂。通用电气(GE)在伊利诺伊州的莫里斯建立了一个使用新工艺的示范工厂。然而，由于在冷测试中出现了问题，该工厂迟迟未运行。在北卡罗来纳州的巴恩韦尔启动建立一个更大的商业化后处理厂。埃索石油公司(现今的艾克森石油公司)计划开展商业化后处理业务。除了通用电气的那个工厂，所有的后处理厂使用的都是普雷克斯(Purex)技术，该技术本用于军事上生产纯铀和钚。

随着1974年印度第一个核弹的爆炸,美国外交政策机构对核武器扩散产生强烈担忧,包括担心后处理技术被用于分离乏燃料中的钚以生产核武器。这导致福特总统在1976年10月发布了商业化后处理的延期公告,而卡特总统在1977年将其无限期延长。这个决定在之后被里根总统撤销。美国的立场是通过停止乏燃料后处理,来阻止世界其他国家建造后处理厂。对国家防核扩散问题的担忧导致核燃料循环的改变。

同时,回收乏燃料与一次通过式燃料循环的预计经济性有所改变。越来越多的铀矿在不同的地质环境下被发现,这表明全球铀资源被严重低估,而且后处理成本比最初估计的要高。商业核电的低速增长导致对铀矿资源的需求降低。根据政策和经济上的考量,美国采取一次通过式燃料循环,不回收乏燃料。

根据经济或政策的考量,大多数国家最终选择一次通过式燃料循环,然而,仍有其他国家选择回收乏燃料。法国、英国以及日本也已经建造大型商业化后处理厂。核燃料成本占核电总成本的很小一部分,因此,由于各种政策原因,一个国家在对核电成本没有大影响的前提下可选择替代核燃料循环。

在过去十年中,乏燃料回收用于减少废物管理问题,并有助于地质处置库的选址(影响核燃料循环选择的第三个因素)。

对核燃料循环的思考推动了反应堆项目的发展。第一代商业化反应堆是轻水堆(LWRs),是核潜艇轻水堆的产物,同时也是化石燃料电厂使用水的百年经验的必然结果。然而,轻水堆并不能充分利用铀资源,最初人们认为轻水堆仅仅是通往铀利用效率更高反应堆(可持续快增殖堆)的过渡技术。快堆每千克铀释放的能量是目前轻水堆的50倍。

所有的核燃料循环都是从天然铀(含有0.7%的^{235}U和99.3%的^{238}U)开始。轻水堆主要是通过使用热中子(低能)裂变^{235}U而产能。反应堆中部分^{238}U可转变为^{239}Pu,并通过裂变产能。在快堆中,反应堆能够快速地将^{238}U转变为^{239}Pu,并且转变速率大于裂变燃料^{235}U和^{239}Pu的消耗速率,因此,快堆能充分消耗所有的铀。

在20世纪60年代所有技术可行的反应堆方案中,钠冷快堆(SFR)将^{238}U转变为^{239}Pu的效率最高,成为未来反应堆型的首选。对于新燃料中的每吨钚,快堆产生的乏燃料中包含1.3 t的钚,足以为钠冷快堆供给燃料并为新反应堆提供启动燃料。钠冷快堆仍未商业化的原因是其建设成本远远大于轻水堆,而铀成本的节省不足以抵消新增的建设成本。

少数国家(法国、德国和日本)从轻水堆乏燃料中回收铀和钚,并将回收的钚重新送进轻水堆中作为新燃料使用。由于现存的轻水堆仅仅将少量的^{238}U转变为^{239}Pu,这种形式的回收只能将每吨天然铀的能量输出增加约25%(从轻水堆乏燃料回收钚能使每单位开采铀的发电量提高15%,回收轻水堆乏燃料中的铀能使每单位铀的发电量提高约10%;然而,铀的回收进行得很少)。乏燃料作为一种潜在的能源,在未来如果有政策和经济上的激励,其能量价值能得以恢复。

分析与经验表明,核燃料循环之间的转变一般需要几十年。由于政策和技术的改变比核燃料循环转变所需时间更短,我们必须在一个动态环境下考虑核燃料循环政策,而不是在一个我们也许永远无法到达的终点下考虑。

2.4 核燃料循环问题

2.4.1 铀资源

所有的核燃料循环都是从开采铀矿开始。如果铀资源很丰富,则在很长一段时间内,都不需要回收乏燃料和开发具有更高铀利用率的反应堆。核反应堆和核燃料循环的选择在经济上将不受铀资源限制,而核工业可自由地采用更加广泛的核燃料循环和反应堆方案。我们开发了一个模型以评估铀成本与累积铀产量(累积发电量)的关系。我们对铀成本的评估结果见第 3 章。

2.4.2 乏燃料

反应堆卸出的乏燃料包括易裂变材料(燃料)和裂变产物(废物)。乏燃料的放射性和衰变热随时间迅速减少,因此为了降低处理风险和成本,乏燃料应先储存再进行运输、处理或回收。虽然有充分的技术和政策方面的理由对乏燃料进行长期储存,但美国从未制订一个长期乏燃料储存战略。第 4 章阐述了乏燃料管理方案。

2.4.3 废物管理

所有的核燃料循环都会产生一些长寿命放射性废物,因此最终需要处理这些废物。乏燃料和高放废物的处置一直是美国主要(并且仍未成功)的技术和制度上的挑战。然而,美国废物隔离试验厂(WIPP)作为一个处理军工超铀元素(钚)废物的地质处置库,已成功选址并运行了十年。一些欧洲国家运行地质处置库来处置长寿命化学废物,并且对乏燃料/高放废物处置库已经选址并正在申请许可。选址已得到了当地及国家公众的接受。因此,现在的问题是我们能从这些成功和失败的经验中学到什么,以助于未来乏燃料/高放废物地质处置库的成功选址。第 5 章讨论了我们学到了什么以及处置库项目成功的要求是什么。

核燃料循环决策已经从废物管理决策中脱钩。然而,核燃料循环和废物管理的集成开辟了新的选择。长期以来,人们一直以为处置库应在核燃料循环选择决定之后才会建造,以接受任何废物的产生。其实还有其他的方案。我们如今可建造乏燃料处置库,但设计为在未来多个世纪内都可回收乏燃料,实际上这个决定是为了尽量减小对后代的负担,同时保留后代使用乏燃料的可能。另外,我们可将未来闭式燃料循环的后处理、制造和处置设施整合搭配成一个设施,以降低成本和风险,并在同一个社区和国家合并闭式燃料循环设施的负担和利益。关于废物管理的方案在第 5 章进行了分析。

2.4.4 核燃料循环分析

正如 2.3 节中讨论的一样,我们已开发出一个核燃料循环系统动态模型,用来理解不同核燃料循环政策和技术选择的长期影响。第 6 章中描述了分析的结果。

2.4.5 核燃料循环的经济性

我们进行了两种经济性分析。首先，对当前核电的经济性进行了最新的分析，并以此为基础提出建议，来提高核电的经济性。其次，发展了一种方法论，并用来理解替代核燃料循环的经济性。在化石燃料循环中，不同化石燃料电厂的联系受化石燃料价格的限制。在核燃料循环中，一个反应堆产生的废物(乏燃料)可能成为另一种堆型的燃料。这将使不同核燃料循环的经济性连接起来。第 7 章对这些结果进行了讨论。

2.4.6 防核扩散

全球核燃料循环的选择是核扩散风险的关键。特别地，尤其是在地缘政治关注区域，浓缩和后处理设施以及技术的传播限制是防核扩散的目标。美国政策必须以各种现实为条件：在开发、部署以及出口核技术上，美国已不占有主导地位；缺少一个国内乏燃料储存和处理项目限制了政策方案；需要开发新一代安全保障技术，用来对防止核扩散条约所建立的界线以外的核活动进行检测。第 8 章讨论了核燃料循环发展和防核扩散战略相结合的挑战和问题。

2.4.7 研发与示范

在过去的 30 年里，主要的投资在于获悉如何可靠地和安全地运行核电厂。目前，核电厂一般能够在 90%的时间里运行。几十年前，这些核电厂只能运行 60%的时间，而且会经常停堆进行维护和换料。相反，在核电的研发和示范工作上并未投入大量的资金。核电技术和研究方面的总体进步确定了一些技术方案，目前这些方案在纸面上看比目前的技术更具有吸引力。然而，仍未决定这些方案是否真的值得投资。需要对这些方案有个更好的理解，以在大量投资促使这些技术商业化之前，为核燃料循环做出明智的决定。这些潜在可能的方案在相应章节有所讨论，并作为研发与示范建议的基础在第 10 章进行了总结。

2.4.8 其他考量

为了支持我们的评估，我们进行了一系列的支持性研究，包括钍燃料循环，如果成功开发将能够改变核燃料循环选择的先进技术、高温堆、代际公平以及核燃料循环技术的当前状态。附录中总结了这些评估。

第3章

铀资源

众所周知，是否以及何时对乏燃料进行后处理和再循环利用、何时部署增殖堆等一系列重大决定在很大程度上依赖于轻水堆（LWR）核燃料的未来成本。然而，目前有关核燃料资源的预测充满了相当大的不确定性，绝大多数的专家认同2007年红皮书里的评估结果，该结果认为：按照当前核燃料使用速率，目前经济上可采储量足够未来100年供应[1]。在准备当前评估过程中，一些其他的评论也很有用[2~8]。基于先前的分析结果，本章提出这样一个框架，用以量化我们所感兴趣的核能产业所需要的铀资源成本情况预测。该结果证实，在21世纪中叶之前，即使核能的利用出现急剧扩张，一次通过式LWR核燃料循环已然能够保持竞争力。然而，在当前铀生产和消费的不平衡情况得到解决之前，铀价格波动有可能仍将继续下去。

接下来的焦点应该是全球铀供应，而不是仅仅局限于美国国内。铀是一种国际贸易商品，有着几个可靠的供应国家。此外，反应堆是一种焚烧便宜燃料的昂贵机器，这就造成了美国国内对"铀能源独立"普遍缺乏关注。事实上，过去的几十年里，美国80%的铀都从其他国家和地区进口而来。

虽然其他的前端步骤需要从已开采的铀（转化为UF_6、浓缩、制造）中生产可用燃料，但是这些问题并没有被阐述，因为所有的这些都是服务问题而不是资源有限问题。然而，它们是依赖于投资的，这就意味着发生在2008年末的经济危机会严重地延迟甚至削弱它们的逐渐积累效应。

3.1 一些观点

在下面的分析中，若设备满功率运行一年（GWe-yr），对天然铀的标准需求是焚烧200 t。实际的年消费值随堆型种类（压水堆/沸水堆/其他的一些老式堆）、浓缩厂尾料浓度、经营者燃料管理策略（每次停堆换料时乏燃料浓度）、反应堆容量因子以及可达到的热效率的不同而改变。因此，我们在文献中所看到的±25%的偏差现象是正常的。此外，经过40年的运行经验和演化，LWR燃料设计以及管理实践已趋成熟，以致在未来一段时间每GWe-yr的矿石需求将不会出现大的变动。因此，对于一个给定假设的核电生产产业，其铀需求量能够很容易地估计出来。

由于矿石需求量与核电发电能力密切相关，而铀矿需求量的不确定性相对供应量的不确定性要小。所以本章仅考虑后者。在过去十年,铀市场一直处于不平衡状态,导致供应方面更成问题,其中最初的生产只占消费量的 60%,剩下的 40%通过库存的减少、俄罗斯和美国高浓缩铀(HEU)的稀释以及其他来源解决。浓缩铀稀释项目计划于 2013 年结束。然而,受 2007 年铀价飙升的影响,过去几年来,铀的勘探和开采计划大幅提升。但这仅能够支持未来 10～20 年的使用,部分原因是日益严格的环境和执照要求(偶尔也来自当地的反对),这暗示着价格的持续波动。图 3.1 显示了现货市场中价格参数的历史记录,这只占所有交易中的 10%～15%,剩下的 85%～90%都是长期保障合同。因此,我们应着重于预期长期生产价格,而非瞬时的现货市场价格。

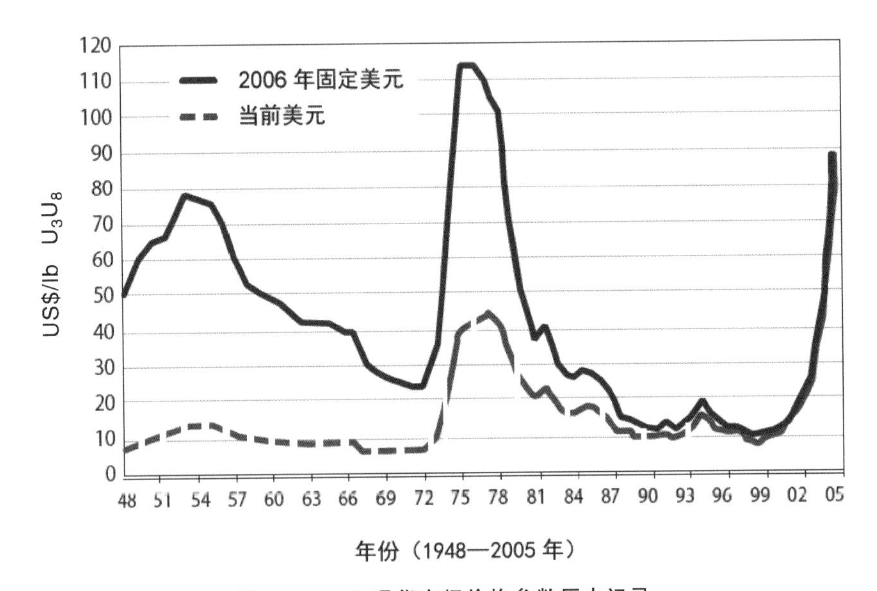

图 3.1　U_3O_8 现货市场价格参数历史记录

资料来源:48—68US/AEC.69—86 Nuexco EV.87-Present $U_xU_vO_8$ Price.

我们同样要知道,就在不久以前,铀燃料成本只占新厂核电终身平均成本的 4%(零售交货成本的 2%)。因此在不破坏核能竞争力状态的情况下,显著提高燃料价格是可以接受的。

从 1980 年开始,关于现存的和可能的铀资源的广泛评估就不断开展。这些评估包括美国国家铀资源评估(NURE)、国际铀资源评估项目(IUREP)、美国防扩散替代系统评估项目(NASAP)以及国际核燃料循环评估(INFCE)[9～12]。从那时以来,国际原子能机构(IAEA)两年发行一次的红皮书已编译了参与国主动提供的信息:一种有价值但一定更受限的贡献。

《红皮书回顾》全面总结了 1965—2005 年这一时期天然铀的供应、需求和价格[1]。不幸的是,历史本身并没有提供一个特别好的基础,以便能够对未来进行充分预测。例如,在此时期,油和矿石价格大的并行波动十分剧烈,但这些波动并不服从简单的解释,更不用说去外推了。

表 3.1 摘自 2007 年的红皮书,显示了拥有主要铀市场份额国家的资源。表 3.2 列举了 2006 年这些国家的实际生产量。值得注意和安心的是,这主要由美国、澳大利亚、俄罗

斯等自由市场国家主导。但同时也应注意到美国对国外供应商的极度依赖。

表 3.1　铀成本小于 $ 130/kg 情况下的世界铀资源分布

国家	已探明* 资源<$ 130/kg 10^6 t	未发现** 资源<$ 130/kg 10^6 t	合计 资源<$ 130/kg 10^6 t
澳大利亚	1.243	NR***	>1.243
哈萨克斯坦	0.817	0.800	1.617
加拿大	0.423	0.850	1.273
俄罗斯	0.546	0.991	1.537
南非	0.435	0.110	0.545
美国	0.339	2.131	2.470
其他国家	1.666 （37 个国家）	2.685 （28 个国家）	4.351
总和	5.469	7.567	>13.036
GWe 堆年****	27 000	37 800	>65 000

注：* 已探明＝合理的已被确定的资源(RAR)＋推断的。

** 未发现的＝预测的＋推测的。

*** NR＝未报道的。

**** 1 GWe/yr 需 200 t 天然铀。

表 3.2　2006 年铀生产量

国家	10^3 t
澳大利亚	7.953
加拿大	9.862
哈萨克斯坦	5.281
纳米比亚	3.067
尼日尔	3.443
俄罗斯	3.190
南非	0.534
美国	1.805*
乌兹别克斯坦	2.260
其他国家(28 个国家)	2.208
总和	39.603**

注：* 约占 2006 年需求量 22.89×10^3 的 8%。

** 约占 2006 年需求量 66.5×10^3 的 60%。

铀资源不断增加

从 1965 年的第一版本以来，关于铀资源的权威红皮书[1]采用一致上限为 $ 130/kg U ($ 50/lb U_3O_8)的成本分类。

然而，这个基准测值只是名义上(当时，市场)的美元，并非相对于基准年(虽然参考文献 1 用当时以及 2003 年的美元记录了实际铀价)的真实美元。

在过去的 40 年(1965—2005 年)里，美国的 GDP 平减物价指数上升了 5 倍，美国名义电价上升 4.8 倍[1]。因此在 2005 年(与 1965 年)一致的税后极限应为 \$650/kg U (\$250/lb U_3O_8)。在该值的基础上所进行的资源预测将远大于 \$130/kg U的截点，这将建立一种悲观的偏见。文献 1 记录了周期性的国家资源运动以达到更高级的成本分类，但并没有对实际货币生产成本和通货膨胀效应之间进行区分。然而，有趣的是，我们注意到，自大约 1980 年起，在所有保障资源种类中资源增加或者保持大致相同，所有基准标准为：\$40/kg、\$80/kg 和 \$130/kg[1]。

这个观察报告应进一步平息铀可用性的担忧。它还主张在未来的红皮书和其他的评估中添加更高成本的等级。红皮书中确实简要地记录了(1986—1989 年)一个 \$260/kg U (\$100/lb U_3O_8)的等级，该值因 20 世纪 90 年代市场崩溃而下跌。

3.2 铀未来成本估计

我们开发了价格弹性模型，该模型根据累计铀开采总量来估算铀未来成本，具体细节见本章附录。

最主要的输入是 20 世纪 70 年代后期由 Deffeyes 所发展的铀储量随矿石等级变化的函数模型[14]。(如图 3.2 所示)。给出了该模型的结果。对于具有实际利益的铀矿，平均开采品味每下降 1%(矿石等级降低到1 000 ppm)，供应量就上升 2%。Deffeyes 一开始将该模型应用于个人金矿开采[15]，后来用于全球铀矿床。在图 3.2 中，我们感兴趣的是左边铀浓度大于 100 ppm 的部分，当我们从浓度低于 100 ppm 的矿石中提取铀时，所需的能量接近从 LWR 乏燃料中提取可回收铀所需能量。当人们愿意开采低浓度铀资源时，铀资源将急剧上升。

我们在预测铀资源时候，一个很重要的因素并没有考虑在内，那就是在其他采矿作业中，铀有可能作为联产品或副产品出现。目前最重要的种类为磷酸盐。最近的法国新能源与原子能委员会(CEA)评估[8]表明：如果将上述考虑在内，铀资源将多出2.2×10^7 t，这本身足够维持功率为 1 GWe 的 1 000 座反应堆运行 100a，由此看来，联产品是完全可推行的。

最后，很多作者已经注意到 Deffeyes 的评估是在加拿大浓度高达 3%(30 000 ppm)的丰富矿床发现之前完成的。这将意味着基于其结果的计划成本的增加将往后推延。

我们的模型除了铀供应与矿石等级的函数外，还包括其他三个特征：

(1)学习曲线。所有的行业都存在学习曲线，该曲线表明生产成本随着行业内经验积累而逐步走低。

(2)规模经济学。存在与采矿作业相关的经典规模经济学。

(3)概率评估。外推到一个不明确的将来是不确定的保证——我们并不知道真实的答案。因此根据 1980 年 Starr 和 Braun 有关 EPRI 工作的指导，我们模型中采用了概率方法[16]。

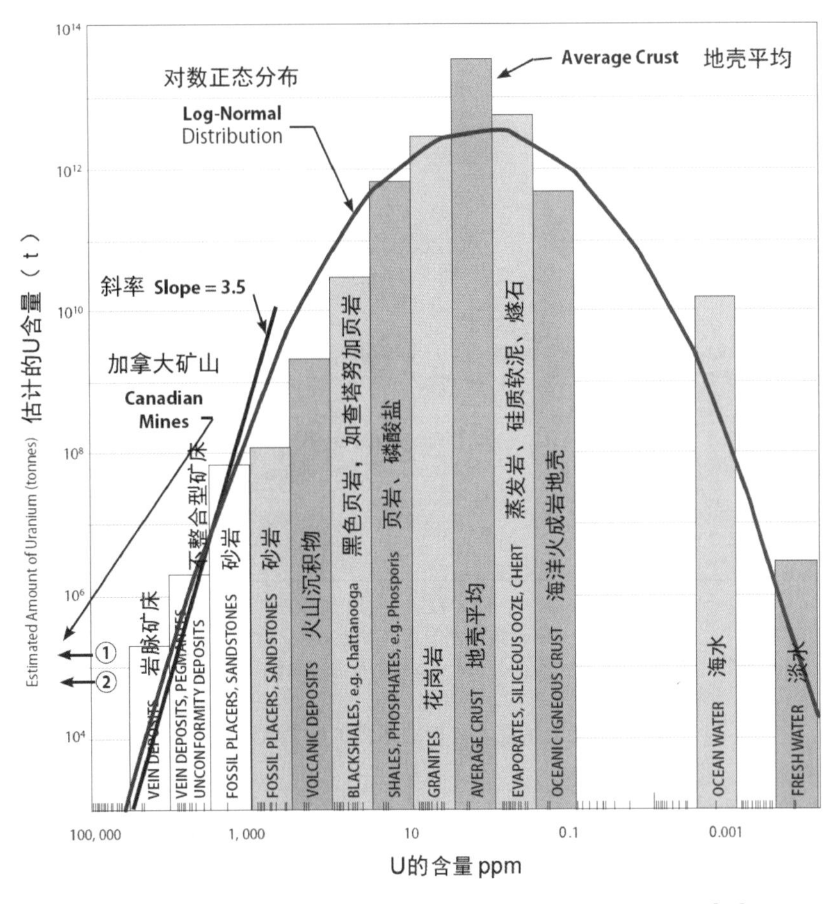

图 3.2　地球上铀资源分布的 Deffeyes 对数正态分布频率模型[4,9]

我们模型的结果如图 3.3 所示，图中给出了目前 LWR 堆型的累积核能发电量与铀相对成本的关系图，电力单位为 GWe-yr，前提假设为生产 1 GWe-yr 的电量需要 200 t 天然铀。水平轴指出了累积电力生产的三个值：

(1)G1＝以当前铀消费速率和核能发电率运行 100 年所产生的电力值

(2)G5＝以 5 倍当前铀消费速率和核能发电率运行 100 年所产生的电力值

(3)G10＝以 10 倍当前铀消费速率和核能发电率运行 100 年所产生的电力值

图 3.3 还给出了三条基于概率评估的直线，概率评估具体见第 3 章附录。最上面这条线被解释为：相对基准成本的成本低于现今 LWR 一次通过式燃料循环累计电力产量函数所绘制成曲线上数值的概率为 85％。三条线在最左边相交，交点值为＄100/kg，以 2005 年作为参考年，总的累积核电生产量为 1×10^4 GWe-yr。其余两条线所对应的概率为 50％和 15％。例如，当生产了 10^5 GWe-yr 的累积量，铀的成本低于 2005 年成本的 2 倍的概率可达 85％，低于 2005 年成本 30％的概率为 50％，低于 2005 年成本 20％(甚至更低)的概率为 15％。

再如，如果反应堆数(G5)增加为现有数量的 5 倍，并且每个反应堆运行 100 年，我们可以预期，铀的成本增长量低于 40％(以 50％计算)。由于铀燃料成本只占电力生产成本总数的 4％，其成本上升到 6％并不会对整个核能经济性造成大的影响。

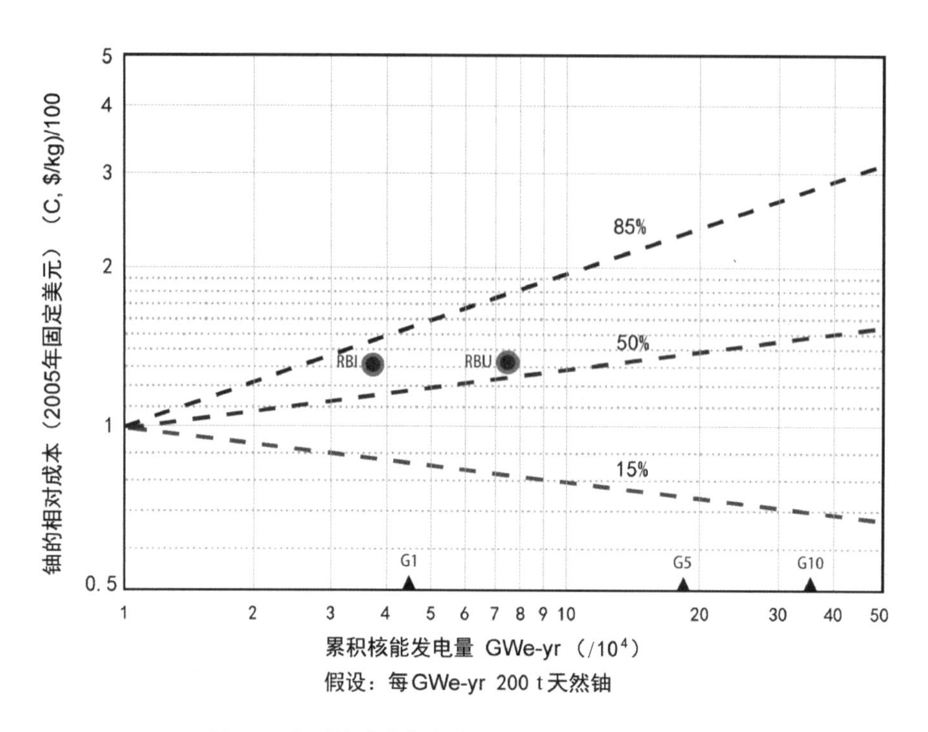

图 3.3 相对铀成本与标准累积核能发电量的关系

图 3.3 中的两点对应于 2007 年红皮书中已探明(RBI)和总的(RBU)的资源量，在 \$130/kg情况下，其值分别为 5.5×10^6 t 和 1.3×10^7 t。这些基准点支持了铀生产成本在 21 世纪剩余年份里是可以接受的这一期望，这段时间足以开发或者平缓地过渡到更加可持续的核能经济。

3.3 模型的不确定性

3.3.1 监管影响

从铀开采的早期起，人们就对矿床和尾料的处理实施了更加严格的修复标准。我们也不排除会有未来额外的严格标准。因为尾料的数量与矿石开采量几乎相同(大多数矿石中铀浓度低于 1%)，所以需要处理的尾料随着矿石等级的下降而上升。该模型可以为这种临时费用做出调整。该效应因矿中铀的衰变产物产生的累积放射性核素负担与当前铀的开采量成正比这一事实而有所缓和；因此随着矿石等级降低，矿山和尾料中衰变产物也同时降低。更加严格的环境标准和许可方案增加了新矿山和矿厂上马的时间和成本：目前估计是 10～15 年。

3.3.2 可替代的裂变燃料资源

同时我们假设一系列成本大约在 \$300～400/kg，这对应于其他核燃料循环的收支平衡,如 LWR 再循环、快中子增殖堆以及从海水中提取铀等。在这点上不宜过早太过于明确,因为随着 R&D 在各个方面的不断进步,这些方案会更加具有竞争力。在这个范围内,铀成本对应于总成本的 8%~12%,这在不严重影响核能对非核能竞争力的基础上将有可能被接受。

3.3.3 已探明资源的矿产开采限制

由于对未来几十年所需资源的搜索和储量证明缺乏商业激励,我们对所有资源预测的理解已变得模糊不清。Cohen[17] 指出,在 19 种金属中,其储存量与当前消费量的比值变化很大,但这 19 个值的平均值约为 60 年,这个值正好是铀的比值。这促使我们发展地质统计模型,该模型以 Deffeye 的工作为基础,从而达到超出这个时间范围的目的。

3.3.4 其他矿物的经验

更大的不确定因素是资源模型在演化过程中经常失效。例如 Shropshire[4] 等指出,在整个 20 世纪的进程中,工业金属价格实际上是下降的(以不变价格)。图 3.4 给出了 20 世纪钒的历史价格(钒是一种具有地球化学特征又常与铀相关的金属)。它的回归系数为 −0.012,该值正是所有 35 种被研究矿物的平均值[4]。

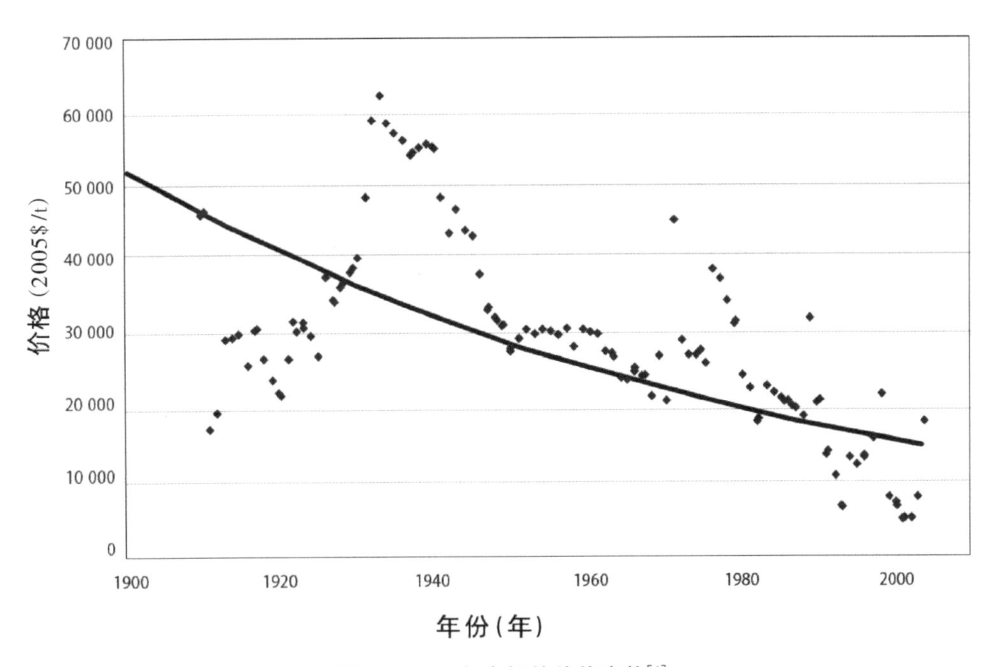

图 3.4　100 年内钒的价格走势[4]

资料来源:Advanced Fuel Cycle Cost Basis. Idaho National Laboratory INL/EXT-07-12107, March, 2008.

然而,其他金属的市场历史并不能够很好地预测铀,原因如下。

(1)铀是唯一一种金属类燃料,客户单一,需求毫无弹性。核反应堆是具有长研制周期、长寿命的基荷单元。因此,一旦反应堆建成,其利用率极易预测。

(2)替换和节约是不相关因素。在当前 LWRs 中,轻水堆物理和燃料管理实践在铀利用率方面已处在最优范围[18](高转化率的反应堆可以影响铀需求量——详情见第 6 章和附录 B)。

(3)廉价废金属循环的可比性市场并不存在。乏燃料的后处理和再循环是非常昂贵的,目前不到 10%的反应堆采用再循环和后处理,且功效十分有限。减小浓缩厂尾料成分是一种效果同样明显且容易大规模实现的方法。

(4)镭的存在使铀有着独特的尾矿处理问题,因此氡的存在及其含量多少等问题必将反过来增加成本。

(5)半数以上的铀资源由政府控制。

可以理解的是,我们需将这样的警告(过去的业绩并不是未来成功的保证)铭记于心,很少人会鲁莽地将减少生产成本的趋势外推到将来。其中的一个动机是,在过去 10 年左右,我们在铀开采方面部署了一项重大创新:原地浸出(ISL)也叫作溶液开采——在开采过程中,氧化性水溶液被抽至含铀地下地层,通过对返回流体的加工从而重新获得溶解的铀。并不是所有的矿层都适合这样的方法(大约 20%),但这样的重大操作正在美国(2008 年 5 处)和哈萨克斯坦(20 处 ISL 厂址)着手进行,并且据最近一份综合的美国核管会(NRC)报告报道[19],美国正在部署 ISL 的大规模扩张。

3.3.5 研究与开发

铀资源的估计值是长期核燃料循环决定的重要先决条件——尤其是对于何时开发可替代裂变源燃料的特殊决定。我们的模型中仍存在一些我们没有提及的不确定因素。由于这些因素,我们建议建立一个有限的国际 R&D 项目以便于更好理解铀成本与累积核能发电量之间的关系。

3.4 铀保护措施

对于铀利用率,LWR 机组是目前工作在富集度和燃耗接近最优的状态。在目前众多的措施中,只有两点对节约铀矿具有重要意义:(1)对乏燃料中铀和钚的后处理和再循环;(2)降低浓缩厂中尾料铀浓度。这两点并不是相互排斥的,但是基于当前的技术水平,第一点成本高出很多。

单纯的钚再循环以制成混合氧化物燃料(MOX)可使 LWR 对天然铀的需求量降低 15%,对乏燃料中铀的再浓缩和再循环将继续增加 10%。目前估计[4] MOX 的成本大约比传统的氧化铀燃料高 $1 200/kg,但乏燃料的再浓缩并没有得到广泛应用,因为它需要单独运行的浓缩厂,以限制其中含有的放射性核素的污染。乏燃料在未来可以被用来和高浓缩铀或混合燃料混合,但这对当今铀资源需求只有微小影响。

相反,以分离功提升 50%来降低尾料浓缩度的措施将会减少 22%的铀矿石使用——这个数值比当今对乏燃料中铀和钚的再循环还大。通过考察最优尾料浓度实验的经济性分析,低浓缩成本使得更多天然铀中 ^{235}U 得到应用(见第 3 章附录)。先进的铀浓缩技术(先进的离心法或者正在进行工程测试和许可的 GE-Hitachi Silex 激光同位素分离法)减少了铀的需求量。

这些节约办法，都被给定成本下铀储量的不确定性所掩盖。我们当前的参考案例假设天然铀成本为＄100/kg，对于每千克的浓缩铀，则需要10 kg的天然铀，因此，装载的燃料成本为＄1 000/kg。

3.4.1 贮存

如果供应中断（或者价格增速快于利率）成为一个重大问题，天然铀或可作为燃料的低浓铀（LEU）的贮存将不再是繁重的负担，每GWe-yr仅需要200 t天然铀或者20 t浓度为4.5％的浓缩铀。后者的质量远小于产生同样电力所需的煤、石油、天然气储存量（约为其 $1/10^5$）。因此有关铀储存的战略可以加以考虑。

美国当前战略石油储备为 7.27×10^8 桶（约70天的进口量），其中每桶＄50，如果将这笔投资用于购买成本为＄100/kg的天然铀，这些天然铀能够维持100个反应堆运行将近20年。因此，数量级小5的天然铀贮存将更有利应对供应中断。此外，我们可选择成本为天然铀2倍的5％浓缩铀。这不但减少了燃料制造前的时间延迟，还将燃料储存质量减小到原来的10％。然而，剩余的90％为贫铀资源，仍需贮存。正如第8章所述，IAEA正在开发一个燃料库，以保证供应安全，这也是防核扩散战略中的一部分。

其他类型实际库存的可用性：

(1)美国浓缩厂尾料中（超过70万吨）包含1 400 t ^{235}U——如果把其中的铀全部提取出来，足够支持14座LWRs运行100年。便宜的铀浓缩服务将允许人们经济有效地利用这些资源。世界上贫铀贮存量也是可比的。

(2)美国天然铀的原位矿储量为 2×10^6 t（见表3.1），由于国际市场（尤其是加拿大）铀资源的便宜供应，目前尚未开采。如果这些资源最终被开采出来，将能够维持100座反应堆运行100年。

(3)2008年12月，美国能源部（DOE）宣布一个计划：将在未来25年内，释放各种浓缩铀以用于商业用途，其总量将达到 6×10^4 t天然铀当量，大约为300年的需求值[20]。

上述这些考虑支撑着这样一个论点：在21世纪里，天然铀资源并不是核电的主要限制条件。

3.4.2 核武器储存消减的影响[21]

美国和俄罗斯在1993年达成协议：将稀释500 t浓度为90％的浓缩铀，以用作美国LWRs核燃料，该协议于2013年到期。1 t高浓缩铀（HEU）可以维持1座1 GWe反应堆工作将近1年。因此，500 t HEU可以维持5座反应堆工作100年——这将很有用，但当我们考虑超过500座（当前全球运行的LWRs约360座）反应堆工作几十年的情况时，这将不是主要因素。

俄罗斯和美国保留了600～1 200 t的HEU，这些HEU将轻而易举地被世界铀市场吸收。国际裂变材料小组（IPFM）估计全球HEU储存量超过1 700 t[21]。

目前全球贮存的分离钚大约为500 t，大约为民用的一半。这些如果用在MOX上，1 t分离钚将能维持1座1 GWe反应堆工作1年。

因此，总的来说，这些储存将能够支撑30座反应堆运行100年：在未来10年左右，如果将这些投放市场，将产生很大的市场意义，但是从长期看，特别是处在一个强劲增长的行业内，其影响则微乎其微。

3.4.3 其他前端步骤

我们还未讨论核燃料循环的前端部分，如转化（转化为 UF_6）、浓缩、燃料制造步骤。参考文献[22]给出了它们现状和前景的全面综述。这些流程采用成熟的技术，每种技术都可从全球几个商业供应商获得，因而我们可以依靠市场来扩大供应以满足未来需求。这样就没必要限制未来核能扩张。短期缺货期间价格可能会上升（如 2006—2008 年），但受规模经济、革新和经验效应等影响，从长期看，其价格相对铀成本来说将会下降（按不变价格）。

3.5 总结和建议

根据对已发布信息和分析的综述，以及对现有成本/资源关系模型的分析，我们对未来天然铀价格是可以承受的表示高度自信。然而，直至努力扩大生产最终实现之前，铀市场严重不平衡且易受价格波动影响。同样地，2008 年的经济危机很可能延迟了反应堆和前端设施的建造。

这些发现支持着这么一个结论，资源枯竭的担忧不应该促使当前那些不成熟的堆型来大规模替代一次通过式燃料循环：我们有足够的时间来平稳地引进这些替代方案。

鉴于这一结论，我们建议继续持续更新铀资源情形。《国际核工程》贸易杂志是整个核燃料循环行业最新信息的良好来源，尤其是其 9 月刊载的《年度燃料评论》，例如见参考文献[22]。两年出版一次的红皮书，是铀资源方面的权威资料。应该恢复红皮书中＄260/kg 的基准值，尤其是从 2007 年年中现货市场价格短暂地高达＄364/kg 以后。然而，提高基准临界值存在一定问题，因为缺乏短期的金融刺激来进行野外工作，从而无法获得可靠的估计。因此通过更新 Deffeye 1978 年的分析模型来处理这些模糊的分类问题将更有效率。同时应开展全球研究项目以达到对铀成本和累积生产量关系的深刻理解。

本章的扩展版本包含在 I.A. Matthews 的论文中[23]。

引文与注释

[1]Uranium 2007：Resources，Production and Demand，OECD NEA No.6345，2008（Red Book）.

[2]IAEA. "Analysis of Uranium Supply to 2050; J. S. Herring, 2004，Uranium and Thorium Resource Assessment, *Encyclopedia of Energy*，2001，Vol.6，Elsevier; D.E.Shropshire et al.Advanced Fuel Cycle Cost Basis，INL/EXT-07-12107, 2008，Rev.1, March, 2008. E. Schneider，W. Sailor. Long-Term Uranium Supply Estimates, *Nuclear Technology*，2008，Vol.162, June, 2008; Forty Years of Uranium Resources, Production and Demand in Perspective, 2006，The Red Book Retrospective, OECD, NEA No.6096, 2006; UIC Nuclear Issues Briefing Paper ＃75，Supply of Uranium, March, 2007; A. Ganier, Uranium：The Question of Future Resources, *CEA News*, Issue No.5, July, 2008.

[3]National Uranium Resource Evaluation (NURE) Program Final Report, GJBX-42 (83)，U.S. DOE (1983). World Uranium Geology and Resource Potential，International Uranium Resources Evalua-

tion Project (IUREP), OECD/IAEA, Miller Freeman (1980). NASAP: Report of the Nonproliferation Alternative Systems Assessment Program, U.S. DOE/NE-0001/1 through 9, June, 1980. INFCE: International Fuel Cycle Evaluation, IAEA, ISP534-1 through 9, 1980.

[4]Forty Years of Uranium Resources, Production and Demand in Perspective, 2006, "The Red Book Retrospective", OECD, NEA No.6096, 2006;

[5]Annual Energy Review 2007, DOE/EIA-0384(2007), June, 2008.

[6]K. Deffeyes, I. MacGregor. Uranium Distribution in Mined Deposits and in the Earth's Crust, Final Report to U.S. DOE, Grand Junction Office, August 1978; also Scientific American, Vol. 242 (1980).

[7]G. S. Koch Jr., R. F. Link. Statistical Analysis of Geological Data, Wiley, 1970.

[8]C.Starr, C.Braun. Supply of Uranium and Enrichment Services, *Trans.Am. Nucl. Soc*. Vol.37, November, 1980.

[9]D. Cohen. Earth Audit, *New Scientist*, Vol.194, No.2605, May 16, 2007.

[10]M. J. Driscoll, T. J. Downar, E. E. Pilat. The Linear Reactivity Model for Nuclear Fuel Management, *American Nuclear Society*, 1990.

[11] Generic Environmental Impact Statement for In-Situ Leach Uranium Milling Facilities", NUREG-1910, May, 2009.

[12]U.S. Department of Energy. Excess Uranium Inventory Management Plan, Dec.16, 2008.

[13]Global Fissile Material Report 2007, 2rd Report of the International Panel on Fissile Materials (IPFM), Princeton.

[14]Nuclear Engineering International. *Annual Fuel Review*, Vol.53, No.650, September, 2008.

[15]I. A. Matthews. Global Terrestrial Uranium Supply and Its Policy Implications: A Probabilistic Projection of Future Uranium Costs, SM Thesis, Massachusetts Institute of Technology Department of Nuclear Science and Engineering and the Technology and Policy Program in the Engineering Systems Division, February, 2010.

附录

铀资源弹性模型

关于铀成本与累积生产量之间关系的结论是基于一系列模型得出的，这些结果依赖于输入的假设和此模型。本附录描述了我们分析中用到的数学模型。在这些模型中，我们采用了不同的假设。

附 3.1 方法论

所采取的方法包含了一个基于 Deffeye 模型的累积铀消费的价格弹性的发展，本模型中铀储存量是矿石等级的函数[1]。在他将对数正态分布模型应用于统计全球铀矿石总和之前，Krige 已将它应用于金矿开采中[2]，如附图 3.1。我们对附图 3.1 左边部分很感兴趣，分界线处铀浓度大约为 100 ppm，当低于 100 ppm 时，我们从矿石中提取铀所需能量与从 LWRs 乏燃料中提取铀所需能量十分接近。对对数正态频率分布函数进行数值积分，就可得出累积储存量对矿石等级(单位为 ppm)的函数。这些结果可以用来调控所寻求的弹性。数值分析验证了在我们感兴趣范围内进行(10^2～10^4 ppm)的半解析近似。

$$s=\frac{\text{累积储存量增量(\%)}}{\text{矿石等级减量(\%)}} \tag{1}$$

$$\approx\frac{\sqrt{\pi}}{2\sigma^2}\left(\ln x-v+\frac{\sigma}{\sqrt{2}}\right)$$

其中，x 为矿石等级(ppm U)，v 为 $\ln x$ 的平均值 2.51，σ^2 为 $\ln x$ 的方差，为$(1.52)^2$。注意 $\ln x=2.303\lg x$，因为以 10 为底的对数最常见。

附图 3.2 给出了结果。从图中可看出，当 $x=1\ 000$ ppm 时，矿石等级每降低 1%，供应量就上升约 2%。注意到 s 为正值(与传统的弹性相反，其值为负)，且为 $\lg x$ 的线性函数。

接下来将这些结果与经典规模经济学和工程经济学的学习曲线结合在一起，以获得成本 C($/kg U)与核电累积消费量 G(GWe-yr)的关系：

$$\left(\frac{C}{C_r}\right)=\left(\frac{G}{G_r}\right)^{\theta} \tag{2}$$

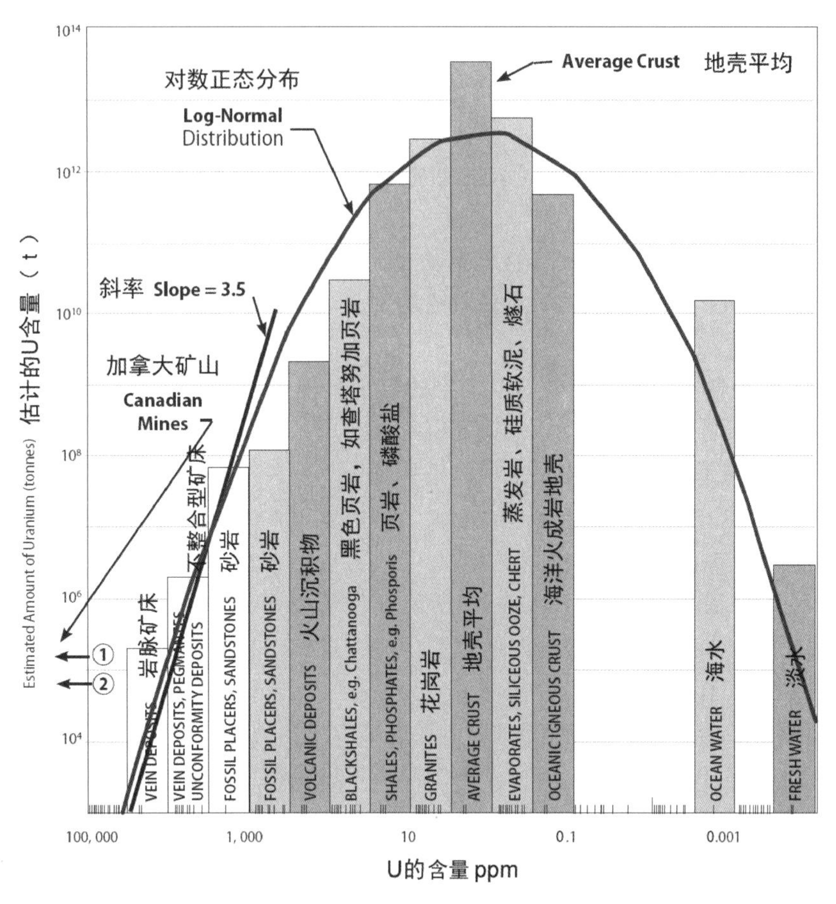

附图 3.1　地球上铀资源分布的 Deffeyes 对数正态分布频率模型[1,3]

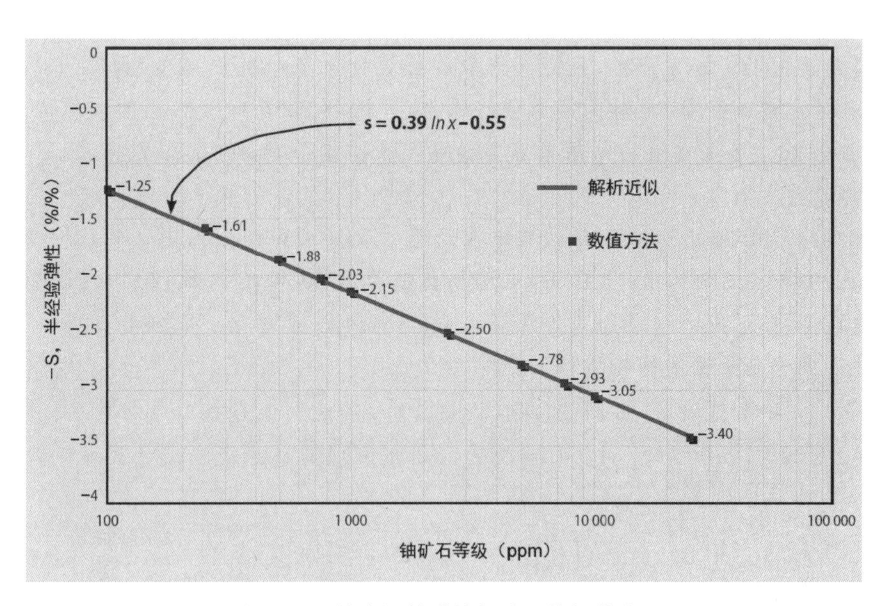

附图 3.2　铀资源的弹性与矿石等级的关系

其中，

$$\theta=\left(\frac{n}{s}\right)-\alpha$$

n 为规模经济指数（一般为 0.7）；α 为经验指数，其值为 $\ln(f/100)/\ln 2$（因此 $f=85\%$时，其值为 0.23）。

等式(2)中 C_r 和 G_r 为参考值（区间起始值）：例如分别为 \$/kg U 和电能生产的累积 GWe-yr。注意到 G 同样可以解释为累积铀消费量，前提是我们假定满功率下比例常数为 200 t/GWe-yr。

很明显，外推到不明确的未来不是确定的保证。因此根据 1980 年 Starr 和 Braun 有关 EPRI 工作的指导，我们模型中采用了概率方法[4]。

附图 3.3 将等式(2)绘制成图，在对数坐标轴上，它是一条直线。数值 $C_r=\$100/\text{kg}$ 和 $G_r=10^4$ GWe-yr 是根据 2005 年给定的。图中给出了 θ 分别为三个不同值时的走势线，该直线是由概率评估（具体描述见第 3C 节）所确定。该直线可以被解释为成本（如 \$200/kg）低于累积消费量（10^5 GWe-yr）所确定值的概率。注意到当 $\theta=0.5$ 时，概率线为 100%，这与 Schneider 所调查的四个模型中 θ 为 0.40↔0.52 匹配[5]。我们的值 0.29 与其理想值 0.30 匹配。

附图 3.3 中的两点分别对应于 2007 年红皮书中成本为 130 \$/kg 时已勘探储量值和全部储量值：5.5×10^6 t 和 1.3×10^7 t。图中同样给出了在当前速率的 1 倍、5 倍、10 倍情况下的 100 年累积消费量值（分别为图中 G1、G5、G10）。这些基准数据表明，在 21 世纪剩余的年份里，铀的生产成本是可以接受的——这些时间足够用来开发和平稳转变为更加持续的核能经济。

样本应用

为了将该图用于方案分析，我们仅集成在假设的累积核能发电量（除以 10^4，再加 1；包括 2005 年之前消费量）与时间关系曲线图上，并读取 2005 年天然铀的预测成本为 $(C/C_r)\times\$100/\text{kg}$。不同 θ 值的结果很容易绘制出来。接下来，$\theta=0.29$ 被采用。

例如：

一方案给定在 2005—2050 年间核电生产量为 50 000 GWe-yr，则 $(G/G_r)=5+1=6$。对于 $\theta=0.29$，附图 3.3 给出 $(C/C_r)=1.7$，因此截至 2050 年，$C=\$170/\text{kg}$（以 2005 年为固定美元）。

这些方案都基于简单的指数增长：

$$E(t)=E_r\,e^{\gamma t},\ \text{GWe}$$

则一段时间 T（年）内，累积核能生产量为：

$$\left(\frac{G}{G_r}\right)=1+\left(\frac{E_r}{\gamma G_r}\right)(e^{\gamma T}-1)。$$

例如：

当 $E_r=400$ GWe，$G_r=104$ GWe-yr，$\gamma=0.04/\text{a}$，$T=80$ a 时，那么，

$$\left(\frac{G}{G_r}\right)=24.5$$

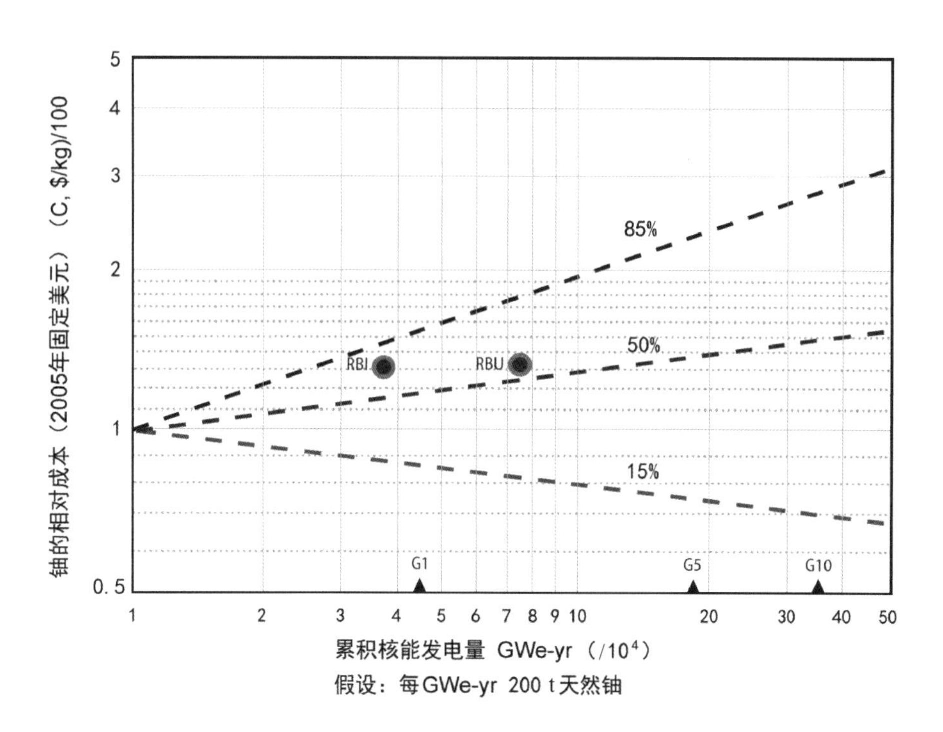

附图 3.3　相对铀成本与标准累积核能发电量的关系

图中关键直线和点

直线表达式：

$$\left[\frac{C(\$/\text{kg U})}{100}\right]=\left[\frac{G(\text{GWe-yr})}{10^4}\right]^{\theta}$$

$\theta=-0.10$，CPDF 概率为 15%，乐观的选择；

$\theta=0.11$，CPDF 概率为 50%，居中的选择；

$\theta=0.29$，CPDF 概率为 85%，保守的选择。

在附图 3.3 中，G1 为以当前铀消费速率和电能生产量运行 100 年所需铀总量，G5 为以 5 倍于当前铀消费速率和电能生产量运行 100 年所需铀总量（等价于以2.7%/a 指数增长），G10 为以 10 倍于当前铀消费速率和电能生产量运行 100 年所需铀总量（等价于以 3.6%/a 指数增长）。

另外，RBI＝2007 红皮书中已探明（铀成本＜＄130/kg），

RBU＝RBI＋未探明（铀成本＜＄130/kg）。

基准年点，坐标为（1，1），对应于 2005 年，横纵坐标的真实值为＄100/kg & 10^4 GWe-yr。

此外，假定 $\theta=0.29$，图中给出 $C\cong\$250$/kg[从式（2）可得出 C 为 252.8]，这将对可替代一次通过式 LWRs 产品研发保持慎重考虑。我们需注意，这些估计是固定美元：几十年后名义上美元数值将远大于此。

进行进一步近似，参考条件是指数方案中函数从$-\infty$到 0 的积分，可导出以下解析关系（这将排除对图解法的需求）。

成本随时间关系为：

$$\frac{C(T)}{C_r}=e^{\theta\gamma T}$$

平均成本（时间从 0 到 T）为：

$$\frac{\overline{C}}{C_r}=\frac{e^{\theta\gamma T}-1}{\theta\gamma T}$$

因此，在我们先前例子 $\theta=0.29$，$\gamma=0.04/a$，$T=80$ a 中，

$$\frac{C(80)}{C_r}=2.53;\frac{\overline{C}}{C_r}=1.65$$

$C(80)/C_r$ 的计算值与附图 3.3 中给出的值十分接近。

附 3.2 成本/消费量关系式的推导

目前工作中所采取的方法是将模型同规模经济和经验曲线关系结合，从而找出成本（$/kg U）与累积资源（矿石等级$\geqslant X$ ppm，天然铀的吨数）之间的关系，其中用到的模型涉及累积资源矿石等级弹性（累积天然铀百分改变量除以截点矿石等级百分改变量，ppm 天然铀）。反过来，所需的铀可以用核能 GWe-yr 表示。读者可以轻松添加一个需求增长方案。

假设将规模经济应用于矿石挖掘和加工成 1 kg 天然铀的过程中，对于矿石等级为 X ppm 的矿石，单位成本为：

$$\left(\frac{C}{C_r}\right)=\left(\frac{X_r}{X}\right)^n,\ \$/\text{kg U} \tag{3}$$

式中 n 为规模指数，对大多数工业化工流程，一般为 0.7；指的是一个参考案例，例如某个时期的起点。

从基于 Deffeye 分析的对数正态分布模型可推断累积资源的矿石等级，从而我们可将矿石等级比与累积资源联系在一起。通过采用我们感兴趣的范围类的一个代表性的平均值，该模型可给出斜率（弹性）与矿石等级 X 之间的函数关系式：

$$\text{弹性}=\frac{\mathrm{dln}\ U}{\mathrm{dln}\ X}=\varepsilon \tag{4}$$

因此，

$$\left(\frac{U}{U_r}\right)=\left(\frac{X}{X_r}\right)^{\varepsilon}=\left(\frac{X}{X_r}\right)^{-s},$$

其中，s 为正数，与传统的弹性相反。

在上式中，U 为补偿累积分布函数，具体为矿石等级高于临界值 X ppm 时的累积资源（从 X 到∞的积分），与传统的累积函数（从 0 到 X 的积分）相反。所以，斜率 $\mathrm{dln}\,U/\mathrm{dln}\,X$ 的值为负，即 X 增加，资源富集度降低。如果我们将传统的弹性 ε 定义为 X 中 U 百分增量下累积资源的百分增量，则 $s=-\varepsilon$。意识到 s 永远为正值，这就不会造成混淆了。因此，附图 3.2 中负数 ε 中数值可作为我们分析中的正数 s 的值。

结合等式(3)和(4)，可给出：

$$\left(\frac{C}{C_r}\right)=\left(\frac{U}{U_r}\right)^{\frac{n}{s}} \tag{5}$$

该表达式考虑到只由单元操作规模引起的成本下降。然而，我们知道长期运行过程中的经验可增加储蓄积累。对于矿物，不断的经验积累可以改善探矿、界定以及分析有潜力的矿床等方面的技术。

对于经验效应，我们假定，M t 天然铀产品中，单位加工的数量为 N，$N=U/M$，其中 U 为累积的天然铀生产量。因此，因为 $N_r=U_r/M$，我们可容易地得到在有经验和无经验时的比值：

$$\left(\frac{C}{C_r}\right)=\left(\frac{U}{U_r}\right)^{-\alpha} \tag{6}$$

其中，

$$\alpha=-\left[\frac{\ln\,(f/100)}{\ln 2}\right]$$

式中 f 一般为 85%，因此 $\alpha=0.23$。

将式(5)乘以有/无经验修正因子可得复合表达式：

$$\left(\frac{C}{C_r}\right)=\left(\frac{U}{U_r}\right)^{\theta} \tag{7}$$

其中，

$$\theta=\left(\frac{n}{s}\right)-\alpha$$

其拥有可衰减到适当极限的优势（如 $n\to 0$ 或 $s\to\infty$，或 $\alpha\to 0$），因此对于 $n=0.7$，$s=2$，$\alpha=0.23$，可得 $i=0.12$。

注意到式(7)中采用对数坐标轴绘图，这样可得到的关系图为直线。

进一步的修正是十分有用的。假定 LWR 中每产生单位 GWe-yr 的电能所需要的天然铀是固定的（满功率下为 200 t 天然铀）。那么，

$$\left(\frac{C}{C_r}\right)=\left(\frac{G}{G_r}\right)^{\theta} \tag{8}$$

该标准式可用于我们的结果表示。

该表达式也可通过变换给出成本对矿石等级的函数：

$$\left(\frac{C}{C_r}\right)=\left(\frac{X_r}{X}\right)^{\overline{s}\theta}$$

式中 $\bar{s}$ 为 x 的平均值。例如假如为 2.25(大致为附图 3.2 中的 2 000 ppm)时，取 $\theta=0.11$(附图 3.3 中概率为 50%所对应的值)，则成本反比于 $x^{0.25}$，因此可得出，矿石等级每降低 90%，每千克铀成本增加近 1.78 倍。这似乎看起来还挺乐观，但我们需记住当规模经济和经验效应有机会开始起作用后，这将是一个前瞻性的观点。

有趣的是，对于参考文献中[6]所列出的不同金属，其合适的成本对地壳富集度的关系反比于 $x^{0.39}$。该指数与我们模型中所预测的 $\theta=0.17$ 一致(此时概率为 65%)。

附 3.3 成本相关参数 θ 的概率估计

为实现本章所设计的简单成本对累积消费量模型，需表征三个系数：

n，规模经济指数；

s，资源对矿石等级的微分的负值；

f，经验百分数(也可用 α)。

这三个结合可得出 θ：

$$\theta=\left(\frac{n}{s}\right)-\alpha=\frac{n}{s}+\frac{\ln(f/100)}{\ln 2} \tag{10}$$

所有的这些参数在很大范围内是变化的，这就不可避免地造成了 θ 的不确定性。我们采用 Monte Carlo 方法，从概率分布库中重复随机取样，通过式(10)以得到 θ 的频率分布。

附 3.3.1 概率方法

鉴于目前知识水平，假定参数 n、s 和 f 在一定范围内均匀分布，已知文献所给出的范围如下：

$0.5\leqslant n\leqslant 1.0$，

$1.5\leqslant s\leqslant 3$，

$70\%\leqslant f\leqslant 100\%$。

各参数范围的选择如下。

(1)规模经济指数 n

参考文献[7]记录了总共 28 个工厂和处理厂的 n 值。范围为 0.40～0.83，平均值为 0.63。

Simon 建议采用基数据指数 0.5，这一指数是基于一个行业的规模，而不是单个生产单元[8]。

最后，Schneider 研究的几个铀成本的粗糙模型不考虑规模经济，因此，实际上，$n=1.0$。

为了包含以上所有信息，假定 n 范围为 0.5～1.0。

(2)资源对矿石等级 s

本章主要篇幅描述了如何通过 Deffeye 模型确定这个参数。结果描绘在图 3.2 中。

选择范围横跨矿石等级 200～10 000 ppm。这不仅考虑到随时间的演变，还考虑到给定矿场矿石等级变化情况、不同矿场情况不同、开采过程中不必要的矿石等级降序开采等事实。

(3)经验百分数 f

参考文献 10 综述了经验曲线的研究,并给出了一个与其他发现一致的范围,近似为 70%～100%。这一上限同样适用于早期的铀生产成本研究,尽管该研究并没有采用经验曲线。

附 3.3.2 分析结果

附图 3.4 描绘了 10^4 次试验后的结果,并采用多项式平滑拟合曲线。

这些结果可用来确定不同情况下的 θ 值:当概率分别≤15%、≤50%、≤85%,即 θ 值分别为 −0.10、0.11、0.29 时,这些值被用来生成附图 3.3 中"乐观的""居中的""保守的"三条成本曲线。注意到附图 3.4 中 θ 的一些值为负,这意味着当合适的 n、s、f 值确定时,该方法同样适用于 20 世纪进程中金属成本降价的历史记录。

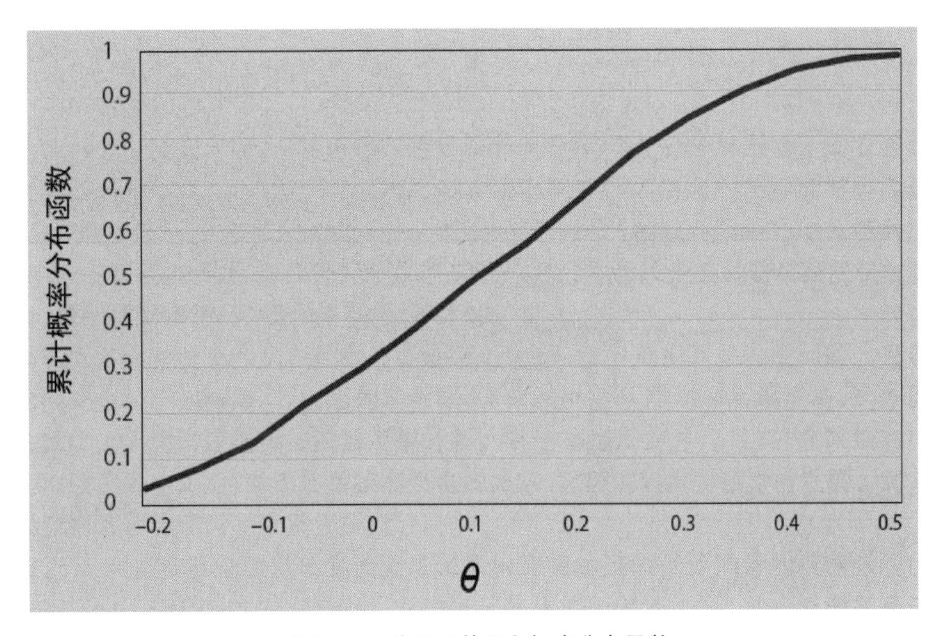

附图 3.4　关于 θ 的累积概率分布函数

附 3.3.3 讨论

整个模型目前的形式毫无疑问是不完善的,然而,它给出了一个框架以用来结合将来的改进。在更深入地了解铀地质化学和采矿经验后,可指定更好的频率分布函数来确定 n、s、f。过去为了简化而使 $n=1$,$f=100\%$ 的情况仍有待商榷。沿用最近 AFCI 综述中所采用的做法,在低值和高值范围为零、在标值范围为峰的三角形概率分布函数可能是有保证的。

附 3.4　分离功(SWU)要求

为了满足天然铀的供料需求,可以通过降低浓缩厂尾料铀浓度来平衡分离功,这将是我们感兴趣的地方。对于每千克的产品 P，其浓缩度为 X_P，单位为质量分数(w/o)，则天然铀需求量 F 为：

$$\frac{F}{P}=\frac{X_P-X_W}{X_N-X_W}$$

其中，$X_N=0.711$ w/o，为天然铀浓缩度；X_W为指定的尾料浓缩度。

对于浓度处于 2.5 w/o～7 w/o 的产品，曲线拟合从每千克产品所需 SWU(S/P)的精确表达式中所得出的数据得出以下线性近似值：

附表 3.1 相关数据

X_W(w/o)	S/P～
0.10	$3.00X_P-3.03$
0.15	$2.57X_P-2.72$
0.20	$2.27X_P-2.51$
0.25	$2.06X_P-2.36$
0.30	$1.89X_P-2.24$
0.35	$1.75X_P-2.14$

其他值可通过插入得到。

在给定的尾料成分下，燃料成本的最小值可由下式近似给出：

$$X_{W,OPT}=\left(\frac{1}{2.425+1.925' \dfrac{C_F}{C_S}}\right), \text{w/o}$$

其中 C_F为天然铀成本(加上转化为 UF_6)，\$/kg；C_S为 SWU 的成本，\$/kg。

因此对于 $C_F/C_S=2.2$，$X_{W,OPT}=0.15\%$。

对于 $X_P=5$ w/o，X_W 分别为 0.3 和 0.15 w/o 时，F/P 的值分别为 11.44 和 8.65。因此通过这样，我们可以通过把尾料浓度减小到最优值来降低 24%的天然铀消费，或者我们可以将尾料浓度从 0.25 w/o 降到 0.10 w/o，这可以使分离功及分离成本增加 50%，并使矿石需求降低 22%。

引文与注释

[1]K.Deffeyes，I.MacGregor. Uranium Distribution in Mined Deposits and in the Earth's Crust，Final Report to US DOE，Grand Junction Office，August，1978；also Scientific American，Vol. 242，1980.

[2]G. S. Koch Jr.，R. F. Link. Statistical Analysis of Geological Data，Wiley，1970.

[3]D. E. Shropshire et al. Advanced Fuel Cycle Cost Basis，INL/EXT-07-12107，Rev.1，March，2008.

[4]C. Starr，C. Braun. Supply of Uranium and Enrichment Services，*Trans. Am.Nucl. Soc.*，Vol. 37，November，1980.

[5]E.Schneider，W.Sailor. Long-Term Uranium Supply Estimates，*Nuclear Technology*，Vol. 162，

June, 2008.

[6]M.Taube. *Evolution of Matter and Energy on a Cosmic and Planetary Scale*, Springer-Verlag, 1985.

[7]M. S. Peters, K. D. Timmerhaus. Plant Design and Economics for Chemical Engineers, 3rd Edition, McGraw-Hill, 1980.

[8]J. L. Simon, *The Ultimate Resource*, Princeton University Press, 1981.

[9]E. Schneider, W. Sailor. Long-Term Uranium Supply Estimates, *Nuclear Technology*, Vol.162, June, 2008. Also "The Uranium Resource: A Comparative Analysis", *Global* 2007, September, 2007.

[10]R. Duffey. Innovation in Nuclear Technology for the Least Product Price and Cost, *Nuclear Plant Journal*, September-October, 2003.

第 4 章

乏燃料中期储存

4.1 引言

在所有开式和闭式燃料循环中,乏燃料的储存都是必不可少的步骤。乏燃料的特点在于燃料的放射性衰变热和 γ 辐射会随时间变化而迅速衰减,因此在运输、加工和处理乏燃料之前让乏燃料的放射性进行部分衰减,无论从安全角度还是经济性角度考虑,都会为燃料存储带来极大的便利。

反应堆停堆后,乏燃料仍然具有强烈的放射性并产生大量的衰变热,约相当于反应堆输出功率的 6%,放射性衰变热会在停堆后迅速衰减,约在一周内降低到输出功率的 0.5%。轻水堆在换料过程中把乏燃料从堆芯转移到乏燃料储存池(图 4.1),由乏燃料池中的淡水进行燃料冷却并提供辐照屏蔽。而乏燃料的放射性在经历第一阶段的迅速衰减之后,在接下来的 10 年中会持续衰减 99%。反应堆乏燃料储存的安全功能主要体现在提供充足的时间让乏燃料衰变热充分衰减,避免严重事故的发生。

图 4.1 湿储存系统——乏燃料池

如果需要对乏燃料进行运输，装运前至少需要 2～3 年的时间让其进行放射性衰减。然而，众多的经济因素导致了乏燃料在运输之前的储存时间可长达 10 年之久。乏燃料运输时采用厚重的钢罐。对于只进行了短期冷却的乏燃料，需要有壁更厚的钢罐提供辐射屏蔽，从而导致单个钢罐的乏燃料容纳体积变小。而钢罐内乏燃料可能会因为温度升高而发生降解，因此这也成为制约钢罐容积的另一个因素。放射性衰变热必须通过罐壁传导疏散。10 年的储存期不仅能够使用经济性更好的大容量钢罐，同时也可实现燃料的装运次数最小化。

乏燃料可以从乏燃料池转移到干式储存罐（图 4.2）以便后期储存。干式储存罐是乏燃料长期储存的首选，这是因为干式储存罐没有可拆卸部件（衰变热的移除采用的是自然循环空气冷却），且几乎不需要维护成本。同运输罐一样，众多的经济诱因造成了乏燃料在转移到干式储存罐之前需在乏燃料池中储存 10 年。

图 4.2　独立乏燃料装置——干式储存罐

如果要在处置库处理乏燃料，乏燃料需要储存 40～60 年（见本书第 5 章“核废物管理”）。为了确保长期处置的安全，必须限定地质处置库的峰值温度。如果温度太高，废物基质、废物包和处置库的地质状况等都可能会受影响。通过限制每个废物包所允许的衰变热可以有效控制处置库峰值温度。如果乏燃料存放了几十年，每单位(t)乏燃料的衰变热就会减少，使得单个废物包的存储容量增大，进而实现地下废物包之间的紧密排布，降低处置库所占空间体积和建设费用。与乏燃料一样，高放射性废物在最终处理前会冷却 40～60 年以降低衰变热。

对送往后处理厂的乏燃料，后处理之前的储存时间会很长。

(1)生成物规格（附录 E：核燃料循环技术现状）。

在闭式燃料循环中，乏燃料会被转化成新的燃料组件和待处理废物。该过程所面临的难题之一是，每个乏燃料组件中含有不同的钚同位素，为了生产新的具有合适的钚同位素的燃料组件，选用的乏燃料组件需要符合钚燃料的钚同位素规格（附录 E），从而可以在同批次进行后处理。从概念上说，这一点和钢的回收很相似：不同等级的废金属混合到一起以生产满足产品规格的回收钢。在这两种情况中，大量库存的回收材料为生产所需产品提供了充足的原材料。

(2)降低后处理成本。随着乏燃料存储年限的增加,放射性和衰变热的减少使得后处理也变得更为简单经济。

由于需要通过储存来降低乏燃料的衰变热,一些国家在20世纪80年代建造储存乏燃料和高放废物的集中设施。美国所通过的相关法律只规定了乏燃料需按照具体日程处理而未涉及乏燃料的储存,然而这些法律规定并没有改变对储存场所的需求现状。提案中的尤卡山处置库的技术方案是把乏燃料固化在废物包里,再将废物包存储在处置库,而处置库装满后的50年里,通过空气流过处置层来冷却处置库。无论乏燃料储存的策略(堆内存储、集中处置设施存储或者通风处置库存储)如何实施,都会明显降低处置库的面积和成本。实际上,提案中的尤卡山处置库就具有乏燃料储存设施的功能,经过50年的乏燃料冷却之后,可以转变成地质处置库。

4.2 实现乏燃料储存100年的提议

技术和经济的因素决定了一般乏燃料的储存时间,提案中的尤卡山系统为60～70年,而如果将政策因素考虑在内,储存时间就会有相应的变动调整。出于政策和技术的考虑,现有的建议是:

乏燃料的长期储存(100年)规划,应该成为核燃料循环设计中不可缺少的一部分。

乏燃料是重要的潜在能源,然而我们现在仍无法判定轻水堆乏燃料是废物还是珍贵的国家资源。由于这种不确定性,我们提出维持核燃料循环中乏燃料长期储存政策,考虑因素如下。

(1)目前没有乏燃料循环的原动力。经济的铀资源能供21世纪大部分时间使用(第3章),现在的废物管理技术可以安全地处理乏燃料(第5章),回收轻水堆乏燃料的成本比采集铀矿制造新燃料的成本高(第7章)。

(2)乏燃料拥有很大的能量开发潜能,所以鼓励保留将来利用乏燃料的选择。从历史角度看核燃料循环的未来,轻水堆乏燃料是珍贵的资源,譬如回收其中的钚并制造成快堆的启动燃料。乏燃料循环系统可以将铀中能够利用的能量增加一个数量级以上。

(3)新型快堆技术也许不需要轻水堆乏燃料中的钚。技术的进步预示新的快堆可能使用低浓铀(^{235}U含量小于20%)启动,随后通过添加贫铀或天然铀与快堆乏燃料循环实现反应堆持续运行。该技术开发成功后,相比用轻水堆乏燃料回收钚来启动快堆,反应堆成本会极大地降低。如果使用低浓铀启动,快堆的发展就能摆脱从轻水堆乏燃料中提取钚的限制,从而通过尽快大规模发展快堆来降低对铀的长期需求(第6章)。由于快堆乏燃料易裂变成分比轻水堆乏燃料多一个数量级,快堆乏燃料回收的经济成本也与轻水堆乏燃料不同。

(4)新旧核燃料循环技术更新周期长。不同可替代核燃料循环的动态模拟结果(第6章)显示,核燃料循环的更新换代需要50～100年,这不仅告诉我们核电站具有较长的寿命周期,而且任何一个可替代核燃料循环需要几十年来实现工业化;同时这也预示如果能够了解将来需要的核燃料循环技术,对应的乏燃料储存的规划期应该还要提前大约50～100年。目前没有人有足够的信息来为未来所采用的核燃料循环方案做出明智的决定,譬如作为影响核燃料循环选择主要因素的未来核电规模、采用单一技术或是多种新核燃料循环技术并行、不同技术的经济性对比等广泛存在的不确定性因素。此外，目前国家间尚缺乏核燃料循环目标的共识(第 2 章)，这样的广泛共识也需要几十年才能完全达成。

该提议的目标并不是延缓地质处置库的发展。考虑到乏燃料中某些长寿命成分需要永久地质隔离(第 5 章)，地质处置库的系统性发展势在必行。此外，美国现有库存大量国防高放废物以及少量商业的玻璃化高放废物已经做好了地质处置的准备。该提议的利益出发点是，让未来留有选择余地，实现乏燃料处理前的废物管理以及实现低成本的乏燃料储存。

储存方案的可行性一方面是因为乏燃料的数量少，另一方面是因为相对于发电成本，储存的成本低。一个典型的反应堆一年产生 20 t 乏燃料。美国每年产生大约 2 000 t 乏燃料，并且核能发电量占总发电量的约 20%。所有废物管理成本(包括乏燃料储存)大约是发电成本的 1%～2%。

代际公平

代际公平解决了不同代人的利益和负担问题。达到代际公平是核废物管理的基本准则之一，也是选择地质处置作为核废物最终处置方法使后代人负担最小化的原因之一。乏燃料储存不仅为未来的子孙后代保留了从乏燃料存储中获利的机会，也为他们留下了乏燃料存储的负担问题。

我们进行了一项关于代际公平的研究，以便于在可持续发展和核燃料循环选择的大背景下理解和阐明这些问题。该研究提出了一种依照代际公平标准用于评估未来核燃料循环的方法，并以此作为建立在可持续原则上的广义的道德价值观。这些价值观之所以被称为道德价值观是因为，它们在可持续性方面对环境和人类安全以及社会总体福利有所裨益。我们分析的总结见附录 D。

在乏燃料的背景下，该分析的重要结论是：净风险和净收益在一定程度上依赖于未来技术的可实现性。拥护保留乏燃料观点的人认为处置库设计时需要从可逆和可恢复的角度出发，但这样的选择透露出保留乏燃料的一个重要利益准则是不会提升存储风险，这也进而成为最近主要的国际研究课题。[1]

4.3　乏燃料长期储存的方案

乏燃料的长期储存有许多选择。轻水堆乏燃料三种主要储存方式：堆内或(中期)集中点池式储存，堆内或(中期)集中点干式储存罐储存，考虑乏燃料回收的处置库储存。这些都可以为乏燃料提供长期的安全储存。集中储存已经成为大多数拥有众多核电项目国家(法国、日本、瑞典等)的首选。

所有轻水堆都用乏燃料池短期储存乏燃料。在瑞典奥斯卡港的乏燃料中间储存设施(CLAB)[2]中，池式储存也用于乏燃料的长期集中储存。这一设施位于地下 30 m，拥有 8 000 t 容量，目前已经储存了 5 000 t。它于 1985 年投入使用，主要目的是储存乏燃料，直到乏燃料的衰变热充分降低，然后运到规划中位于瑞典 Forsmark 的处置库处理。在储存设施的建设过程中，池式储存是唯一能够实现长期储存乏燃料的技术。后处理厂也采用池式储存，因为它可以方便地提取特定的燃料组件进行成批后处理。法国、俄罗斯、英国和日本都拥有乏燃料集中的池式储存设施，以支持相应的后处理厂的运行。在美国，通用电气在伊利诺斯州莫里斯建造了一个中等大小的后处理厂，但在测试时面临的技术瓶颈阻碍了该厂投入运行。原先的一个储存池尽管并没有为该厂提供支持的计划，现在却作为一个集中乏燃料储存设施，用于储存经过后处理的乏燃料。

干式储存罐用于乏燃料的短期和长期储存，作为模块化的储存技术被美国用于乏燃料长期储存并在全世界都得到推广。在德国戈莱本，干式储存罐也用于乏燃料的集中储存。

处置库可以设计成乏燃料可回收的储存设施。美国尤卡山计划中所设计的处置库在乏燃料满载后仍然会保持开放 50 年，这是为了确保在为废物包提供空气冷却的同时，一旦在处置库发现安全问题，可以回收储存的乏燃料。[3] 而法国处置库[4,5]通过设计确保了在更长储存时间内也能够回收核废物，提高了公众的信心。还有一些设计是在矿物盐层[6]或其他地质层中建造能够进行燃料回收的处置库。在上述案例中，乏燃料被设计成可以回收的形式以满足各种不同的目的。譬如当政策目标是核燃料循环的时候，乏燃料的设计就会为实现燃料的回收留下足够的设计余地。

4.4 美国的乏燃料储存

由于乏燃料的储存可能长达一个世纪，长于核反应堆的预期运行寿命，这意味着美国应该建造集中式乏燃料储存点——从存储退役反应堆的乏燃料开始，并为乏燃料的长期管理策略提供支持。

如果美国选择闭式燃料循环，理想的储存选址应该位于处置库或是具有可扩建能力、可以容纳后处理和其他后端设施的选址。尽管提出该议案的初衷是为了建设更好的长期乏燃料循环系统，但它也同时解决了两个短期的问题：退役反应堆的乏燃料存储和联邦政府乏燃料存储债务。

联邦政府的乏燃料储存债务是联邦政府政策变更以及处置库项目延误的结果。美国大多数核电站建造的时候都以轻水堆乏燃料可后处理这样的概念为前提，出堆的乏燃料能在 10 年内运到后处理厂进行钚的回收和再循环，因此电站只设计了有限的乏燃料储存容量。

20 世纪 70 年代，美国政府规定禁止乏燃料的商业化后处理，进而决定对乏燃料进行直接处理，最终形成的决议是将乏燃料直接从反应堆运到地质处置库。根据《核废物政策法案》的规定，核电运营商和联邦政府就乏燃料的处置签订了合约，即从 1998 年开始将乏燃料转运出反应堆。由于反应堆乏燃料储存池容量的饱和，美国政府也显然无法履行其接受乏燃料的合同义务。为了保证反应堆继续运行，运营商开始建造模块化的干式罐储存系统。

由于能源部无法履行与运营商签订的从 1998 年开始转移乏燃料的合同，国家纳税人所承担的来自核电运营商的债务越来越多。这笔钱本来是用于补偿运营商在各自电厂内所建造的干式罐储存设施的投入。到 2020 年，该债务总额将达到 110 亿美元。届时大部分运营商将建成他们自己的独立乏燃料储存设施(ISFSI)，而政府将依照法院判决为此买单。

我们曾对乏燃料在堆内以及采用统一集中方式的存储成本进行了分析，以便对不同乏燃料储存策略进行经济考量。[7]这些“沉没成本”影响了建设集中乏燃料储存设施的经济性，因为在核电站运行期间，运行一个 ISFSI 的边缘成本相对较低。因此，如果将反应堆运行期间因乏燃料堆内存储而支付给运营商的费用算在“沉没成本”中，再加上建设集中式 ISFSI 的费用以及乏燃料运出的运输费，从经济角度上看这样做貌似并不合算，因为这不但没有减少成本，反而增加了废物管理成本。但对于那些已经退役的核电站却不是如此，它们退役后在厂址内留下了较高运行成本的 ISFSI，而政府(纳税人)仍然有义务支付这笔费用。政府可以通过清理这些退役的核电站削减该项开支。

最新的 40 000 MTHM(美国按现有乏燃料生产速率计算出的 20 年乏燃料总量)集中式 ISFSI 资本成本估算约为 5.6 亿美元，其中包括设计、申请许可、储存台的建设、罐处理系统以及铁路交通基础设施(火车头、火车车皮、运输罐等)等。建造过程中的年运行费用大约是 2.9 亿美元，其中包括两用罐和储存包装的成本。该规模的 ISFSI 达到满载约需 20 年，随后是“卸载”时期，并最终退役。中期“看护”成本估计大约是每年 400 万美元，而每个退役反应堆的看护成本是每年 800 万美元。集中退役核电站的乏燃料以节省开支是联邦政府建造集中处置设施，推行转移在运行和退役反应堆中乏燃料的新政策的强大动力。由于核电站通常位于交通、给水和电网交错的地区，这一政策还可以“解放”退役的核电站，实现选址区域的经济复苏，因而对政府更具吸引力。

私人燃料储存公司(PFS)作为运营商财团，为犹他州设计并授权了一项 ISFSI 建造许可，目前尚未建成。PFS 以 2009 年的美元购买力更新了该类集中设施的成本，结果表明，在无税收支持情况下，单一 ISFSI 采用联邦政府设施方式进行运营的成本是 1.18 亿美元。PFS 所有铁路基础设施成本，包括运输罐以及所有搬运设备，约为 5 300 万美元，将铁路延伸到处置库需要额外 3 400 万美元。分析中假定每辆专用列车含有 3 个运输罐。每年装、卸运输罐的费用大抵相当，为 880 万美元。PFS 数据中只包括从反应堆到处置库的运输成本，废物罐和储存包装并未包含在内。[8]

PFS 预估的 5 320 万美元的铁路基础设施建设成本与美国电力科学研究院(EPRI)所估计的 3.66 亿美元相差甚远，假定每年将乏燃料运送到中期临时储存场的运输需求同为 2 000 MTU，PFS 方案所需火车数量(4 vs. 14)及相对应的储罐运输车数量更少，这是造成巨额差价的主要原因。PFS 计算的专用列车每列装车 3 罐，运送成本为 75 美元/英里，数据所反映的是他们在犹他州项目的实际成本估算。这些数据和 EPRI 的预估成本难以协调且具有明显区别：EPRI 假设单列火车运载能力为 2 罐，而且与 PFS 相比，它的存储点建设资金成本相当高。

将已退役的核电站乏燃料采用集中地统一储存的方案进行净现值经济建模，相比东、西和中西部参考地区的大批堆内集中式储存点，结果表明该方案具有明显的优势。这主要是因为在乏燃料清理完毕后，政府中止了对已关停核电站中乏燃料储存的补助。第二个重要结果就是，尽管厂址间实际距离较远，但是厂址位置对成本的影响相对较小，运输成本不是推高成本的主要因素。这也意味着决策者在选择中心设施位置的时候可以灵活掌握,根据过去的经验该灵活度迟早会派上用场。

计算在运行电站的运输成本和O&M(运行和维护)成本时所采用的参数需要在精度上进一步提高其可信度。如果运输成本相当低,O&M成本相当高,那么从运行的核电站收集乏燃料就有成本优势。我们的分析为该发现提供了前期支持。该发现将引领乏燃料集中存储的潮流,从而降低专用运输方式的相对成本。专用列车的使用情况表明,使用专用列车可以更高效地利用列车的载量,进而降低所有核电站中乏燃料中期储存管理的总成本。

而值得一提的是,如果现有反应堆ISFSI的沉没成本被计入建设和运行新的集中储存设施的总成本中,将乏燃料直接储存在运行中的核反应堆中将更加经济。许多乏燃料储存成本,譬如安全成本,几乎与储存的乏燃料数量无关。对于有在运行反应堆的核电站和有ISFSI的核电站来说,转移部分乏燃料对运行成本几乎无影响。

评估结果显示,有很多诱因会推动建设小型的集中储存设施(约3 000 t)来存放退役反应堆的乏燃料,并使该设施具有可扩建能力以解决到2030年期间其他反应堆陆续退役所带来的压力。这也是因为乏燃料储存的相关成本几乎与储存的乏燃料数量无关。如果集中储存场建成并且投入使用,部分拥有在运行反应堆的运营商也许会选择将乏燃料运到这个储存场,而许多运营商也可能会选择在反应堆运行的时候支付适当的费用作为沉没储存成本。

尽管对正在运行的反应堆来说,就地储存的系统成本更低,由于其他原因的影响,也可能会出现将乏燃料从在运行反应堆中(但会优先选择退役的反应堆)运走的局面,譬如公众接受度、在某些州推动新反应堆的建设以及直接解决联邦政府没能在1998年开始转移乏燃料导致的债务问题。

对于新的核电站,最经济的选择应该是在最初冷却期过后将乏燃料运送到集中处置库,就像英国、法国、俄罗斯和瑞典所做的一样。长期的乏燃料管理策略应该在考虑100年规模乏燃料储存的同时,兼顾潜在的新反应堆的建设和运行问题,逐步尽快地推动集中处置库的建设。

4.5 乏燃料储存的安全

由于所要管理的乏燃料在存储期间被默认为是性能稳定的,新的研发项目首先应该着重于确保和加强乏燃料运输过程和储存期间的安全。

目前所采用的干、湿式储存相结合的方式可使乏燃料储存时间长达100年,该技术的技术指标也已经通过评审。[9,10]核管会已经认定:“至少在60年内,通过结合在乏燃料储存池储存和原地/异地的乏燃料储存装置中储存(装置内乏燃料储存100年以上)的方式,任何反应堆产生的乏燃料都能确保其储存的安全,并且不会对环境造成严重影响,这已经超出反应堆的许可运行寿命(可能还包括了营业执照变更或者更新后的运行时间)。”[11]然而,支持该结论的实际数据仅有低燃耗燃料组件出堆后进行干式储存15年的检测结果。当前在役以及在储期间的高燃耗燃料的储存数据尚未检测,因而无法确定它与低燃耗乏燃料储存表现是否相似。假设储存罐完整且空气进入,尽管乏燃料温度随时间推移的降低会引起储存罐性能的持续退化，长时期储存仍具有可行性。之前美国核管会(NRC)为干式储存罐储存设施颁发了 20 年的运行许可，但最近对规定进行了变更(2011 年 5 月 17 日生效)：将一开始的基本储存时间改为 40 年并保留 40 年的延寿时间，从而获得充足的技术资料以判断长期储存的可行性。

由于可能建立长期干式储存罐的技术鉴定体系，为确保乏燃料储存过程中的完整性(满足后续处理运输的需要)达标并能进行保养维修，我们还需要更多的技术标准。需要支持的验证性试验包括干式罐中的高燃耗乏燃料检测以及严密的材料性能退化模拟研究，后者可以为所期望的 100 年级储存期提供足够的技术细节。

4.6 集中储存设施选址

建设集中的临时处置设施会引起经济性以外的激烈争论，包括：如何解决公众对新厂建设以及伴生的核废物厂内长期储存的担忧；如何证明乏燃料的安全运输；如何选定所有临时储存场清理后的乏燃料储存地点，无论是后处理厂还是处置库；如何解决完全退役核电站滞留的核废物的问题。这些都被视为增强民众信心并主动支持继续使用核能的重要措施。

区域性集中临时储存设施的选址将会很困难，部分是由于之前废物管理项目的遗留问题。在国会授权下组建的核废物谈判代表曾经选定过一个可回收乏燃料的可监控储存设施场址，但他们的努力均以失败告终，部分是因为政治派系的对立，或是表决将近时国会对表决过程的政治干扰。在临时储存设施选址的政治内因和各州政府与公众对该设施的接收意愿上，无迹象表明当前情况有任何根本改变。如今有些人建议，将后处理厂的选址、核能 R&D 设施的配置以及具有经济推动效应且能够吸引就业的临时储存设施全部配置在一起，也许会成为近日格局的变数，但这仍然有待观察。

解决退役核电站乏燃料问题的一个方案是：和现有的、公众愿意接受其他电站乏燃料的退役核电站 ISFSI 一起存放，或者与正在运行的核电站一起存放。这一努力成功的概率尚未可知，但是取决于公众和州政府愿不愿意接受这一解决方案。因此，近期将首次对这样的新理念进行考验，即在社会公共范围内寻找志愿场址，且当地民众对乏燃料储存状况以及过去反应堆运行情况有一定了解。大多数海外的集中储存设施都位于在役的核电站。

1987 年修订的《核废物政策法案》严格限制了能源部在尤卡山获得运行许可之前不能建造乏燃料临时储存设施。为使此类设施的建设不受处置库建设发展的制约，必须解除该法律的限制。私人业主为建设地方临时储存设施不断做出努力，如私人燃料储存项目(PFS)，尽管在长达 10 年的申请后，美国核管会最终为其颁发了此类设施的建设和运行许可，但该项目仍面临来自国家和各州的政治反对势力的各种阻挠。

假如志愿场地已经确定，在处置设施能够接受乏燃料之前需要 3～5 年的建设期以及长达 10 年的许可证申请期，还需要建立完整的交通设施系统以将乏燃料罐运到处置库，后者可在前述时间内同时完成。如果现有的联邦储存设施中，必备的要素如土地、社会安全以及可用的基础设施均已到位则可以加快工程进度。由于 PFS 已经获得美国核管会的许可，政治上为土地问题开绿灯还可以进一步节约时间。

4.7 结论

乏燃料的长期储存规划(约 100 年)应该是核燃料循环设计中不可或缺的一部分。长期储存管理为我们保留了机会,使得我们将来能以相对较低的成本重新使用乏燃料。保留选择的余地具有重要意义,因为随着时间的推移,对所提及的主要不确定性问题的解读将最终决定轻水堆乏燃料的定位:是成为直接地质深埋的废物还是未来闭式燃料循环的宝贵燃料资源。

核燃料循环政策辩论中低估了为未来核燃料循环保留选择权的理念的价值。乏燃料储存管理可以在运行反应堆内、集中储存设施以及可回收地质处置库(集中储存的另一种形式)内安全地进行。尽管我们认为在此期间内的储存管理是安全的,但仍需建立新的 R&D 项目以致力于确保和加强乏燃料储存和运输时期的安全。

乏燃料储存 100 年的可行性研究(长于核反应堆预期运行寿命)建议美国应该进军乏燃料集中处置库,譬如从退役反应堆的乏燃料以及乏燃料的长期管理策略开始。

前述的众多建议最终落实在具体的几项上。譬如将乏燃料从退役的核电站转移到某个安全的、具备基础设施以支持长期储存的国家级设施中。PFS 的经验说明统一储存场是具备获得许可能力的。假如政策决议为燃料再循环,把集中临时储存、后处理设施以及燃料制备设施(用回收的可裂变材料)配置在一起,将使未来储存和运输成本以及核扩散风险降到最低。与此同时必须通过立法切断处置库和临时储存设施建设之间的联系。任何处置库都要考虑乏燃料的可回收性,以保留选择余地。

引文与注释

[1]OCED Nuclear Energy Agency,Proc.International Conference and Dialogue on Reversibility and Retrievability in Planning Geological Repositories, Reims, France (December 14-17, 2010).

[2]www.skb.se.

[3]U.S. DOE, License Application for a High-Level Waste Geological Repository at Yucca Mountain (June 3, 2008).

[4]www.andra.fr/international/index.html.

[5]ANDRA, Dossier 2005: Andra Research on the Geological Disposal of High-Level Long-Lived Radioactive Waste:Results and Perspectives (2005).

[6]Office of Nuclear Waste Isolation,Conceptual Designs for Waste Packages for Horizontal or Vertical Emplacement in a Repository in Salt, BMI/ONWI/C-145 (June, 1987).

[7]A. C. Kadak, K.Yost, Key Issues Associated with Interim Storage of Used Nuclear Fuel, Center for Advanced Nuclear Energy Systems (CANES), MIT-NFC-TR-123, Massachusetts Institute of Technology, Cambridge, MA (December, 2010).

[8]最近几十年中,美国乏燃料的运输很有限。然而,美国海军定期地将乏燃料从海军核维护设施中运到位于爱荷达的储存设施中去。海外(法国、英国、瑞士、日本等)有大量的运输商业乏燃料的经验。欧洲运送过的乏燃料大概能够填满一个和尤卡山差不多大的地质处置库(Going the Distance, The Safe

Transport of Spent Nuelear Fuel and High-Level Radioactive Waste in the United States, National Research Council, 2006, Table 3.5)。

[9]United States Nuclear Waste Technical Review Board, Evaluation of the Technical Basis for Extended Dry Storage and Transportation of Used Nuclear Fuel, December, 2010.

[10]U.S. Nuclear Regulatory Commission. Consideration of Environmental Impacts of Temporary Storage of Spent Fuel After Cessation of Reactor Operation, 10CFR Part 51, Federal Register, 75, No. 246, December 23, 2010.

[11]无论是在乏燃料临时储存地点还是在处置库(第5章),同时布置后处理设施和回收燃料制备设施都有很大的技术、经济和防核扩散方面的优势。传统的核燃料循环具有单独选址的储存、后处理、燃料制造以及处置库设施,这是根据早期与国家安全相关的核燃料循环设施的发展顺序产生的历史偶然。

第 5 章

废物管理

30 年前，美国政府决定开始处理民用放射性废物。到今天为止，美国政府已经更换了 5 位总统，然而美国仍然没有一个完整的核废物管理战略。这使公众形成一个认识：放射性废物问题是难以解决的。

美国已经在有效地管理用来储存低放射性超铀废物的设施，并且是世界上唯一一个已经授权并且成功进行核废物深埋的国家。核废物深埋的场所叫作核废物隔离试验厂(WIPP)，处置军用放射性废物。本章将讨论反应堆的乏燃料处置中遇到的障碍，并给出相关建议。

我们的分析基于以下几个事实和现状。

(1)所有的核燃料循环过程都会产生长寿命放射性废物。因此，核燃料循环需要一个地质处置库来处置放射性废物。

(2)轻水反应堆中产生的乏燃料能够长时间稳定存在，通过增殖或提取富集后能够再次使用。

(3)尽管将废物管理和处置集成到核燃料循环中能够显著提高经济性，同时大大降低风险，但是在历史上，美国的核燃料循环发展独立于废物管理。

(4)美国并没有建立一个综合的废物管理系统，而是针对特定废物发展各自的处理体系。这些不同的核废物都处于孤立的处理方法上，而不在一个综合的处理和循环路径中。这会造成处理成本高昂，而且随着核燃料循环过程的改变，核废物处置将面临越来越多的困难。

(5)不论在技术方面还是制度方面，美国在核废物管理上都还存在缺陷。

基于这些分析，可以给出以下几个建议。

(1)为了控制可能发生的风险，核废物管理战略应该包含这两个部分：(1)根据核废物的放射性、物理和化学性质建立核废物的分类体系；(2)对应分类体系建立核废物的处理设施。建立的核废物管理战略不仅需要考虑现有的核废物，还要为将来由于核燃料循环的改进而可能产生的新的核废物做好合理的规划。该战略的实施需要调控和监管两方面的努力。

(2)美国应该创立一个独立的组织(无附加责任)来负责管理所有长寿命的放射性废物——包括高放废物(HLW)和乏燃料(SNF)。具体的工作包括对高放废物和乏燃料的长期储存、处置库的选址以及设施的运行。

(3)核废物管理必须成为包括开式核燃料循环在内的所有核燃料循环策略的一部分，

并在经济性和风险控制方面对核废物管理进行评估。

5.1　放射性废物的来源、分类及处置设施

5.1.1 放射性废物的来源

放射性废物有三个主要的来源：军工产业产生了大量的核废物，这些废物主要是核武器生产中的副产品，海军核设施的运行产生少量的核废物（包括乏燃料），商业运行的反应堆和核燃料循环也产生核废物。最主要的核废物是含有大量放射性裂变产物和锕系元素的乏燃料，这些属于高放废物。一座 1 000 MWe 的轻水堆每年产生大约 20 t 的乏燃料和 250～300 m^3 的其他放射性废物（主要是低放废物）。其他的一些废物来自科研开发、加速器、医疗、工业生产和自然形成的放射性物质。

军工中产生的核废物和民用核废物有很大不同。前者产生的放射性废物浓度很低，不适合直接处理。这些核废物的处置需要先进行大规模的浓缩。而核电站产生的乏燃料是高度浓缩的，且化学稳定性很好。这些核废物大多数可以直接处理。

5.1.2 废物类别[1]

放射性废物可以分成很多类。废物的分类是废物管理的核心。例如，垃圾可以分为生活垃圾、建筑垃圾和化学废弃物。它们由于性质的差异以及对公众的威胁程度不同而被分别处理。同样地，不同的放射性废物也是被分别处置的。

放射性核素能够衰变成为非放射性核素。但是不同的放射性废物变成无害需要的时间不同。依据废物转变为无害所需时间长短的不同将核废物分为不同类别。危险期为数年和危险期为数千年的核废物需要的处理设施是大不相同的。放射性核素在衰变过程中产生热量。高放废物在处置设施中能够产生非常可观的衰变热，我们需要特别的工程设施以防止过高的温度。产热速率不同的放射性废物需要的处理设施是不同的，我们也可以据此对放射性废物进行分类。

不同的国家采取的废物分类系统不同，主要有两种：一种基于废物的来源，另一种基于废物自身的性质（废物的潜在风险）。美国采用第一种分类标准，而国际社会上如今采用第二种风险控制体系。

例如，在美国，高放废物（HLW）的定义是由 1954 年通过的《原子能法案》给出的：核燃料后处理厂一次循环的产物，即高放废物的原始来源。这种基于技术的定义假设：(1)一种特定的后处理技术产生“一次循环的产物”；(2)只有后处理厂一次循环产生的放射性活性很高的废物才能被定义为高放废物。这个定义在 1954 年是非常合理的。然而，它的前提假设在今天已不再正确了。现在乏燃料（SNF）也被列入高放废物（HLW）中。[2]

由于缺乏更新，美国的废物分类系统显得特别松散甚至矛盾。表 5.1 列出了国防和民用核废物中不同种类的放射性废物分类系统。为了保障公众的健康和安全，美国增加和修改了许多监管措施，这导致以下几个后果。

(1)处理新类型废物的需求和成本未知。许多新的核燃料循环方案会产生新类型的废物,但美国目前没有处理这些废物的设施和机构[3]。由于缺乏一个合理的废物分类系统,难以对不同核燃料循环方案产生的成本和风险进行比较。

(2)孤立的废物处理方式。美国有些放射性废物不能利用已有的处置路径。例如贫铀的处置,贫铀被错误地列为A级低放废物(LLW),但是其放射性特征与其他的A级低放废物非常不同[4]。由于其特殊的处置要求,需要几十年的监管工作来对贫铀重新分类处理。

在大多数有核国家,核废物是根据成分进行分类的,而不是根据废物来源。这也是国际原子能机构(IAEA)推荐的方法。国际原子能机构推荐的是一种基于危险性不同的分类标准,主要通过计算放射性强度和衰变到没有危害水平所需时间来构建这个标准。放射性强度为单位质量放射性强弱。根据衰变时间可以把放射性废物分为短周期废物(＜30 年)和长周期废物(＞30 年)。不论采用哪种标准,对于同种核废物的分类和处理方式,不存在根本的区别。

5.1.3 处置设施

美国已建造了多个可以用于国防和民用核废物的处置设施,包括尤卡山核废物处置库、废物隔离试验厂(WIPP)和其他废物处置设施,这些能够处理所有军用和民用产生的放射性废物。然而,每一处设施都是针对特定来源的特殊废物,而不是针对一类放射性废物。例如 WIPP 废物隔离试验厂被用来隔离长寿命低热量放射性废物,却在法律上限制国防超铀废物,而国防超铀废物恰恰是长寿命低热量放射性废物中最多的一种。尤卡山核废物处置库能够处置来自任何一种核燃料循环产生的所有的长寿命废物。然而,尤卡山核废物处置库只被允许用来处置乏燃料和高放废物。它并没有成功处理由一次通过式燃料循环产生的少量孤立核废物。闭式燃料循环将会产生更多的核废物,虽然尤卡山核废物处置库是能够处置这些废物的,但这些废物目前还无处处置。

表 5.1 美国废物分类系统*

	废物类别	说明
军用废物	高放废物(HLW)	这些高放废物来自于乏燃料的后处理,包括后处理过程中直接产生的液态废物和将放射性液态废物固化形成的固体材料,以及其他高放射性的废物
	超铀元素(TRU)	每克废物 α 衰变的放射性活度超过 3 700 Bq(即 0.1 μCi),半衰期长于 20 年的超铀同位素,除了以下几种情况:(1)高放废物;(2)经过环保局(EPA)管理员许可,由能源部长决定,根据 40CFR 第 191 条处置规程,不需要隔离的废物;(3)NRC 批准的,处置在基于 10CFR 第 61 部分的个例的废物
	混合废物	根据 RCRA 的定义,具有化学毒性的放射性废物,根据环保局的标准需要优先处置的废物
	低放废物(LLW)	高放废物、乏燃料和超铀废物(由修订过的 1954《原子能法案》中 11e.2 所定义的)之外的其他放射性废物,包括自然界存在的放射性物质
	放射性的副产物	从矿石中提取浓缩铀和钍所产生的副产品和废物

续表

	废物种类	说明
民用废物	HLW	高放射性废物来自于乏燃料的后处理，包括后处理过程中直接产生的液态废物以及将这些液态废物固化形成的固体，还包括其他按照法律和美国核管会规定需要永久隔离的高放废物
	A 类 LLW	符合 10 CFR 61.56 的要求的放射性废物
	B 类 LLW	比 A 类 LLW 的分类更加严格，性质足够稳定
	C 类 LLW	要求比 B 类更加严格，需要足够稳定，而且其处置设施需要防止入侵
	C 类以上的 LLW	不宜在近地表处置的 LLW
	11e.2 中副产品	从矿石中提取或浓缩铀或者钍所产生的副产品和废物。根据该定义，地下矿体用溶液萃取法提取耗尽后不属于副产物

* 美国第三次国家报告的联合公约，对乏燃料和放射性废物的安全及管理做出规定，DOE/EM-0654，2008 年 10 月第二次修改。

其他国家采取的是不同的废物管理策略。放射性废物的管理是根据废物中含有的成分来分类，而不是根据废物的来源和产生历史。如果采用新技术产生新的废物，废物的成分被作为分类和处置的标准。处置设施的建造和许可也是针对某一类废物的。瑞典已经建立了这样的废物管理系统，能够处理所有一次燃料循环产生的放射性废物。法国已部分完成了这类废物管理系统，已经能够处置某些闭式燃料循环所产生的所有废物。这两个国家的废物管理系统的共同点是具备针对所有废物的分类系统，并对每一种废物设定了处理途径。

表 5.2　IAEA 推荐的国际废物分类体系*

极低放废物	极低放射性危害（1～100 Bq/g），可处置在无需核许可证的厂房。主要产生于退役过程。不需根据废物衰变时间长短进行处置
低放废物（LLW）	低放射性（100～100 000 Bq/g）废物。含有短半衰期的放射性核素的废物，包括被污染的纸张、塑料和金属。长半衰期的放射性废物主要是铀等放射性矿产开采过程中产生的废物。处置方法依据其半衰期的长短
中等水平的放射性废物（ILW）	放射性活度比低放废物高（100 000～10^8 Bq/g），但其产生的热量不多并不需要限制其储存和处置设施。该废物主要产生于核设施的运行和维护。美国把超铀废物定义为长寿命 ILW 的一例
高放废物（HLW）	高放射性活度的废物（10^8～10^{10} Bq/g），能够产生大量的热量，在储存和处置过程中需要充分考虑散热的限制。主要是乏燃料和后处理过程中生成的含裂变产物的废物。这些废物一般用玻璃固化。需要进行地质深埋处置，处置过程需严格屏蔽和远程操作

* Nuclear Energy Agency：Organization for Economic Cooperation and Development，*Nuclear Energy Outlock*，2008.

5.1.4 废物分类建议

我们建议美国应采用一个综合的废物管理体系，将废物按成分进行分类，并根据废物的危害程度决定处置方法。应该由美国核管会（NRC）领导发展该框架，因为废物分类是放射性废物管理的核心问题。当然,该管理方案最终实施前需要通过国会授权。该管理体系的建立应该基于美国已有的废物分类的研究[5,6]以及其他国家的经验[7]。

5.2 长寿命放射性废物的地质处置

1957年,美国原子能委员会征询美国国家科学院(NAS)关于高放废物的处置方法。NAS[8]认为,地质深埋是处理高放废物的最好办法。该结论被NAS后续的研究所证实,并且被全球主要的科学咨询机构所接受。所有的核燃料循环方案都会产生长寿命的放射性废物,因此都需要专门的处置设施。

目前,地质深埋处置是处理长寿命放射性废物的首选方案。这些废物必须被隔离在生物圈外以避免对人类的健康和环境造成威胁。放射性废物[9]和化学废弃物都处置在地质处置库中(表5.3)。化学废弃物主要是包括含有有毒且无法降解和被破坏的化学元素(如铅、砷、镉)的废物。世界上第一个运行的地质处置库是德国的Herfa Neurode处置库,用以处置化学废弃物。自那以后,欧洲其他地方相继建成了用以处置化学废弃物的处置库。美国新墨西哥州的废物隔离试验厂(WIPP)是唯一一个用于处置长寿命放射性废物的处置库。目前尚没有用来处置高放废物和乏燃料的处置库。

表5.3 正在运行的地质处置库实例

处置库	化学废弃物	放射性废物
设施	Herfa Neurode(德国)	WIPP(美国)
开始运行时间	1975年	1999年
容量	200 000 t/a	175 570 m^3(寿命期内)
危害时间	永久	>10 000 a

5.2.1 处置库设计

全球各种不同地质情况下地质储存库的开发对此类设施的设计、建造和运行在理论上和技术上都提供了很好的借鉴。在美国,WIPP的选址、设计、许可、建造和运行为后来建造中等水平放射性废物的处置库提供了宝贵的经验。另外,尤卡山项目是第一个由美国政府提供支持、设计并许可用来处置乏燃料和高放废物的地质处置库。许多目前已有的认识和技术都可以用于未来地质处置库的开发和设计。

地质处置库存在以下技术特征(见第5章附录),这些特征对理解核燃料循环和政策十分重要。

(1)地质处置库一般位于地下几百米深处,以保护处置库免遭自然和人为事故的影响(水土流失、冰川作用、战争等)。

(2)处置库容量不受体积或质量限制。

(3)放射性废物从处置库扩散到生物圈的主要机制是通过地下水的饮用和灌溉。当地的地质状况决定了何种放射性核素可以通过地下水扩散,从而有可能逃离处置库。在大多数处置库所处环境中，锕系元素（如钚）因其在地下水中的较小的溶解度和在岩石中的吸附，很难从处置库中逃离。

（4）在破坏性事件（火山喷发、人为入侵等）中，锕系元素具有极大的危险性。

（5）为避免处置库性能的退化，必须控制其峰值温度。放射性废物衰变产生热量。为减小处置库的规模和成本，高放废物和乏燃料在处置之前通常需存放40～60年以降低衰变热。另外，在前几十年里，处置库可采用主动通风以使衰变热减少。

（6）鼓励在反应堆中焚烧放射性核素以降低处置难度的措施是有限的。

5.2.2 废物地质处置的相关制度

在处置库的选址方面，已取得一些成功，但更多是失败的案例。欧洲已经成功选址并运行了多个化学废弃物地质处置库。芬兰已经完成一个乏燃料处置库的选址但还未被公众接受。在瑞典有两个社区正在竞争一个乏燃料处置库的选址，且在2009年6月将在其中一个社区建立处置库。法国也可能建立一个处置库。美国已经成功选址并运行WIPP。但是，美国也存在许多失败的案例。

美国在20世纪50年代中期启动处置库项目用于处置国防废物。经过一系列失败的尝试[10,11]，最终在1982年达成一项重大决定，即发展一个长期战略项目以处置乏燃料和高放废物。该项行动得到技术评估办公室（OTA）[12]的支持且给出了选址的建议。报告的执行摘要（原始报告对部分内容进行了加粗）明确说明了所面对的挑战：

“成功的废物管理项目需克服的**最重要的一个障碍**是因过去一些问题所造成的**公众对联邦政府的不信任**。**对联邦政府的质疑主要包括以下三方面**：（1）政府换届以后，**联邦政府能否坚持已有的废物管理政策**；（2）面对一个技术复杂且政治上十分敏感的项目，**联邦政府是否有能力来执行**几十年的时间；（3）**联邦政府能否对受废物处理项目影响的地区居民负责**。

OTA的分析认为，为了避免重复历史上出现的这些问题，打破有关核废物处置的僵局，需要一个明确、可信的整体处理策略。该策略中包含短期的临时储存措施，来作为长期废物隔离系统的一部分。**该策略应该做到以下两点**：（1）明确大家关心的问题，并**赢得相关团体和民众的支持**；（2）**采用保守的技术和策略**，着重解决这些困扰已久的问题。”

自1982年以来，努力建造乏燃料和高放废料地质处置库的历史证实了OTA所担忧的大多问题，积累了许多经验和教训。

废物项目的连续性是十分重要的。成功的废物处理项目具有长期的管理上的连续性。在美国能源部，虽然WIPP项目的管理发生过变化，但该项目在桑地亚国家实验室[13]有一个稳定的管理团队。这种连续性在地区和国家层面上提供了信任保障。国外成功的项目也有同样的特点。

合适的融资机制是必要的，并在需要时为处置库项目提供资金支持。《核废物政策法案》规定，核废物的处置由美国能源部和核能机构签署合同执行。使用核能的用户为乏燃料的处置买单。截至2009年12月，核废物的资金已达到290亿美元。为处置库计划的融资正按原计划有条不紊地进行着。然而，相关法律的变更导致核废物基金成为联邦政府预算的一部分。国会限制用于处置库的年度拨款，使其只能使用基金余额中极小的比例[14]，处置库计划就受到了资金的限制。美国能源部未能履行其义务，结果核能企业赢得了重大金融判决。美国核废物项目缺乏一个可行的机制，合理地收集、使用资金用于开发和建造处置库。

公开透明和重要的外延服务计划至关重要。瑞典[15]、芬兰和法国处置库都有庞大的外延计划，这与美国处置库十分有限的外延计划有显著的差异。这在一定程度上反映了选址理念的不同。按规定，实行自愿选址策略的国家必须配套主要的外延服务计划。但是美国在 1987 年国会选择尤卡山作为核废物处置库时，刚刚通过了《核废物政策法案》，并认为这些外延项目是不需要的。

补偿和地区参与也十分重要。地质处置库是具有重大影响的大型工业设施。在美国，WIPP 的成功选址包含了对新墨西哥州的补偿以及给部分管理监管[16]的薪酬补贴。外国成功的项目中同样涉及类似的补贴。例如，瑞典核废物项目[17]已和两个建造处置库的候选地区签订了一项 2.4 亿美元的补偿协议。这笔钱将被用来改善当地基础设施或者其他投资——虽然最终只在其中一个地区建造处置库。

相比之下，美国处置库项目给社区的经济补偿十分有限，而且还依赖于当年国会拨款的额度。废物政策法案[18]只允许每年补偿 2 000 万美元或者不高于处置库寿命周期内总成本的 0.5%（考虑了通货膨胀）。我们相信，将来的趋势应该增加经济补偿，建造处置库的地区得到的补偿至少应该与建造和运行同样规模的工业设施所得到的经济效益相当。[19]

将社会科学引入项目和技术设计是很重要的。国外成功项目的一个特征是尽可能地了解公众在处置库方面所关注的问题。由于文化差异，这些国外的研究结论不能照搬到美国。但是，从法国[20]和瑞典[21]的项目中可以得到一些结论。

(1)处置库应被设计成能够回收长期放射性废物。公众主要的关注点集中在：不可挽回的决定、对放射性物质的恐惧以及最初几个世纪的安全。这些问题可通过改进处置库的设计得到部分的解决，在设计中需明确将长期放射性废物的可回收性作为社会需求，为公众提供信心。[22]

(2)处置库和安全状况应完全透明。

美国科学院[23]建议将社会科学研究项目作为处置库项目的一部分。但是，美国处置库项目一直以来是受规则驱动的——只要满足监管要求，处置库就是可行的。经验表明符合法律是十分必要的，但这并不是一个成功处置库项目的充分条件。

成功的处置库项目选址都符合自愿的原则[24]。欧洲所有的化学废弃物地质处置库、美国新墨西哥州的 WIPP、芬兰的乏燃料和高放废物处置库，以及瑞典和法国的相关项目均获得过当地的许可。这些成功的项目将引导其他国家[25,26]采取自愿的选址策略。

当地对地质处置库的接受度影响着全国民众的接受度。在我们的核燃料循环研究中，我们做了一个全国性的民意调查以更好理解公众对核能、乏燃料的处置以及可替代核燃料循环的接受程度。调查中有这样一个问题：美国是否应该建设并使用尤卡山地下设施来处置核废物。调查结果表明国家公众的接受程度部分地依赖于当地对处置库的接受程度——该结果也同样被国外研究支持。[27]

对于美国有个警示。美国联邦政府和州政府的联邦制系统使得在为可能有害的设施选址时比其他国家更加困难。在大多数国家，如果国家政府和当地居民同意，项目就可以实施。而这在美国是行不通的。美国有很多的地方愿意接受处置库。例如，尤卡山处置库提案被内华达州当地县级政府支持，但是却被州政府否决了。当地县级政府看到了利益，而在州政府看来，尤卡山项目对整个州来说利益很小却有害。只有当三级政府都通过时，一个项目才能被成功实施。

成功的处置库项目管理所有需要地质处置的长寿命放射性废物。瑞典和法国的废物处理项目有责任处置他们国家所有长寿命放射性废物。美国处置库项目有责任处置乏燃料和高放废物，但不包括一次通过式燃料循环和其他行业产生的少量长寿命废物。公用事业、海军以及其他机构对乏燃料的储存并没有整合到乏燃料处置库中。

成功的废物处置库项目由专门的政府或公用事业组织管理。这些组织必须有良好的信用，能够履行与废物产生者之间的协议。不同国家对放射性废物有不同的管理模式[28,29]：政府模式（美国）、国企模式、国家—企业合作模式以及私营企业模式。[30]其中私营企业是下属于核公用事业单位的。一个极端是在瑞典和芬兰，公用事业单位全权负责对乏燃料和其他废物的管理——包括地质处置库的选址、建造以及运行。在处置过程结束后，对废物的责任由国家转移到处置库所在的州。另一极端则是美国，从乏燃料转移出反应堆后，就由联邦政府负责处理。企业只需要向政府支付费用，付费的标准是按产生这些废物所发的电量。联邦政府负责地质处置库的选址、建造以及运行。废物生产单位参与度比较高的国家（包括瑞典、芬兰和参与度低的法国）已取得很大的进步，拥有公众接受的处置库。美国在这方面也做得很好，能源部是废物生产者，同时也是废物隔离试验厂的运行商。

成功的废物管理项目是有适应能力的。[31]瑞典项目在最终确定处置库的选址前，开发了两个候选的选址，准备了多套处置库的设计方案，并对传统的地质处置法和地面钻孔处置方法进行了检测。法国的项目正在审查三种废物管理策略：超长期储存、传统地质处置、对部分锕系元素的焚烧以减少长期放射性废物。这两个国家的项目决策过程都非常谨慎。这样做的目的有两个：(1)在最终决定以前，对各种可能的方案进行评估和检验，从而提高公众的信心；(2)对于每一种废物处置途径中可能出现的意外，提供了补救措施。相比之下，美国的废物处理项目被法律规定为单一的、死板的处理途径，而且只关注单一的废物处置库和单一的技术方案。

成功处置库项目会保持原有的策略，直到出现更好的选择。不同处理方案（见第 5 章附录）需要不同的制度和政策保障。这为政策制订者提供了更多选择，同时增加了成功的可能性。例如钻孔处置，可以作为地质隔离的替代方法，而且在小规模应用上具有经济性优势。对美国而言，政府支持《核不扩散条约》。而钻孔处置乏燃料的方法在防止核扩散方面有独特的优势，这就十分适合小规模应用核电项目的国家。因此，钻孔处置的优势在于符合国内废物管理要求的同时，也十分契合包括防止核扩散等国外政策目标。我们建议启动研发项目来改善现有的废物处置策略，开发在技术、经济性、处理地点以及政策制度上都不同的替代方案。

废物隔离试验厂（waste isolation pilot plant，简称 WIPP）

美国正在运行的核废物地质处置库处于新墨西哥州卡尔斯巴德市。该处置库用来处理军事上产生的超铀废物。WIPP 表明在美国境内建造地质处置库是可行的。WIPP 最终能够容纳的长寿命放射性废物是一个乏燃料处置库的 1%～2%。WIPP 项目在选址、建造和运行方面都充满了困难[C. McCutcheon，*Nuclear Reactions*：*The Politics of*

Opening a Radioactive Waste Disposal Site,University of New Mexico Press(2002)]。几个因素可解释该地质处置库在选址和运行方面的巨大成功。

如果不能很好地处理核武器产生的核废物,这对联邦政府来说是非常棘手的事情。因此 WIPP 项目成了美国政府最迫切的项目。在这种形势下,美国政府为设施所在地区提供补偿,并将部分权力下放给新墨西哥州。当然,国家政府和州合作的部分原因是由于新墨西哥州内的 Los Alamos 国家实验室,该实验室每年产生大量的超铀废物,这些废物都在 WIPP 进行处理。卡尔斯巴德市以及其周边地区希望 WIPP 项目能够带动长期的经济发展。WIPP 项目使得其他核燃料循环工程也迁往卡尔斯巴德市,其中包括一个几十亿元美元的废物浓缩工厂。现在它已经成为当地经济发展的一个引擎。

WIPP 的科研团队十分强大,而且被赋予了自由开发处置库的权限并具有长期的稳定性。该团队包括国家研究顾问的一个常务委员会。该国家研究委员会除了对处置库的研究提供建议,还提供了一个与 NGO(非政府组织)及公众交流的平台。

WIPP 建在卡尔斯巴德市附近的多层岩盐上,并不是在一个特定的岩层上。随着研究的深入,WIPP 的选址迁移了两次(地质条件是选址极其重要的依据)。选址的迁移依赖于地质学上新的发现,好的选址能够建设更好的设施,并最终提高可信度。

5.2.3 对于处置库项目架构的建议

关于如何管理美国处置库项目,目前已经有很多建议。[32~34]基于我们之前的分析,美国应成立一个独立于美国尤卡山项目的新组织,来负责长期放射性废物的管理。但是我们并没有明确定义该组织的架构,而是基于全球经验明确了其在废物管理方面应该具备的功能和特征。

(1)该组织应该对需要地质处置的所有高放废物、乏燃料以及其他放射性废物负责。这包括堆外存放的乏燃料和高放废物(有些放射性废物在处置之前需要在堆外存放一段时间作为预处理),同时还应该包括来自公用事业、科研单位和工业生产中级别高于 C 类的废物。

(2)该组织有责任创建和完成综合的废物管理计划以用来解决技术和制度上的问题。章程必须明确目标,该组织必须开发、改进并完成该计划,当然可以采取合适的分阶段战略。

(3)该组织必须独立于其他任何组织,且有自己的核心。

(4)该组织在管理上必须保持长期的连续性,其管理和方向不能由于总统和国会的选举而发生改变。

(5)该组织的董事会必须有对废物管理有重大资助的主要团体代表。这包括但不局限于一个或多个董事会成员。

①能够向美国总统报告的内阁成员代表。在需要的时候,能够给美国政府决策层提供信息。

②核能事业的代表——废物产生机构。

③公共服务委员会代表——批准电费的州立监管机构。

④公众代表。

(6)该组织基金应来源于所有核电用户(和已有的项目一样),所有的资金必须用于预期的用途，并需要被授权才能使用。

(7)通过和美国能源部的合作，该组织应该研究其他的废物管理方法。由于使命的不同，不同的机构之间会有共同的利益和分歧。该组织的目标是安全处置美国境内的放射性废物，而美国能源部的目标则侧重于对军事废物的处置、防止核扩散以及开发未来能源。

(8)该组织应该参与规划和讨论新的核燃料循环方案的研发及实施。

5.3　核燃料循环和废物管理的整合

在美国历史上，核燃料循环和废物管理的发展是相对独立的。冷战时期，在国防项目的支持下建造了分离厂用来提取裂变材料，并将产生的废物存放于临时储存库中。几十年后像 WIPP 这样的处置设施才开始建造。核燃料循环和废物管理相对孤立的后果是，美国的国防放射性废物处理项目具有高成本和高风险。

核电工业最初认定美国将采用闭式燃料循环。因为乏燃料要被运到后处理厂，因此核电站也仅具有有限的乏燃料储存容量。在闭式燃料循环中，乏燃料的储存将在后处理厂中完成。高放废物在运到地质处置库前同样要先在后处理厂中处理。这种模式被应用于法国和其他使用闭式燃料循环的国家。

但是，美国后来采用了一次通过式燃料循环。这种循环模式是在地质处置以前，按照废物管理要求需要先将乏燃料储存在临时池中以减少衰变热。按照法律规定，美国政府应该从 1998 年开始接收核电站产生的乏燃料；但是联邦法律却不允许在获得处置库许可前建造用于对乏燃料进行陈化处理以降低衰变热的集中储存设施。解决这种法律冲突的办法是设计一个处置库，在关闭前通风 50 年以保证乏燃料有足够的时间降低衰变热。实际上，尤卡山项目在前 50 年就是当作临时储存设施来使用的。只有在一段冷却时间后，核废物中衰变热才能低至一定程度，该设施才成为一个真正的处置库。乏燃料在储存方面的约束条件是尤卡山项目的设计、成本以及性能特征的一个主要决定因素，同时也促成了尤卡山项目中许多或好或坏的独特设计。处置库项目的延期推动了在反应堆的乏燃料储存系统的发展(第 4 章)。

一些国家已将废物管理和核燃料循环整合在一起。瑞典处置库项目得出结论认为，在地质处置之前有必要进行乏燃料储存以降低其衰变热，并于 1985 年开放了集中式乏燃料储存设施。法国已经为一部分闭式燃料循环研发了一套并行系统。

5.3.1 整合废物管理和核燃料循环的处置库设置

实际上，将核燃料循环和废物管理整合起来的方案有很多，并比大家公认的技术方案和政策要广泛得多。以下列举了其中几种方案。

5.3.2 传统处置库

美国可以为所有需地质隔离的废物建造处置库，也可为中间产物(低热)建造一种处置库，为高热量废物(乏燃料和高放废物)建造另一种处置库。WIPP 是被设计用来处理中等放射性低热量废物的。它在法律上只接受国防超铀废物——长寿命低热量放射性废物中最多的一类。美国也有少量其他放射性的中间废物,这些废物尚无相关处置策略,而且将来国防设施和开式燃料循环还会不断产生。美国十分鼓励 WIPP 接受那些需地质隔离的废物。因此,WIPP 在处置量上将有小幅度的增加。但这样也不能解决许多类型的孤立废物难以管理的现状。有人呼吁重新开始对墨西哥州处置库选址的调查以及与州政府的谈判。

地质处置库的性能部分取决于废物化学形式。对于闭式燃料循环,可以选择在地质处置库中最适合的形式。对于开式燃料循环,乏燃料的直接处置需要其他工程措施的支持。当然,也可能存在其他的策略。例如,核燃料可以采取更优化的设计,使得产生的乏燃料更适合地质处置(附录 C)。另一例子是对乏燃料进行分类,用地表深钻孔处理特定的锕系元素和长寿命裂变产物,从而改善处置库性能。

5.3.3 可回收长达几世纪乏燃料的处置库

我们并不能确定轻水堆中产生的乏燃料是废弃物,也许可以被重新利用。现在有一种选择,那就是建造处置库将乏燃料储存起来,如果需要的话,在未来几个世纪能够将处置库中的乏燃料回收。法国正在规划的处置库[35]已将废物的可回收性作为设计的明确目标。瑞典的处置库虽然不把这个作为设计目标,但其处置库允许长期可回收性。这是一种最大限度地降低后代负担而又保留后代选择权利的处置方案。

5.3.4 处置库与闭式燃料循环设施的搭配与整合

在 20 世纪六七十年代,美国试图实现闭式燃料循环。由于当时并不存在处置库,因此,闭式燃料循环模式中,其后处理厂、燃料制造厂以及处置库设施都是独立的。如果一个处置库是在采用闭式燃料循环前选址的,那么对于闭式燃料循环,有这么一个方案:建造一个后端核燃料循环设施,该设施能够利用乏燃料中回收的材料,为反应堆制造燃料,并且可以就地处置所有废物。这种设施可降低闭式燃料循环的成本和风险,可通过消除长期处置库安全保护的需求来改善处置库性能,降低核扩散的风险。为处置库配置后处理和燃料制造设施可为处置库所在的地区和州创造数以千计的就业岗位和其他效益,以作为一种补偿形式。

5.3.5 备选的废物隔离系统

对于大多数废物,我们可以建造传统的处置库,对于那些难以处理的废物,则有专门的设施。例如,钻孔处置可以提供很好的废物隔离,但它对大量废物并不适用。我们可开发经济的小规模区域处置库。为解决核扩散问题,对钚的隔离处置需更严格,高危害废物(次锕系元素和某些裂变产物)、高热量废物(Sr-90/Cs-137)的处置也很严格。放射性核素的选择性嬗变也是一种选择。

5.4 建议

基于以上发现,可给出以下建议。

(1)废物管理系统必须成为任何一个核燃料循环(包括开式燃料循环)发展的一部分。对核燃料循环成本与风险的评估中必须包含废物管理的影响。

(2)美国应整体筹划和确定可替代方案的成本和风险,该方案必须将核燃料循环和废物管理整合在一起,以作为未来决策的依据。可替代方案必须为美国废物管理提供长期的政策选择,并支持防核扩散和其他美国关心的国家安全利益。

引文与注释

[1]*A Handbook for Citizens—The Nuclear Waste Primer*, The league of Women Voters Education Fund, July, 1993.

[2]The Nuclear Regulatory Commission definition of HLW in 10CFR63.2 is "High-level radioactive waste or HLW means:(1)The highly radioactive material resulting from the reprocessing of spent nuclear fuel, including liquid waste produced directly in reprocessing and any solid material derived from such liquid waste that contains fission products in sufficient concentrations;(2)Irradiated reactor fuel;(3)Other highly radioactive material that the Commission, consistent with existing law, determines by rule requires permanent isolation".

[3]U.S. NRC. Background, Status, and Issues Related to the Regulation of Advanced SpentNuclear Fuel Recycle Facilities,ACNW&M White Paper, June, 2008.

[4]*The Energy Daily*,"NRC Ruling on Enrichment Plant Wastes Draws Protest", Vol. 37, No. 51 March 20, 2009.

[5]*Risk and Decisions About Disposition of Transuranic and High-Level Radioactive Waste*,The National Academic Press, Washington, D.C., 2005.

[6]Charles W. Powers, David S.Kosson. Making the Case for an Integrated Nuclear Waste Management in the United States:Issues and Options, CRESP Vanderbilt University, Nashville Tenn.

[7]IAEA Safety Series,Classification of Radioactive Waste,Report No.111-G-1.1,VIENNA,1994.

[8]U.S. National Academy of Science-National Research Council. Disposal of Radioactive Wastes on Land,Publication 519 (1957).

[9]WIPP is the only operating geological repository for radioactive wastes.There have been multiple pilot plants for radioactive waste geological repositories. Russia injected liquid HLW underground and the U.S. has injected high-activity wastes underground in the form of a cement grout.

[10]T. F. Lomenick. The Siting Record:An Account of the Programs of Federal Agencies and Events That Have Led to the Selection of a Potential Site for a Geologic Repository for High-Level Radioactive Waste,ORNL/TM-12940 (March, 1996).

[11]J. S. Walker,The Road toYucca Mountain,University of California Press, 2009.

[12]Office of Technology Assessment. Congress of the United States,Managing Commercial High-Level Radioactive Wastes (1982).

[13]C. McCutcheon. Nuclear Reactions:The Politics of Opening a Radioactive Waste Disposal Site,

University of New Mexico Press (2002).

[14]The balances of the fund are only available when appropriated—these appropriations count toward total discretionary appropriations.

[15]http://www.skb.se/templates/SKBPage_8738.aspx.

[16]R. B. Stewart."U.S. Nuclear Waste Law and Policy: Fixing a Bankrupt System",*New York University Environmental Law Journal*,17,783-825 (2008).

[17]www.skb.se/default_24417.aspx.

[18]Title I, Subtitle F, Sec.171(a)(1).

[19]R. Ewing, C. Singer, P. Wilson. Plan D for Spent Nuclear Fuel,University of Illinois (2009).

[20]www.irsn.fr/FR/Pages/home.aspx.

[21]http://www.sweden.gov.se/sb/d/574/a/52563.

[22]The U.S. Nuclear Regulatory Commission requires wastes be retrievable for 50 years.

[23]National Research Council. One Step at a Time:The Staged Development of Geological Repositories for High-Level RadioactiveWastes,Washington D.C. (2003).

[24]Nuclear Energy Agency. Organization for Economic Cooperation and Development, Partnering for Long-term Management of Radioactive Wastes: Evolution and Current Practice in Thirteen Countries, NEA No. 6823 (2010).

[25]Nuclear Waste Management Organization (Canada). Moving Forward Together:Designing the Process for Selecting a Site (August, 2008).

[26]Managing Radioactive Wastes Safely: A Framework for Implementing Geological Disposal, Presented to Parliament by the Secretary of State for Environment,Food and Rural Affairs,Great Britain (June, 2008).

[27]France initiated a series of studies on French beliefs and implications for waste management.

[28]G. DeRoo. Institutional and Financial Mechanisms for the Nuclear Back-End:the American Exception, CEEPR 2010-007, Massachusetts Institute of Technology, 2010.

[29]United States Nuclear Waste Technical Review Board. Survey of National Programs for Managing High-Level Radioactive Waste and Spent Nuclear Fuel:A Report to Congress and the Secretary of Energy (October, 2009).

[30]There have proposals to establish for-profit repositories. R. Garwin,The Single Most Important Enabler of a Nuclear Power Renaissance:Allowing Competitive,Commercial, Mined Geological Repositories (August 26, 2009).

[31]U.S. National Research Council. Rethinking High-Level Radioactive Waste Disposal:A Position Statement of the Board onRadioactive Waste Management 34 (1990)and One Step at a Time:The Staged Development of Geological Repositories for High-Level Radioactive Waste (2003).

[32]M. Holt. Nuclear Waste Disposal: Alternatives to Yucca Mountain, Congressional Research Service (February 6, 2009); R. B. Stewart, "U.S. Nuclear Waste Law and Policy: Fixing a Bankrupt System", *New York University Environmental Law Journal*, 17, 783-825 (2008).

[33]U.S. Chamber of Commerce. Institute for 21st Century Energy, Revisiting American's Nuclear Waste Policy, May, 2009.

[34]ANDRA. Dossier 2006: Andra Research on the Geological Disposal of High-Level Long-Lived Radioactive Wastes: Results and Perspectives, Paris, France (2005).

附录

废物管理

附 5.1 废物管理原则

和其他形式的废物一样,放射性废物也是设施运行的剩余产物。它对公众和环境的潜在影响取决于其物理、化学以及放射性核素特征。这些特征决定了其危险性以及这种材料的最佳处置方法。

对于任何一种有害废物,有三种管理选择:摧毁(转变成一种低危害物质),稀释到环境可接受的浓度,将之隔离直至危害消除。管理放射性废物的最重要方法是隔离。隔离时间应该足够长,长到当这些废物最终重现在生物圈时,其浓度已经低至不会危害健康的剂量标准。

废物管理策略其实是放射性材料的决定性特征的结果——它们随时间衰变,成为没有放射性的元素。例如,放射性 Co-60 的半衰期约为 5 年。5 年内,有一半的 Co-60 衰变成稳定的 Ni-60,再过 5 年,剩下的 Co-60 中又有一半发生衰变。这种衰变过程持续发生,直至全部 Co-60 消失。大多数的放射性废物包含着多种放射性同位素的混合物,并且那些长寿命放射性核素的特征决定了最佳的处置方案。附图 5.1 给出了乏燃料从反应堆移出后,其放射性活度随时间的变化过程。

对于大多数的放射性废物,废物隔离技术的选择一般取决于其放射性核素的半衰期、地质化学迁移能力以及放射性活度。对于半衰期只有几天或者更短的放射性核素,比如一些医疗垃圾,这些废物可以储存在工厂的橱柜中,直至放射性核素衰变至很低浓度为止。对于较长寿命废物,则需要用处置(储存)设施将这些废物隔离足够长的时间。

附 5.2 废物的产生

不同的核燃料循环产生不同的废物。附表 5.1 列出了开式和闭式燃料循环产生的废物。美国采用的是开式燃料循环。有些国家(法国、日本)采用的是闭式燃料循环,将裂变材料回收,并流回反应堆。

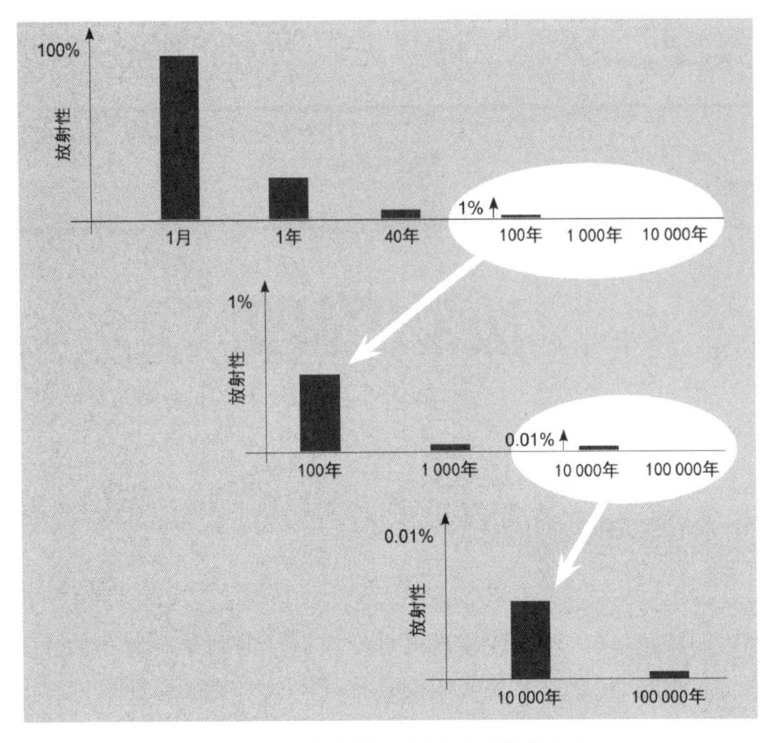

附图 5.1　乏燃料的放射性随时间的衰变

资料来源：A. Hedin, Spent Nuclear Fuel—How Dangerous Is It? Svensk Kambranslehantering AB, TR-97-13, March, 1997.

附表 5.1　采用一次通过式* 和闭式燃料循环的 1 GWe 反应堆的主要废物

操作	废物类型	
	开式燃料循环	闭式燃料循环
铀开采和碾磨	含沙尾矿——与铀矿成分相同，且未被归为放射性废物	较少数量
转化和浓缩	以 UF_6 或 U_3O_8 形式储存的贫铀（约 175 t）。可能是废物，也可能是有用产品，可用作制造再循环燃料或者用作进一步提取 ^{235}U 的原料	数量较少。要求专用的生产线来转化和浓缩后处理过的铀。新类别的贫铀尾料中含有 ^{232}U
燃料制造	非常少量的 LLW	含有长寿命同位素，需地质处置
发电（LWR 冷却池，临时储存和地质处置）	200～350 m^3 LLW 和 ILW（退役过程中产生少量的 ILW） 20 m^3 SNF（需约 75 m^3 处置库体积）	再循环燃料的乏燃料成分不同于 UO_x。如果全循环所有种类乏燃料都要再循环
后处理厂	无	高放废物（玻璃形式）含有裂变产物和一些锕系元素； 钚的再回收； 其他锕系元素的部分或全部再循环； 已活化的包壳、硬件和产生的固体废物； 尾气（H_2、I_2、Kr、Xe）； 依赖所选技术的二次废物（IX 树脂、沸石、有机溶剂）

* World Naclear Assocration, Radiative Waste Management, June, 2009, http://www.world-nuclear.org/info/inf04.html.

来源于一次通过式燃料循环的主要废物是轻水堆产生的乏燃料。一个典型的轻水堆乏燃料组件的成分[1]如附图 5.2 所示。其他类型的燃料组件将有着不同的特点。一般来说,锕系元素和裂变产物是总燃料组件的一小部分。

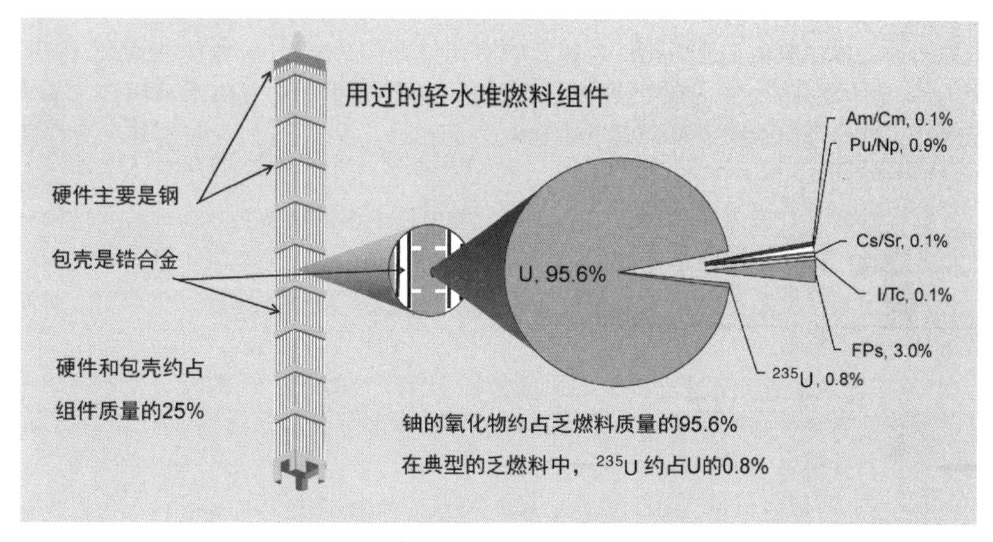

附图 5.2　典型的轻水堆乏燃料组件的成分

对乏燃料再循环的核燃料循环激励将在其他地方讨论。如果将乏燃料进行再循环处理,在废物管理上有三个优势。

(1)减少铀的开采。铀开采过程中产生了大量废物,且相关评估[2]表明核燃料循环的最大影响来源于铀开采——而非处置库。再循环通过减少铀开采作业来减少开采产生的影响。

(2)与乏燃料相比,再循环后的废物有着更好的储存和处置形式。如果对乏燃料进行再循环处理,可以选择形成的废物的化学形式,能够优化处置库的性能。

(3)可降低废物中裂变材料的含量。这带来三个好处。

①减少废物中产生的热量,从而缩小处置库规模。锕系元素是处置库中长期的热源——尤其是 Pu-241 和 Am-241。在短时间内,热量主要来自裂变产物,且不能随再循环改变。

②安全保障。裂变材料的移除或减少可降低废物设施安全保障的复杂性。

③有害物质减少。废物毒性的减少可降低破坏性事件(火山爆发、人为入侵)对处置库的风险。

乏燃料再循环中废物管理进行的阻碍是:与一次通过式燃料循环相比,再循环过程中产生了大量新的废物,这导致了一个更为复杂的废物管理系统。

附 5.3　地质处置库的设计和特点

地质处置是将长期放射性废物和化学废物从生物圈和人类隔离出来的首选方法。本附录对废物隔离在科学、工程和日常管理方面进行简要的描述。

附 5.3.1 处置库科学

地质隔离是基于许多深埋地下的材料可以保持百万年乃至数百万年不变的观察事实。相对于这么长的时间,放射性废物的寿命则显得十分短暂。

地质处置库一般位于地下几百米深处以使其免遭自然事件(土地侵蚀、冰川作用)和人为事件(地表破坏、战争[3]等)的影响。所有现存和计划中的处置库都采用传统的采矿技术建造。这样可以近距离观察处于处置库层面上的岩石情况,而无需破坏处置库层面以上的岩石结构。

放射性核素从处置库中扩散到生物圈和人类中最主要的机制是放射性核素溶解到地下水中或在地下水中形成稳定的胶质,通过地下水的流动、饮用和灌溉扩散到生物圈。现有几种机制可以减缓放射性核素通过地下水扩散到开式环境中的速度以争取更多时间进行放射性衰变。

(1)地下水流速。可通过选择地下水流速较慢的地方建造处置库,从而减少地下水流经处置库时的速度。诸如废物包和回填材料等工程壁垒可以减少地下水与废物的接触。到达地下水的放射性核素已被地下水径流稀释。

(2)不溶性的废物形式。对于放射性核素流入地下水,废物必须首先能够溶解或能形成胶质。我们可通过采用地质和工程上壁垒(废物形式、废物包以及填装材料)使绝大多数放性核素不溶于地下水。在废物形式中,有些不溶性组分可以通过基质扩散来减少可溶性成分的逃逸。

(3)放射性核素吸收。当带有放射性核素的地下水流经工程壁垒和岩石时,许多放射性核素在岩石表面被吸收,从而减少了其向生物圈的排放,为放射性衰变提供了时间。

位于不同地区的处置库有着不同的地质化学条件和地下水类型。因此,对于不同处置库,放射性核素随时间迁移逃逸出处置库的情况也不相同。在几个提议的处置库中,附表 5.2 列出了一些具有确定性特征的核素——这些核素被认为最有可能通过地下水逃逸出处置库并对人体有辐射作用。

附表 5.2 不同地区中放射性核素控制的处置库性能

处置库	限制的放射性核素
美国(凝灰岩)	^{99}Tc 半衰期为 2E+5 年,限制时间:0～20 000 年 ^{239}Pu 半衰期为 2E+4 年,限制时间:20 000～200 000 年 ^{242}Pu 半衰期为 4E+5 年,限制时间:超过 200 000 年
瑞典(花岗岩)[1]	^{226}Ra 半衰期为 1 600 年,来源于铀和其他锕系元素的衰变链
法国(黏土)[2]	^{129}I 和 ^{36}Cl(正常演变情形)
比利时(黏土)[3]	^{79}Se 半衰期为 1.1E+6

注:

1.Svensk Karnbranslehantering AB (Swedish Nuclear Fuel and Waste Management Company), Long-Term Safety for KBS-3 Repositories at Forsmark and Laxemar—A First Evaluation, TR-06-09 (October, 2008).

2.ANDRA Dossier 2005 Clay: Assessment of Geological Repository Safety.

3.D. Mallants, J. Marivoet, and X. Sillen, "Performance Assessment of the Disposal of Vitrified High-Level Waste in a Clay Layer", *J. Nucl. Mater.*, 298, 125-135 (2001).

处置库最主要的失效机制包括废物包的缓慢腐蚀和放射性核素扩散到地下水——这些机制需要几千年甚至几十万年的时间。在大多数处置库环境中，锕系元素因其在地下水中溶解度低以及不被岩石吸收而被认为不会扩散出处置库。

处置库是一个容纳高危害性物质的局部区域。自然和人为的入侵(钻井)有可能造成放射性核素的泄漏[4]，并造成废物隔离系统中地质壁垒失效。在这些失败的案例中，废物毒性可作为风险的衡量指标。在处置库边界处采取诸如钻井等活动对处置库有着严重影响。在绝大多数的入侵事件中，影响都是局部且有限的，因为只有相对少量的废物到达地表。

从 20 世纪 70 年代开始，放射性毒性一直被作为废物固有危害的一个指标[5~7]。通常将处置库中废物与铀或其他天然矿体的毒性做比较。毒性的衡量标准有很多，可以根据该放射性核素能否溶解到饮用水中、能否作为颗粒吸入、对人类辐射的一次剂量以及对人体的累积剂量等来衡量。在 1 000～5.0×10^6 年期间，根据毒性转换因子，处置库的相对毒性低于某些地方铀矿石的毒性[8~10]。然而，这种比较具有局限性。主要的疑问在于用铀矿石作为比较标准是否合适。铀就像铅、砷、镉一样，是一种重金属，其化学毒性强于其放射性毒性。大的重金属矿体和铀矿体以及经过一段时间后的处置库一样有着相似的毒性。现在最基本的困难是衡量毒性并不代表衡量风险。现今汽车电池里的铅的化学毒性可以杀死每一个美国人好几次——但来自于汽车电池的化学中毒的风险却十分低。这是因为任何一种毒性材料的危害是由其化学特性决定的，这些化学行为可决定其是否能够通过地下水和其他途径从处置库迁移到人类环境中。

附 5.3.2 处置库工程

处置乏燃料的所有处置库都计划使用长寿命废物包，这种废物包被设计成可持续存在数千年乃至几十万年。由于放射性是随时间逐渐衰减的(附图 5.1)，废物危害最大时，废物包可以作为防止放射性核素逃逸的有效壁垒。同时，如果处置库性能出现问题时，废物包也可使废物得到有效的控制。

乏燃料和高放废物能够产生大量的衰变热，从而使处置库升温。温度的上升加快了废物、废物包、地质条件以及处置库性能的退化。

(1)通过限制每个废物包的衰变热(控制每个废物包中乏燃料和高放废物的量)以及将废物包铺展在一片大区域来控制处置库温度。衰变热的传导方向为：废物→废物包→岩石→地表。

(2)处置库的成本和规模部分取决于乏燃料和高放废物的总衰变热。总热量越大，就需要越多的废物包和修建越多的隧道来分散放置这些废物。对于提案中的尤卡山处置库，每英亩的处置库空间上安放了大约 40 t 的乏燃料。这表明如果要处置美国 1 年产生的乏燃料(约 2 000 t)，则需大约 50 英亩的处置库空间。

(3)处置库采纳了这样的处置策略：在地质处置之前，乏燃料和高放废物已被储存了 40～60 年以减少衰变热，从而降低处置库成本，避免影响处置库的性能。工程上的权衡决定了储存时间的长短。在第一个 10 年内，裂变产物 ^{90}Sr 和 ^{137}Cs 产生了绝大部分衰变热。这些放射性核素的半衰期为 30 年。因此，其放射性活度和衰变热每 30 年降低一半。50 年后超铀同位素 Am-241 成为乏燃料中最主要的衰变热源，其半衰期为 470 年，衰变产物为^{237}Np。燃料组件的衰变热最初下降得很快，当衰变热的主要来源变成 Am-241 时，下降速度减慢。这就是乏燃料在移出堆后，临时储存时间为 40～60 年的技术基础。

处置库的容量并不受废物体积或质量的限制。对于某些废物，通过一些措施增加废物体积，从而改善处置库性能。例如，处置液态高放废物前，将其转化为玻璃态[11]。相对于煅烧废物而言，这将使废物体积增至其 3～4 倍；但是玻璃态是一种优越的废物形式，有着更低处理风险，并且在水中具有更低的溶解度——从而改善处置库性能。

经济性并不是处置库工程的一个主要约束条件。高放废物和乏燃料处置库的成本只是核电成本的一小部分——一般为电价成本的百分之几。

附 5.3.3 处置库管理与性能评估

在美国，环保局(EPA)规定了处置库必须满足的安全标准[12]。对于提案的尤卡山处置库，EPA 规定，在处置库边界处暴露给人类的最大容许辐射剂量在最初的 1 万年不能超过 15 mrem/a[13]；在 1 万年至 100 万年之间，不能超过 100 mrem/a。作为一个比较基础，一个美国人每年总的平均年辐射剂量为 360 mrem。虽然各个国家的管理标准变化万千，其他国家允许的释放剂量一般都低于自然情况下的辐射水平。

我们很难预测遥远的未来会发生什么。这促使我们审视不同类型的安全指标[14]，对未来独立于选址或设施的风险进行评估。这些指标一般是基于我们对一些天然类似物性能的观察，包括铀矿床、其他金属矿床，以及基于天然反应堆随时间的演变情况[15]。例如，美国核管会[16]比较了放射性废物和铀矿石的相对毒性来帮助确立一个合理的处置库评估时间表。他们的分析表明，在 1 万年内，处置库的毒性与矿体毒性在一个数量级之内。

不同类型的评估结果已在地质界和科学界内达成了共识：通过正确选址和设计的处置库对公众的风险很低。

有人建议说在反应堆中焚烧废物中的放射性核素以改善处置库性能，具体通过摧毁废物中毒性大的长寿命放射性核素和产生大量热量的放射性核素。我们和其他人的分析[17]发现，这种做法在整个废物管理中只能产生有限的作用。

(1)放射性核素的化学性能、物理形式以及其半衰期决定了其逃逸出处置库的可能性——而非其毒性。摧毁大多数有毒长寿命核素可能(也许不能)改善处置库的性能。

(2)限制处置库性能的放射性核素随地质处置库的不同而不同。如果我们的目标仅仅是摧毁限制处置库性能的放射性核素，在我们焚烧特定锕系元素之前，我们必须了解处置库厂址的具体情况。

(3)锕系元素的焚烧同样伴随着风险。我们的分析(第 6 章)表明焚烧大部分长寿命放射性核素需要花费一个世纪乃至更长的时间。加工和处理这种废物的风险远大于处置的风险。

一些闭式燃料循环可以破坏特定的长寿命放射性核素(裂变燃料再循环的副产物)。当我们考虑其他替代燃料循环时，这是一个值得考虑的优势。

附 5.4　代表性的处置库设计：美国、瑞典和法国

以下简要描述了四个处置库和展示了设计地质处置库的多种方式。

废物隔离试验厂(WIPP)[18~20]是美国正在运行的用于国防超铀废物处置的处置库，它是一个位于地下658 m的大型双层盐层。盐层有两个特点：它是塑性的，开口关闭需数十年时间，并且它的存在表明无流动地下水。如果有流动的地下水，盐将会溶解。这种形成层的渗透系数低于10^{-14} m/s，扩散系数低于10^{-15} m^2/s，因此在整个地层中存在着被困于此的2.3亿年前的海水。主要的安全状况是盐层结构大至数十甚至数百英里，其物理尺寸表明需数十万年甚至百万年的时间来溶解足够多的盐才能危及处置库。EPA要求任何地质处置库必须至少拥有一个工程壁垒。WIPP的工程壁垒是嵌有超铀元素废物的氧化镁，以保持盐层中任何液体的pH在8.5～9之间——钚在此条件下相对不溶且不形成胶质。它是该系统中放射性核素移动的化学壁垒。

提案的美国尤卡山用于处理乏燃料和高放废物。它处于凝灰石中——加固的火山灰。处置库处在地下水位之上的一个氧化环境中。由于所处环境特殊，因此它的设计也大大不同于其他提案的处置库。乏燃料被装进钢容器中，每个钢容器一般装有21个燃料组件。钢容器有厚厚的防腐蚀镍基外层。这些废物包将被放置在隧道中。隧道在处置库关闭后仍保持开放。废物包上面是钛屏蔽层，当水从凝灰岩到处置库下面地下水流经废物包表面时，该半圆形的屏蔽层可以将水分流。因此，该工程壁垒设计用来延迟废物与水的接触。

已提案的瑞典处置库处在花岗岩中——一种有着化学还原环境的坚固岩石。废物包是有着厚层铜包裹的钢容器。选择铜为外层的原因是金属铜在瑞典花岗岩中可以存在数百万年而保持不变——这是废物包能保持长期完整的基础。铜废物包被放置在处置库深处，且废物包和花岗岩中间用膨润土和沙子的混合物填实。水在这种材料中具有低渗透性，而且这种材料可以吸收大量的放射性核素。在施工中一般使用膨润土来减小水流。所有的隧道中都填满了类似的混合物以减小处置库中水流。计划中的芬兰处置库采用了同样的设计。

已提案的法国和比利时处置库处于黏土中，黏土对地下水径流具有极低的渗透性，且有着高度还原的化学环境。这种条件最大限度地降低了大多数核素在地下水中的溶解度。然而，由于黏土的热传导性极低，因此，每英亩的废物装载量将低于其他处置库，以避免处置库中温度过高。废物同样是安放在钢制的废物包中。所有可用的隧道需用低渗透性的填装材料填充满以尽可能减小地下水流动。

附5.5　美国处置库历史

美国在20世纪50年代中期开始启动它的处置库项目。此项目用来处置国防废物。在一系列的失败尝试[21,22]后，国会在1982年通过《核废物政策法案》(NWPA)，法案中包括了关于乏燃料和高放废物处置库选址、建造以及运行的长期计划。

法案中确定了高放废物和乏燃料从核电站到政府的责任转移；允许创建一个独立机构来管理处置库项目；对核电确定一种征税制度，以使得处置库项目有直接的基金支持。出于公平考虑，在东、西部各建造一个处置库，州政府和地方政府共同协商提供长期补偿。在NWPA确立后接下来的几年里，项目中有着几个主要的变化。

(1)管理项目的单位是能源部内的专门组织,而不是创建一个独立机构,这个共识已经达成。

(2)一系列用来平衡联邦预算的法律[23]改变了融资。最初,处置库项目可以完全使用信托资金。联邦法律的改变导致了项目资金完全取决于国会拨款。

①国会的计划资金不足。

②国会每年设置处置库的优先顺序,决定了项目范围。

③已提案的处置库对于州和地方团体的补偿取决于每年的拨款。

④1987 年修订的 NWPA[24]决定只有一处厂址可以用来建造处置库,且该厂址为内华达州的尤卡山。这打破了先前有关处置库选址的决议[25]。这导致了对已提案的内华达尤卡山的反对呼声越来越高以及一系列的事件,这些事件使得政府下决定终止该计划。

这其中许多困难是可以预见的。NWPA 需要一份有关可替代融资和管理(AMFM)方法的报告。一个 1984 年设立的顾问小组给出了一份建议设立 FED 公司的报告[26]。FED 公司是一个联邦特许的、政府所有的企业,需对处置库关闭前所有操作负责(可基于先前几十年处置库项目历史)。在许多案例中,与早期处置库失败有关的重大决定是由那些被认为更为重要的其他代理优先权驱动的。为了解决这些困难,FED 公司将由总统任命的董事会领导。美国能源部并不接受这份报告的建议。2001 年,对 1984 年的报告进行了更新[27]。一旦该项目准备建造处置库,该更新报告再一次建议 FED 公司方法;另外,该报告给出了许多融资方法,这些方法可以更好地将其收入来源和支出联系在一起。考虑到政治因素一直是开发可用处置库项目的核心主题,如何构建该项目使得该项目具有长期连续性将变得十分具有挑战性。[28]

附 5.6 钻孔处理

按埋藏深度分,地质隔离有三种方法:明坑法(<1 km)、开采地质处置法(<2 km)以及钻孔法(2～10 km)。石油钻井技术的进步使得钻孔深度远远大于传统的采矿技术,人们对废物钻孔处置重新产生了兴趣[29]。

该方法主要的限制条件是实际处理的材料体积十分有限,因此钻孔处置只适合于乏燃料、高放废物以及特定的裂变产物和次锕系元素,并不适合于需要地质处理的且体积庞大的中间放射性废物。钻孔处置吸引人的地方包括:世界上很多地方的地质情况适合钻孔处置,废物处置后很难恢复(潜在的防核扩散优势),其技术可通过独特的隔离机制达到废物的有效隔离。地下水盐浓度和地下水密度随深度增加而增大。深层密度较大的含盐地下水并不会和其上方低密度的新鲜地下水混合在一起,所以并不存在废物附近水溶解核素,并随淡水迁移走的现象。我们需要进一步的研发来确定其技术上的可行性。

钻孔处置的特征可以创造新的核燃料循环方案。

(1)分离和处置。目前存在许多分离技术,还有通过焚烧乏燃料中的放射性核素以解决废物管理和防核扩散问题的建议。一个可替代的方法是分离和钻孔处置——一种不依靠放射性核素核性能的方法,并且可在分离后通过简单的步骤将这些有害的放射性废物储存起来。钻孔处置适用于开式和闭式燃料循环。

(2)地区性或小国家的处置库。有限的研究表明钻孔处置的经济性可以满足小容量处置库。这将产生地区处置库方法,并为核电规模小的国家提供一种更好的技术手段。

引文与注释

[1]C Pereira. Recycling of Used Nuclear Fuel, ACCA Chemistry Series on Nuclear Chemistry, Benedictine University, Lisle, October 7, 2008.

[2]Paul Scherrer Institut. Comprehensive Assessment of Energy Systems(GaBe): Sustainability of Electric Supply Technologies under German Conditions: a Comparative Analysis, PSI Bericht Nr.04-15 (December, 2004).

[3]C.V.Chester, R.O.Chester. Civil Defense Implications of the U.S.Nuclear Power Industry During a Large Nuclear War in the Year 2000", *Nuclear Technology*,31, pp. 326 (December, 1976).

[4]The expectation for a repository is that records of its existence will last as long as society lasts. If society collapses and rebuilds, the existence of a repository would be detected with the geotechnical survey equipment of the 1960's used by geologists to find mineral ore bodies.

[5]J. Hamstra. Radiotoxic Measure for Buried Solid Radioactive Waste, *Nuclear Safety*, 16(2), 180-189 (1975).

[6]B. L. Cohen. High-Level Radioactive Waste from Light-Water Reactors, Rev.Mod. Phys., 49, 1-20 (1977).

[7]International Atomic Energy Agency. Safety Indicators in Different Time Frames for the Safety Assessment of Underground Radioactive Waste Repositories, IAEA TECDOC-767 (1994).

[8]O. J. Wick, M. O. Cloninger. Comparison of Potential Radiological Consequences from a Spent Fuel Repository and Natural Uranium Deposits, PNL-3540, Pacific Northwest National Laboratory, Richland, Washington (1980).

[9]NAGRA. Nuclear Waste Management in Switzerland: Feasibility Studies and Safety Analyses, Project Report NGB 85-09 Baden, Switzerland (1985).

[10]J. O. Liljenzin, J. Rydberg. Risks from Nuclear Wastes (Revised Edition), SKI Report 96:70, Swedish Nuclear Power Inspectorate, Stockhom, Sweden (1996).

[11]Mycle Schneider, Yves Marignac. Spent Nuclear Fuel Reprocessing in France, A research report of the International Panel on Fissile Materials, April, 2008.

[12]U.S. Environmental Protection Agency. Public Health and Environmental Radiation Protection Standards for Yucca Mountain, Nevada, 40CFR Part 197, Washington D.C.

[13]The maximum allowable radiation dose is to an individual living at the repository site boundary that drinks local groundwater and uses the local groundwater to grow the crops he eats.

[14]P. Salter, M. Apted, G. Smith. Alternative Indicators of Performance: Use of Radionuclides Fluxes, Concentrations, and Relative Radiotoxicity Indices as Alternative Measures of Safety.

[15]A. P. Meshik. The Workings of an Ancient Nuclear Reactor, *Scientific American* (October, 2005).

[16]U.S. Nuclear Regulatory Commission. Proposed Rule for the Disposal of High-Level Radioactive Wastes in a Proposed Geological Repository at Yucca Mountain, Nevada, 10CFR63, RIN 3150-AG04, Washington D.C. (1998).

[17]U.S.National Research Council. Nuclear Wastes: Technologies for Separations and Transmutation (1996).

[18]http://www.wipp.energy.gov.

[19]National Academy of Science. The Waste Isolation Pilot Plant: a Potential Solution for the Disposal of Transuranic Wastes (1996).

[20]N. Zacha. Radwaste Solutions (entire issue), May/June, 2009.

[21]T. F. Lomenick. The Siting Record: An Account of the Programs of Federal Agencies and Events That Have Led to the Selection of a Potential Site for a Geologic Repository for High-Level Radioactive Waste, ORNL/TM-12940 (March, 1996).

[22]J. S. Walker. *The Road to Yucca Mountain*, University of California Press, 2009

[23]The *Nuclear Waste Policy Act of* 1982, The Gramm-Rudman-Hollings Balanced Budget and Emergency Deficit Control Act of 1985, and the *Omnibus Budget Reconciliation Act of* 1993.

[24]*The* 1987 *Amendments to the Nuclear Waste Policy Act of* 1982.

[25]M. Wald. Is There a Place for Nuclear Waste, *Scientific American* (August, 2009).

[26]U. S. Department of Energy. Managing Nuclear Waste—A Better Idea, DOE/NBM-5008164 (December, 1984).

[27]Alternative Means of Financing and Managing the Civilian Radioactive Waste Management Program.

[28]R. B. Stewart. U.S. Nuclear Waste Law and Policy: Fixing a Bankrupt System, *New York University Environmental Law Journal*, 17, 783-825 (2008).

[29]B. Sapiie, M. Driscoll. A Review of Geology-Related Aspects of Deep Borehole Disposal of Nuclear Waste, MIT-NFCTR-109, Massachusetts Institute of Technology(August, 2009).

第 6 章

核燃料循环方案分析

6.1　引言

核能系统的发展将取决于未来对核能的需求，以及为满足这一需求而开发的反应堆和核燃料循环技术。就像在第 2 章中讨论的一样，核燃料循环有多种选择。最简单的核燃料循环，也是美国正在使用的核燃料循环技术，只依靠开采的铀作为燃料，而先进核燃料循环至少部分依赖于其他反应堆卸出燃料中提取的易裂变材料。因此，核燃料循环的不同选择意味着对于铀资源、核燃料循环的基础建设的不同水平的要求，并且导致了不同数量的乏燃料和作为废物处理的材料。本章介绍了核燃料循环方案对于各种需求情况的影响，以及结果对分析中主要假设和约束条件的敏感性。

最基本的方案假设 2020 年核电装机容量会增长到 120 MWe，部分原因是现在反应堆的功率提升，随后一直到 21 世纪末，核电年增长率是 2.5%。这一增长率比最近 20 年核电增长率高。鉴于预期电力年增长率是 1%～1.5%，这会导致核电所占供电比率上升。如果从现在到 2050 年电力增长率是 1.5%，到 2050 年核电所占比率将达到 28%。因此这反映了一个假设：在满足未来能源需求的同时，核能可以部分减少碳排放。我们对 2020 年后更低的增长率 1%和更高的增长率 4%的情形也都进行了分析。

我们考虑的核燃料循环方案包括目前美国实际应用的轻水堆一次通过式循环。本研究也探索了三种先进核燃料循环方案：(1)轻水堆中以混合氧化物形式进行钚的回收(MOX 方案)；(2)在具有从 0 到 1 的不同裂变转换比的先进焚烧堆(ABR)中进行超铀元素的复合回收；(3)增殖的快堆中回收超铀元素(TRU)，其裂变转换比是 1.23。涉及快堆中 TRU 回收的方案都假设包含铀回收。此外，我们限制了关于 MOX 方案变为“二次通过循环”的研究，这意味着从以铀为燃料的轻水堆中提取的钚以 MOX 的形式只在轻水堆中回收了一次。原则上讲，钚可以回收不止一次，尽管任何的实际运用中都没采用。

如今美国所有的动力反应堆都是轻水堆，都是作为热中子堆在运行。在一个热中子堆中，大量中子以热中子能量(低于 1 eV)存在，大部分裂变是这些中子引起的。快堆相比于热中子堆来说，其中子能谱更集中在高能部分，它们的裂变是由能量高于 1 000 eV 的中子引起的。热堆或快堆相关的后处理和制造设施可称为热堆设施或快堆设施。美国和其他几个国家已经建成快堆的原型堆，但是只建成 2 座大型的半商业堆：俄罗斯的 BN-600和法国的 Superpheonix。快中子能谱反应堆经过设计可以高效裂变 TRD，这就是之前提到的焚烧堆。此外，经过设计，快中子堆将大量的可转换材料（^{238}U 或 Th-232）转化为裂变燃料（主要是^{239}Pu 和^{233}U），这一速度比裂变燃料消耗速度还快。这种反应堆被称为增殖堆，因为它产生的裂变燃料比它消耗的还多。

该分析是通过 MIT 开发的核燃料循环系统模拟代码 CAFCA 进行的[1]。该代码追踪核能供应的基础设施、流入和流出设施的基本材料、储存的燃料、等待处理的废物材料，以及整个产业的经济学问题。它采用了一些简化假设，但对系统研究所需的细节水平来说，其足够精确[2]。这里考虑的所有先进核燃料循环，都是一次通过式循环经过一步转变转化成先进核燃料循环。然而，两步转化的情形，包括首先用 MOX 然后用快堆方案的两步转换也有可能。Guerin 和 Kazimi[3] 已经做过这方面的探索。

6.2 核燃料循环的主要特点

6.2.1 一次通过式燃料循环方案

一次通过式方案（简称 OTC）是目前美国实际采用的核燃料循环方案，我们把它作为参考案例。在这个方案中，UO_2 燃料组件装在热中子谱轻水冷却反应堆中，被辐照几年后，卸出并冷却储存（主要是在反应堆池中）几年（最短冷却时间）。最终，乏燃料被运往临时储存场或处置库。

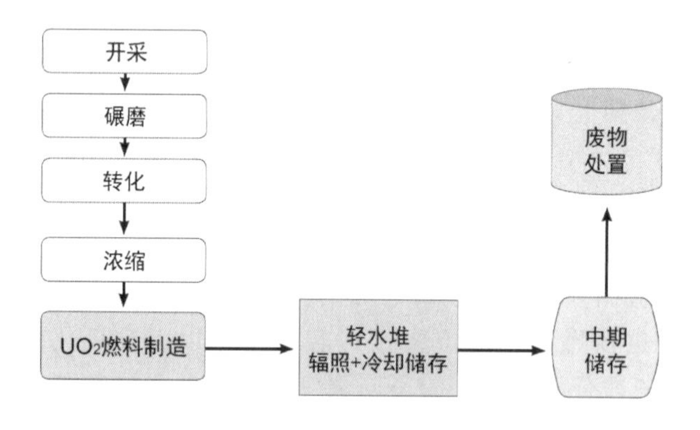

图 6.1　一次通过式燃料循环图

为了简单起见，我们用一个 1 000 MWe 的轻水堆作为单一的参照模型，并对核燃料循环假设一组特定的参数。燃料需要满足的数据取自文献[4]。实际上，有许多大小不同的轻水堆，而且其核燃料循环随着燃料管理的不同也会有所不同。表 6.1 总结了参考轻水堆（1 000 MWe 机组规模）以及本研究中涉及的其他反应堆中我们感兴趣的特征。

表 6.1　参考电站特征

电站和循环描述						
	轻水堆	快中子增殖堆	快中子焚烧堆			
热功率(MWt)	2 966	2 632	2 632			
热效率	33.7%	38%	38%			
电输出(MWe)	1 000	1 000	1 000			
转换比	0.6	1.23	0.0	0.5	0.75	1.0
循环周期(EFPD)	500	700	132[2]	221[2]	232[2]	370
平均批次数	3	3(+再生区)	8.33	5.82	5.95	3.41
平均辐照时间(EFPD)	1 500	1 785(再生区是 2 380)	1 099	1 286	1 380	1 262
卸料燃耗(MWd/kgHM)	50	103.23	293.9	131.9	99.6	73.0

注:1.EFPD 为有效满功率天数。

2.循环周期低于一年的并不实用,因为它们需要频繁地换料而且限制容量因子。

下面描述分析中使用的燃料的细节(燃料成分、质量流速)。

轻水堆燃料技术特点

我们核燃料循环分析使用的是典型的 OTC 和 MOX 燃料循环轻水堆运行参数。下面第一个表格显示了燃料的平均成分:包括装料时期和卸载冷却 5 年后。当在轻水堆中以 MOX 形式回收钚时,我们面临一个选择:对于一些轻水堆来说,我们是装载全部的 MOX 燃料还是混合装载 MOX 组件和 UO_2 组件。和 De Roo 等[5]采用的模型一样,我们这一研究中使用的是堆芯装载 30%(*W*/*W*)MOX 燃料组件的典型压水堆的数据。对于 MOX 循环,燃料中 MOX 和 UO_2 的成分都列在表中。

Pu 和 Am 混合同位素载体被用于制造 MOX 燃料棒,相应的典型 UO_2 乏燃料初始富集度为 4.5%(*W*/*W*),卸料燃耗为 50 MWd/kgHM,在冷却储存中衰变 5 年。随后钚被提取并且衰变超过 2 年(后处理厂经过的时间加上燃料制造时间)。这与堆芯全部采用 UO_2 燃料的轻水堆(卸料燃耗相同但是初始富集度更低,质量分数为 4.23%(*W*/*W*)而不是 4.5%(*W*/*W*))使用的数据稍有不同。

纯 UO_2 燃料和 MOX 燃料案例的燃料成分

第二个表格总结了 MOX 轻水堆在容量因子为 90%(导致滞留时间为 1 667 天,将近 4.5 年)时燃料的质量流。在 MOX 循环中,Pu/Am 的氧化物和贫铀(质量分数为 0.25% 的富集度)的氧化物混合。UO_2 和 MOX 的平均卸料燃耗都是 50.3 MWd/kgHM。卸出后,MOX 和 UO_2 组件都冷却 5 年[6]。该表还总结了堆芯初始时的燃料量以及反应堆中的重新装料量。这些数据都是按年计算以利于模拟。

表 6.2　轻水堆 UO_2 和 MOX 方案平均燃料成分

一次通过和二次通过方案燃料成分(占初始重金属装载量的质量分数)						
	轻水堆——UO_2		轻水堆——MOX			
	成分(占初始重金属装载量的质量分数)		燃料成分(占初始重金属装载量的质量分数)			
	装载期	冷却后	装载期	冷却后		
			MOX	UO_2	MOX	UO_2
U (^{235}U)	100% (4.23)	93.56% (0.82)	91.27% (DU)	100% (4.5)	88.16%	93.57%
Pu	0	1.15%	8.59%	0	6.00%	1.14%
MA	0	0.13%	0.14%	0	0.70%	0.14%
TRU	0	1.28%	8.73%	0	6.70%	1.28%
FP	0	5.16%	0	0	5.14%	5.15%

表 6.3　轻水堆/UO_2 和 MOX/UO_2 燃料成分

堆芯燃料的质量和流量在轻水反应堆容量因子=90%								
LWR/UO_2			MOX/UO_2					
BOC 堆芯质量(MTHM)			87.77					
质量流量(tHM/GWe/YEAR)								
	装载期	冷却后	装载期			冷却后		
			MOX	UO_2	合计	MOX	UO_2	合计
HM	19.500	18.494	5.719	13.667	19.386	5.425	12.964	18.389
U (^{235}U)	19.500 (0.825)	18.244 (0.150)	5.220	13.667	18.887	5.041	12.788	17.829
Pu	0	0.225	0.491	0	0.491	0.343	0.157	0.500
MA	0	0.025	0.008	0	0	0.040	0.020	0.60
TRU	0	0.250	0.499	0	0.491	0.383	0.177	0.560
FP	0	1.006	0	0	0	0.293	0.703	0.996

1.De Roo's calculations actually assumed 7 years of cooling for the MOX spent fuel but we prefer to use 5 years for comparison purposes, while keeping the same data. NEA assumes only 3 years of cooling for spent MOX fuel burnt at 45 MWd/kgHM in 2009, and 7 years of cooling (including reprocessing) for spent MOX fuel burnt at 50MWd/kgHM in 2002.

6.2.2 二次通过式燃料循环(热中子堆中 MOX 通过一次)

轻水堆可以用混合氧化物(MOX)燃料组件作为燃料。MOX 是氧化钚/氧化镅[6](PuO_2/AmO_2)以及贫(天然)铀氧化物(UO_2)的混合物。不像铀,钚在自然界中仅微量存在,它是在反应堆中形成的。轻水堆产生的钚大约有一半在反应堆中就裂变(通常占一

批 UO_2 通过辐射产生能量的 1/4）或者原地衰变。然而，卸出的 UO_2 乏燃料中仍然有大量钚（通常重量大约占总重金属的 1%）。

因此，二次通过式循环（简称 TTC）从本质上讲，是一个有限循环方案。经过最短冷却期后，从以 UO_2 为燃料的轻水堆中卸出的燃料随后被送往后处理厂。然后铀（质量通常占用过的 UO_2 燃料中重金属的 99%）和钚会被提取出来。次锕系元素也随裂变产物一起送到临时处置库待最终处理。钚被送到 MOX 制造厂（可能和后处理厂位于同一位置）制造 MOX 燃料棒。然后 MOX 燃料组件被装载到轻水堆用于发电。根据反应堆容量和政策的选择，堆芯可以完全装载 MOX 燃料组件或者部分装载（通常 30%）。在后者中剩余部分是由传统的 UO_2 燃料组件构成。在美国现有的反应堆中，即所谓的二代堆，只有极少数获得了装载 MOX 燃料组件的许可。

钚在继续辐照情况下形成非裂变（偶数）的钚同位素以及更高原子序数的锕系元素会使燃料的处理变复杂，并且降低燃料的核反应性。因此，在热堆中，我们认为钚不适于连续回收。在快堆中，所有钚的同位素（以及更广泛的 TRU）都可以裂变。在实际运用 MOX 方案的国家中，钚也仅仅只回收一次，这也是我们在本研究中的一个假设。然而，在有些国家，先对 MOX 乏燃料进行储存，一直到能够后处理且从中提取 TRU 用作启动快堆的燃料。在此，我们不审查那种方案。因此，MOX 乏燃料在经过最短冷却期后被送到临时储存场，并最终作为燃料组件送去处置。对使用 MOX 乏燃料启动快堆案例感兴趣的读者可以参阅相关文献[3]，里面有详细的分析报告。图 6.2 显示了一个二次通过式燃料循环方案的示意图。

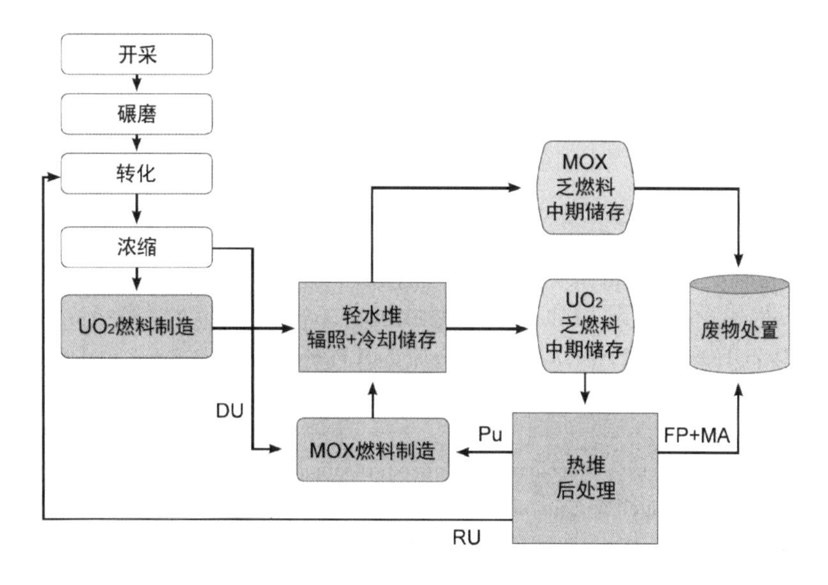

图 6.2　二次通过式燃料循环方案

6.2.3 快中子焚烧堆

快堆是指大部分裂变是由能量超过 1 keV 的中子引起的反应堆，而热中子堆的裂变大部分是由能量低于 1 eV 的中子引起的。能量越高，裂变截面越小，这导致快堆需要更高的富集度和中子通量。另一方面，对大多数铀和 TRU 同位素来说，在快中子谱中裂变相对于无用中子俘获的概率高得多。因此，与热中子堆相比，快堆中钚焚烧后产生的高质量数 TRU 同位素更少。换言之，快堆能实现对 TRU 同位素相对更一致的摧毁。

当快堆设计成净消耗 TRU 时，它就被称作焚烧堆，这一特征用裂变转换比(CR)[7]表示，它可以在 CR=0.0(无可转换核素)到 CR=1.0(收支平衡，或"自持")范围内变化。当快堆被设计成净产生 TRU 时，它就是增殖堆，其增殖比 CR>1.0。

快中子焚烧堆燃料循环需要回收从轻水堆卸出的 UO_2 燃料，这一回收过程是在合适的冷却期过后进行的。在热堆后处理厂中，TRU 从裂变产物中分离出来(铀也在此过程中被回收)。将这些 TRU 和贫铀或者天然铀混合，以制造快堆燃料棒。燃料组件被装到快堆中，经辐照、卸出以及最短冷却时间的衰变，随后在快堆后处理厂再加工，以便回收制造快中子焚烧堆燃料。因此，快堆燃料进料有两个来源：外部供应(从轻水堆 UO_2 乏燃料中分离的 TRU)和自我回收(快堆乏燃料分离的 U-TRU 混合物)。由于这一方案允许多次回收，所以也被称作闭式燃料循环：只有没用的裂变产物最终送去处置。图 6.3 显示了快堆燃料循环的一个代表，它也适用于快中子焚烧堆。

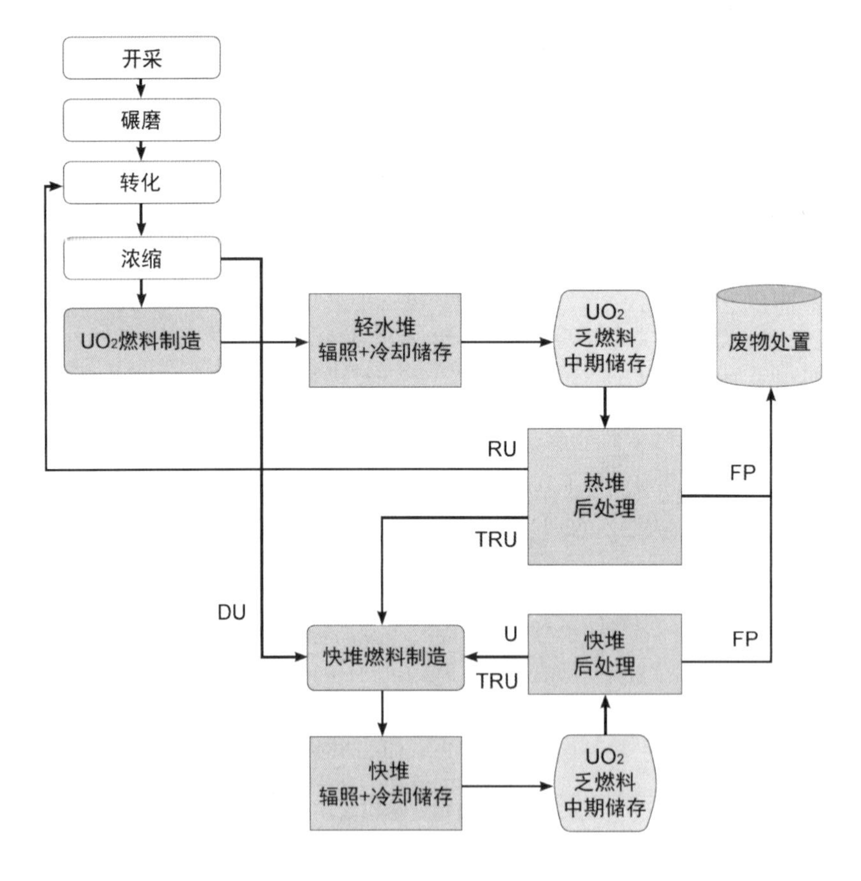

图 6.3 快堆燃料循环图

6.2.4 快中子增殖堆

与快中子焚烧堆的设计不同，它里面只含有有限的可转换材料，快中子增殖堆中需要可转换材料，例如^{238}U，通常位于环绕堆芯的包层（增殖区），以产生比它自身消耗得更多的燃料。增殖区位于临近堆芯的径向和轴向位置。这使得裂变转换比大于1，因此通常称之为增殖比。然而，为了补偿堆芯更大的可转换材料装载量和增殖区更大的中子吸收，堆芯需要装载更多的易裂变同位素。堆芯的换料使用的是堆芯和增殖区材料后处理产生的TRU。因此，具有相似特征的增殖堆与焚烧堆相比，其堆芯中TRU的质量通常要大。然而，由于增殖区累计的易裂变材料的增加，每GWe易裂变材料的生产将会略小。即便使用相同的燃料材料过去增殖堆的设计也有一系列不同的每GWe燃料的存量[8]。

除了转换比不同，快中子增殖堆燃料循环方案与快中子焚烧堆燃料循环方案基本相同。不同点只是定量的：当焚烧堆（特别是低转换比的）仍然需要外部的TRU供应以增加自我回收量时，增殖堆实际上是一个可裂变材料的净源，因为它产生的TRU超过了它自己需要的TRU。图6.3显示了一个具有代表性的快堆燃料循环。

我们在研究中采用先进液态金属冷却堆（ALMR）作为增殖堆的参照，它的增殖比为1.23[9,10]。ALMR由GE（通用电气公司）设计，并且它比其他金属冷却堆在设计上更加深入。考虑到用于参照的增殖堆使用的是金属燃料，因此用金属燃料反应器作为参考增殖堆是很合适的。表6.1总结了反应堆的主要特征（规模从319 MWe的机组到1 000 MWe）。我们发现简单地根据大小比率估算的燃料需求只是一种近似值，还要考虑表面积和容积的比率变化和因此引起的堆芯中子泄漏量变化。然而，这种近似引入了次级效应，这在探索性系统研究中是可被接受的。稍后我们将讨论一个关于燃料需求的敏感性案例。

6.3 分析采用的模型和假设

CAFCA代码是一种材料平衡代码，它通过各种设施追踪核燃料材料，这些设施需要提取、加工和燃烧反应堆燃料，然后计算在送到处置库处理和后处理以提供反应堆所需燃料之前，卸出燃料进行冷却储存或更长的临时储存所卸出的燃料。对核能的需求可以及时确定，可以利用的核能技术也能确定。在我们的分析中，我们假设轻水堆一直可以利用，但是依靠回收技术的反应堆只在将来某个时间可以利用。这里我们简单介绍分析中的重要假设。更多的详细内容可以参考文献[3]。

我们假设所有的反应堆寿命都是60年。美国现在的轻水堆最初许可寿命是40年，这些电厂中大约60%获得了20年的延寿。据推测，剩余轻水堆的许可寿命也能获得延长。假设所有新的轻水堆和快堆都有60年的运行许可。然而，燃料后处理厂只假设具有40年寿命，随后它们退休并且允许新技术建设。

6.3.1 回收工业产能的重要假设

动态模拟的起始设置是：2008年年初容量是100 GWe，UO_2乏燃料储存量是56 800

tHM。所有类型的卸出燃料最短冷却时间都是 5 年。

在 MOX(或 TTC)方案中,第一个热堆后处理厂于 2025 年开始运行,分离的钚马上用于制造 MOX 燃料。在涉及快堆的方案中,第一个热堆后处理厂于 2035 年开始运行,比快堆的引入(2040 年)早 5 年。

关于热堆后处理厂的规模,所有方案都简单地假设为 1 000 tHM/a 的单一单元,这比世界上最近建设(日本的 Rokkasho 厂)的处置厂要大 25%,但是比几年前分批建设的容量为 1 700 tHM/a 的 La Hague 厂要小。此外,为了权衡规模效益和模块化效益,我们假设快堆后处理厂单元有不同大小,以适应需求。具体值见表 6.4。

表 6.4　快堆后处理厂大小

方案	FR CR=0.0	FR CR=0.5	FR CR=0.75	FR CR=1.0	FR CR=1.2
大小(tHM/a)	100	200	200	500	500

另一个参数是建造这些处理设施的工业产能。我们假设,建设热堆后处理厂和获得许可需要 4 年,这意味着每四年只有一个后处理厂投入商业运行[11]。这一工业产能会在 2050 年后翻倍。至于快堆后处理厂,最初(2040 年后可以利用)的工业产能被限制为 2 年/厂,但是 2065 年后会翻倍。到那时,我们假设这些设施申请许可的过程也比最初建成的时候要快。最后,后处理厂运行期内广泛限定的负荷因子是 80%,这意味着只有在它们 40 年的运行期内需要 80%的容量时,它们才会被建造。然而,也允许一些例外的发生,而且这些例外也将明确提及。

6.3.2 废物管理

废物的概念不是固定的。当某些材料在循环中不再有用时就被认定为废物,这依赖于特定的核燃料循环方案。CAFCA 只追踪高放废物(HLW),表 6.5 中灰色单元格显示所属方案的 HLW(NA=不适用)。

表 6.5　不同核燃料循环方案中的 HLW

HLW	方案			
	一次通过式循环	二次通过式方案(LWR-MOX)	快堆方案(LWR-FR)	双层方案(MOX→FR)
UO_2乏燃料		NA	NA	NA
UO_2乏燃料中的 FP	NA			
UO_2乏燃料中的 MA	NA		NA	NA
MOX 燃料制造损耗	NA		NA	
UO_2/MOX 乏燃料后处理损耗	NA			
MOX 乏燃料	NA		NA	NA
FR 燃料制造损耗	NA	NA		
FR 乏燃料中的 FP	NA	NA		
FR 乏燃料后处理损耗	NA	NA		
FR 乏燃料	NA	NA	NA	NA

由于 HLW 具有不同的衰变热和放射性，两者都随时间变化，所以不同方案不能仅仅统计它们的质量来做比较。然而，我们可以使用“致密因子”来统计不同类型的废物，以便比较总体处置库的需求。致密因子可以定义为[12]：“尤卡山中单位长度（处置层）可以处理的 HLW 或辐照后核燃料的数量称为‘处置层负载因子’，单位是 tHM/m_{YM}，致密因子是 HLW 处置层负载因子与辐照后核燃料处置层负载因子的比值”[13]。

考虑了两种潜在约束：体积和热（将废物封装纳入考虑）。在所有的研究中，都假设在处置库进行处置前，总冷却时间是 25 年，处置库满载后通风时间是 75 年。致密因子的值对假设的燃耗和后处理之前的冷却时间（例如，Pu-241 衰变形成的 Am-241 的积累推高了长周期的衰变热）十分灵敏，除此之外对乏燃料中残留的 TRU、铯和锶的数量极其灵敏，就像图 6.4 显示的一样[14]。这个图中还显示了铯、锶以及 TRU（钚、镅和锔）移除对处置库废物储存容量的影响。累计的致密因子多少与处置库成本有所联系，就像第 7 章讨论的一样[15]。

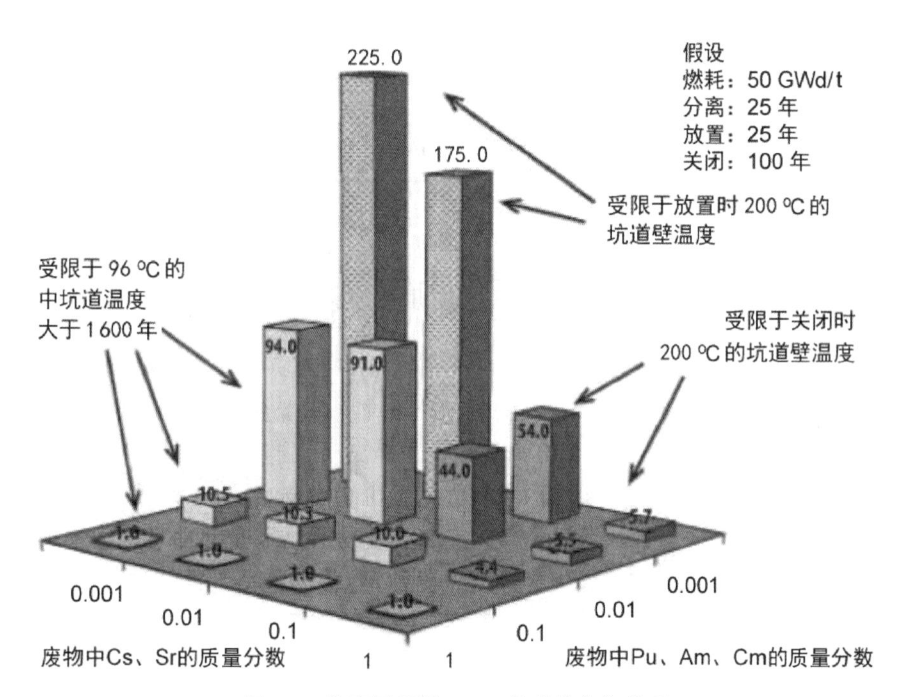

图 6.4　致密因子随 HLM 组成的变化关系

CAFCA 准则假设在后处理过程中，99%（W/W）的 Pu 或者 TRU（根据方案不同）从乏燃料中移除[16]。假设裂变产物仍留在废物中。然而，对于 Pu（或 TRU）和裂变产物（FP），在文献中都可以找到不同的致密因子：

（1）文献[12]中，TTC 方案中 UO_2 乏燃料后处理产生的 FP/MA 混合物的致密因子约为 4。

（2）文献[17]研究建议致密因子大小从 2 到 10，只能用于 FP（UO_2 乏燃料中分离出），有效值是 2.5。这一值与文献[12]估计的相比，更加低估了分离的好处。原则上说，从 UO_2 乏燃料分离的裂变产物与从 MOX 和 FR 乏燃料中分离的裂变产物几乎没有区别。

(3)Wigeland 和 Bauer[18]发现,当钚和镅的移除率达 99.9%时,致密因子位于 5 到 6 之间[19]。

(4)MOX 乏燃料的致密因子约为 0.15[12],反映其含热量很高,这是由于大量的镅和锔造成的。

表 6.6 总结了我们研究中使用的致密因子。请注意,对于 MOX 乏燃料来说致密因子有不同的含义。实际上,对于在 MOX 乏燃料例子中,0.15 的致密因子意味着1 kgHM 的 MOX 乏燃料比 1 kgHM 的 UO_2乏燃料需要更大(6.7 倍)的处置库。还应注意到,虽然致密因子的最初概念是在尤卡山项目的背景下发展起来的,现在已经应用到所有处置库。

表 6.6 不同类型废物的致密因子

HLW 类型	致密因子
UO_2乏燃料	1
MOX 乏燃料	0.15
FP/MA 混合物	4
FP	5

6.4 核燃料循环选择对基础设施的影响

6.4.1 反应堆

图 6.5 显示了在 2.5%年增长率的基本情况下,不同核燃料循环方案中轻水堆 UO_2的总装机容量,图 6.6 显示了对于同样方案,涉及轻水堆或者快堆卸料回收的先进反应堆总装机容量。记住轻水堆和快堆的容量因子不同(90%∶85%)。因此,随着方案的不同,总装机容量会不同,但是产生的总能量却相同。

正如预期一样,随着时间推移,增殖堆的装机容量会比其他方案的快堆装机容量大,反过来也会超过 MOX 轻水堆的装机容量。表 6.7 显示了三种不同增长率情况下,到 2050 年和 2100 年一次通过式循环和四种主要方案的装机容量。很明显,只有在增长率很低的情况下,快堆的装机容量才能在 21 世纪末主导核能供应系统。在更高的增长率情形下,轻水堆仍然扮演重要角色,即使到 21 世纪末也能提供超过 50%的核能装机容量。这是基于传统假设"只有轻水堆和快堆乏燃料中的 TRU 可以用来启动快堆"的结果。对于更高的增长率来说,它需要更多的轻水堆来生产启动快堆所需的钚。

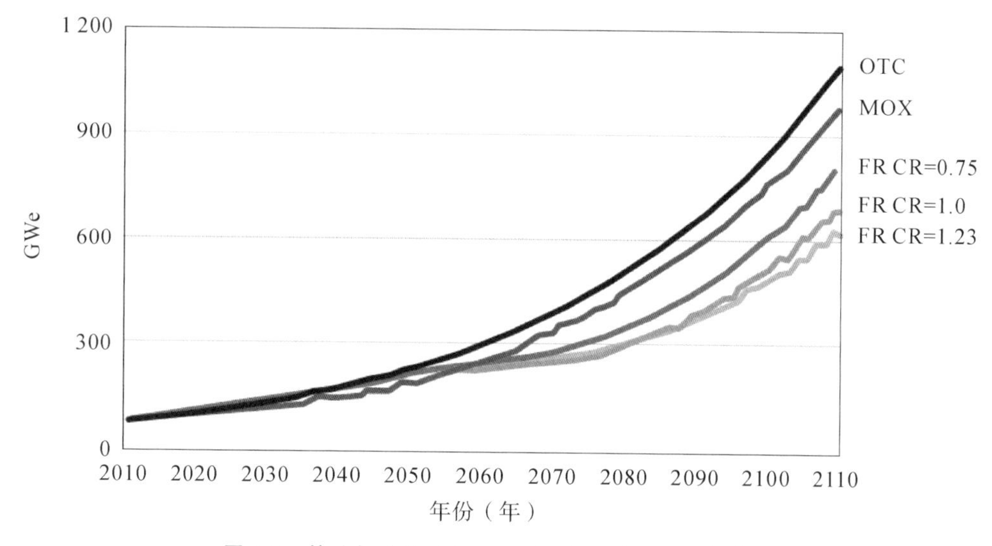

图 6.5　基础年增长率为 2.5%时，轻水堆 UO_2 装机容量

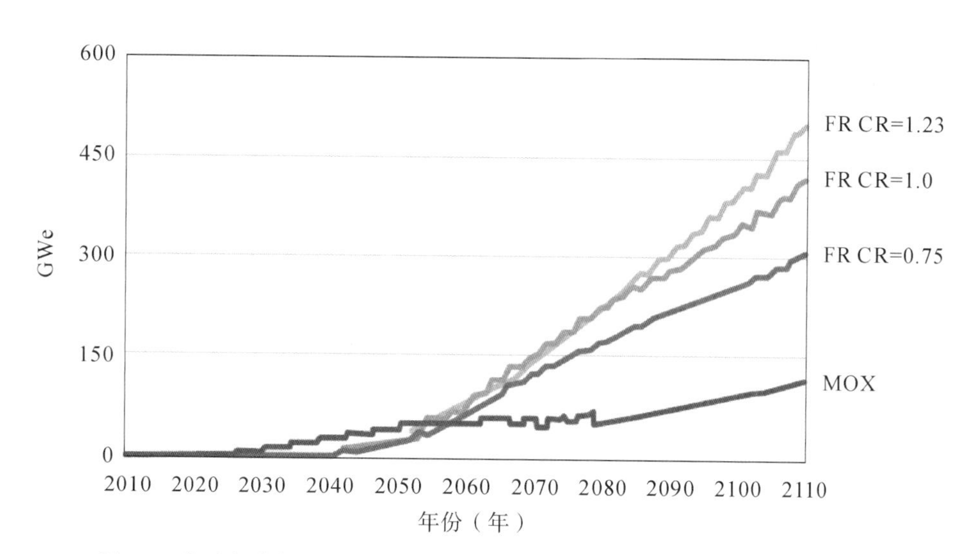

图 6.6　基础年增长率为 2.5%时，采用回收技术（MOX，FR）的反应堆装机容量

表 6.7　2050 年和 2100 年不同方案的一次循环 LWR 和先进反应堆装机容量（GWe）

增长率	核燃料循环	到 2050 年	到 2100 年
1%	LWR-OTC	166	269
	MOX	41	32
	FR*	20;22;20	234;236;234
2.5%	LWR-OTC	250	859
	MOX	41	91
	FR*	20;23;21	259;345;391

续表

增长率	核燃料循环	到 2050 年	到 2100 年
4.0%	LWR-OTC	376	1 001**
	MOX	41	117
	FR*	20;23;21	400;521;540

* CR=0.75,1.00,1.23 时的结果。

** 这一研究所有假设中最大的允许容量,在 2088 年达到。

然而,值得注意的是,在基础增长率和更高增长率情况下,快中子增殖堆的渗透与自持快堆接近,并且两者的装机容量都显著高于快中子焚烧堆。初看会觉得奇怪,因为在增殖堆中,额外的裂变材料能够增加快堆容量。然而,增殖堆初期堆芯需要更多的裂变材料,这解释了这一时期转换比为 1 的快堆,其渗透率与增殖堆的接近。焚烧快堆和自持快堆使可转换(不裂变)材料(包层)使用量最小化,而更高增殖率的反应堆需要这些包层。因此,它需要装载更多的裂变材料来补偿包层的中子吸收。

6.4.2 后处理厂

图 6.7 显示了在 2.5%增长率情况下,不同核燃料循环方案的热堆后处理容量的发展。前面已提到过,单位容量是 1000 tHM/a,MOX 情形下热堆后处理厂引入时间是 2025 年,快堆情形下是 2035 年。假设每个设施在退役之前运行 40 年。到 2070 年,所有方案需求的热堆回收容量几乎相同,快中子焚烧堆需求的容量稍微多一点。然而,2070 年以后,因为临时储存的乏燃料耗尽以及快堆燃料后处理产生的裂变燃料的出现,MOX 堆需求的热堆回收容量远远大于快堆。

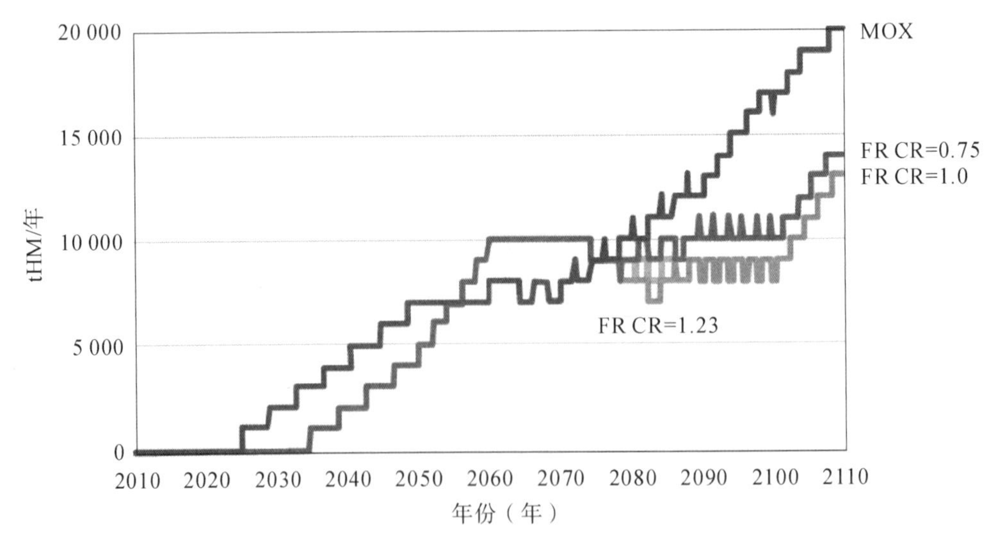

图 6.7 热堆后处理容量(基本情形)

注:由于新增或退役一个厂会改变 1 000 t/a 的容量,所以曲线呈波纹形。

只要没有引入后处理,轻水堆卸出的 UO_2 乏燃料就会在临时储存场累积。在第一个热堆后处理厂引入之后的几年，随着后处理量赶上流入量，库存量达到顶峰。在 MOX 情形中，UO_2乏燃料的储存会在 2033 年(第一个后处理厂引入后 8 年)达到顶峰，为 91 000 tHM。在快堆情形中，2050 年(第一个后处理厂引入后 15 年)其峰值会达到 127 000 tHM。

图 6.8 显示了两种情形下快堆后处理厂容量的发展：CR=1 的自持快堆和 CR=1.23 的增殖快堆。前面已经说到，两种情形的后处理设施单位容量都是 500 tHM/a。同时，两种情形下第一个后处理厂投入使用时间都是 2051 年，即第一个快堆建成后 10 年。到那时已经积累了足够的乏燃料使得后处理厂能以超过寿命期最低允许的 80%的容量因子运行。增殖堆情形所需的后处理容量比自持堆情形高很多(在 2110 年，8 000 tHM/a 对 5 000 tHM/a)，有两个原因：(1)有更多安装完成的快堆(在 2100 年，391 GWe∶345 GWe)；(2)更重要的是，增殖堆的年换料率比自持堆大(14.8∶11.2 tHM/a/GWe)。然而，卸出燃料中的 TRU 含量几乎相同(1 GWe 的增殖堆是 1.507 TRU/a∶单位转换比的快堆是 1.571 TRU/a)。

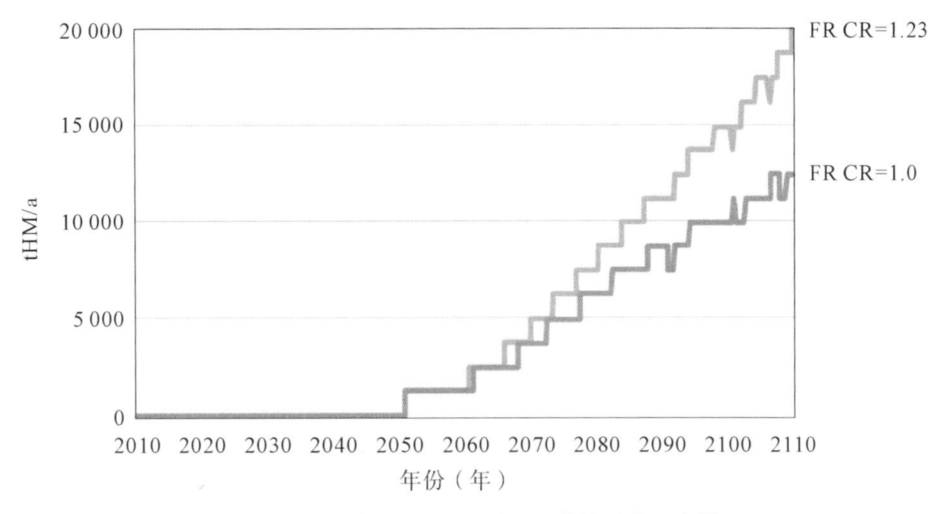

图 6.8　2.5%基础增长率情况下快堆后处理容量

注：由于新增或退役一个厂会改变 500 t/a 的容量，所以曲线呈波纹型。

6.5　对天然铀需求量和成本的影响

先进技术的引入自然而然地减少了对天然铀开采的需求。从乏燃料中回收的钚和 TRU 以及来自热堆后处理厂的铀，替代了天然铀，导致了需求的降低。表 6.8 显示了在三种参考增长率情形下，各种核燃料循环方案分别在 2050 年和 2100 年的累计天然铀利用率。表 6.9 给出了在增长率为 2.5%情形下，到 2050 年和 2100 年需开采铀所占比率。

表 6.8 天然铀累计使用量

单位:百万吨铀

增长率	核燃料循环	到 2050 年	到 2100 年
1%	LWR-OTC	1.03	2.93
	MOX	0.88	2.34
	FR*	0.98;0.97;0.98	1.77;1.75;1.77
2.5%	LWR-OTC	1.26	5.86
	MOX	1.11	4.86
	FR*	1.21;1.21;1.21	4.16;3.78;3.76
4.0%	LWR-OTC	1.56	8.11
	MOX	1.41	6.77
	FR*	1.51;1.50;1.51	5.80;5.34;5.34

*转换比为 0.75,1.00,1.23 的快堆。

表 6.9 年增产率为 2.5%时天然铀使用速度

单位:t/a

方案	时间	OTC	MOX	FR CR=0.75	FR CR=1.0	FR CR=1.23
再浓缩后,铀被回收(与 OTC 的偏差,%)	2050	46 000	35 000 (−23.9)	40 000 (−13.0)	40 000 (−13.0)	40 000 (−13.0)
	2100	161 000	135 000 (−16.1)	108 000 (−32.9)	91 000 (−43.5)	86 000 (−46.6)
铀没有回收(与 OTC 的偏差,%)	2050	46 000	40 000 (−13.0)	43 000 (−6.5)	41 000 (−10.9)	42 000 (−8.7)
	2100	161 000	148 000 (−8.1)	117 000 (−27.3)	100 000 (−37.9)	95 000 (−41.0)

2100 年的结果是不同核燃料循环长期影响更好的指标,因为系统变得更接近平衡,而 2050 年遗留的乏燃料并没有耗尽,并提供了额外数量的裂变钚和回收铀,这时快堆也才开始被利用。

从表 6.6 和图 6.9 可以看出,在累计的铀储存量方面,对于所有的增长率情形,增殖堆方案和单位转换比的快堆方案总铀需求几乎相同。这或多或少有点出乎意料,因为增殖堆产生的裂变材料比它消耗的多,而 CR=1 的参考反应堆产生的和它消耗的一样多。经过思考之后,我们会发现这也是合乎逻辑的结果,因为增殖堆的启动需要的 TRU 比 CR=1 的参考反应堆多。最终结果就是铀总节约量大约相等。

然而,从表 6.7 可以看出,铀的使用速度各不相同。在 2.5%基础年增长率情形下,增殖燃料循环与一次通过式轻水堆循环相比,其在 2100 年天然铀节约达到最佳效果,当年的消费量降低了将近一半(46.6%)。焚烧堆方案的效率更低(32.9%),而 MOX 方案只产生了非常一般的结果(16%,其中一半是因为利用回收铀)。当只有 TRU 被回收时,铀需求量的减少量比卸出料回收的铀要低。

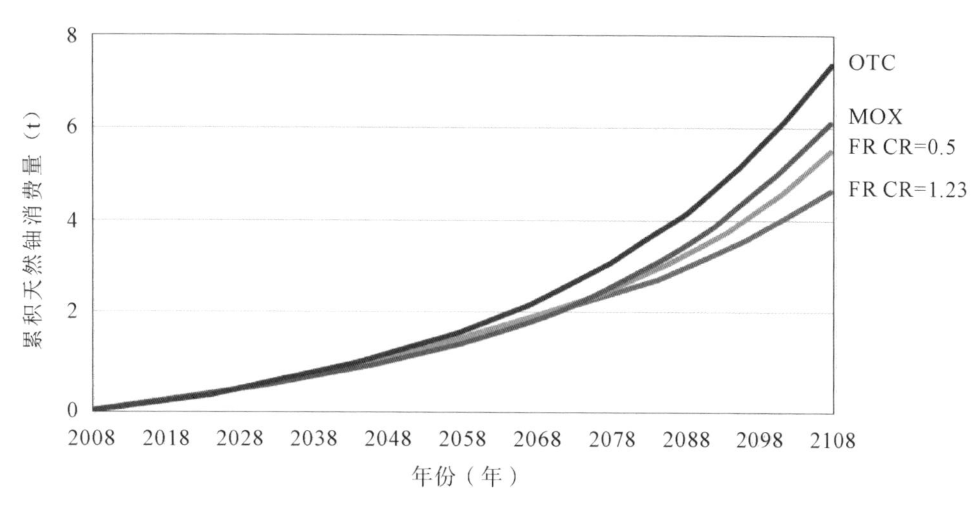

图 6.9　累计天然铀消费量(基础情形)

Matthews 和 Driscoll[20]发展的模型(第 3 章已描述过)，在评估 21 世纪末铀成本的提高时十分有用[21]。表 6.10 显示了所有增长率和核燃料循环方案情形下铀的预计成本，包括了预期一般情形和消极情形。成本的起始点是 2008 年的 $ 100/kg，这和现在的成本很接近。很明显，在 2.5％增长率时，2100 年年末一般情形预期成本比现在只增加了 30％。考虑到铀成本只占核燃料循环成本的 4％，所以这点改变太小，而不能影响核电的经济竞争力。即使在最大增长率以及最悲观的成本改变情况下，铀成本在 21 世纪末也许只增加 1 倍。这个更大的效应造成的核电成本增加量也相对很小。

表 6.10　铀成本($/kg)，以 2008 年 $ 100/kg 为起始点

增长率	核燃料循环	铀价格模型	到 2050 年	到 2100 年
1％	OTC	一般情形	114	125
		悲观情形	142	180
	MOX	一般情形	113	122
		悲观情形	137	170
	FR*	一般情形	114;114;114	119;119;119
		悲观情形	140;140;140	159;159;159
2.5％	OTC	一般情形	116	134
		悲观情形	148	216
	MOX	一般情形	115	131
		悲观情形	144	205
	FR*	一般情形	116;116;116	129;128;128
		悲观情形	146;146;146	197;192;192

续表

增长率	核燃料循环	铀价格模型	到 2050 年	到 2100 年
4.0%	OTC	一般情形	118	139
		悲观情形	155	256
	MOX	一般情形	117	136
		悲观情形	151	224
	FR*	一般情形	118;118;118	134;133;133
		悲观情形	154;154;154	215;210;211

6.6 对锕系元素库存的影响

核燃料循环另一个主要特征就是相应的 TRU 的库存(和其他产物分离或混合)可以被视为一种燃料(MOX,快堆)而不是废物。然而,商业燃料中现存大量的 TRU 已经让有些人对核扩散表示担忧。焚烧策略原理就是在供能的同时减少系统中这种(乏燃料)长期的库存。如果人们对 TRU 作为替代浓缩铀的需求超过了对核扩散的担忧,增殖堆将成为优先选择。

图 6.10 显示了五种主要核燃料循环方案系统中 TRU 的总量,不管 TRU 位于系统什么位置(轻水堆堆芯、快堆堆芯、燃料制造厂、冷却储存、临时储存、后处理厂、废物)。由于堆芯中会继续产生 TRU,堆芯的数量持续增加,预期 TRU 总量会有上升的趋势。然而,一次通过式(OTC)方案和先进方案的区别并不直观。实际上,UO_2轻水堆是 TRU 的净生产者,快堆的利用减少了轻水堆的数量。因此有两种可能的趋势。

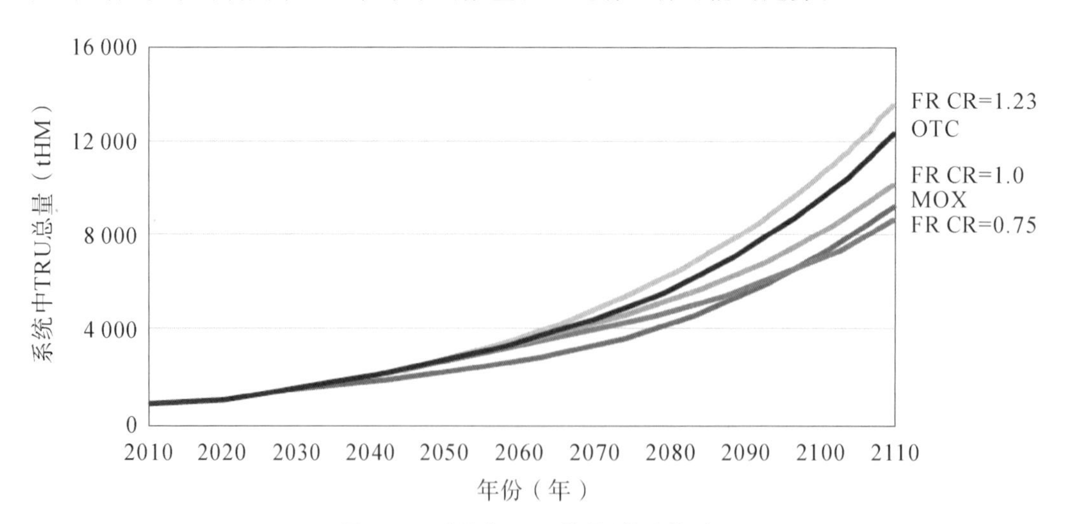

图 6.10 系统中 TRU 总量(基础情形)

在焚烧堆方案中,TRU 的制造者(轻水堆)被 TRU 焚烧堆替代(MOX 堆和快中子焚烧堆),这缓和了 TRU 库存量总体的增长。

在增殖堆方案中,TRU 制造者(轻水堆)被另一个 TRU 制造者(增殖快堆)替代,这增加了 TRU 库存量的增长,结果产生了比一次通过式循环更多的库存量。

如图 6.10,TRU 总库存量从 840 tHM(600 tHM 位于临时储存,125 tHM 位于冷却处理,115 tHM 在轻水堆堆芯)开始,OTC 方案中其库存量到 2100 年会达到 11 785 tHM。然而,MOX 方案的采用稍微减少了其库存量,而快中子焚烧堆会进一步减少。另一方面,与 OTC 相比,增殖堆最终稍微增加了整个系统的 TRU 库存量。

如图 6.11 所示,对于自持快堆,处于中间增长率 2.5%时,一旦遗留 TRU 耗尽,TRU 主要位于冷却储存设施(反应堆中储存池)和堆芯中。在一定程度上,堆芯可视为比临时储存设施更安全,从核扩散的角度说这是有一些优势的。此外,和 OTC 方案相比,几乎没有 TRU 被送到处置库。然而,如果未来的某个时刻,核能系统开始被摒弃,取而代之的是替代能源,整个系统中的 TRU 库存都必须处理。其中一些会被用作那时正运行反应堆的燃料。然而,未来的某个时刻,将需要一个处置方案,或使用净焚烧堆几十年以减少 TRU 库存。

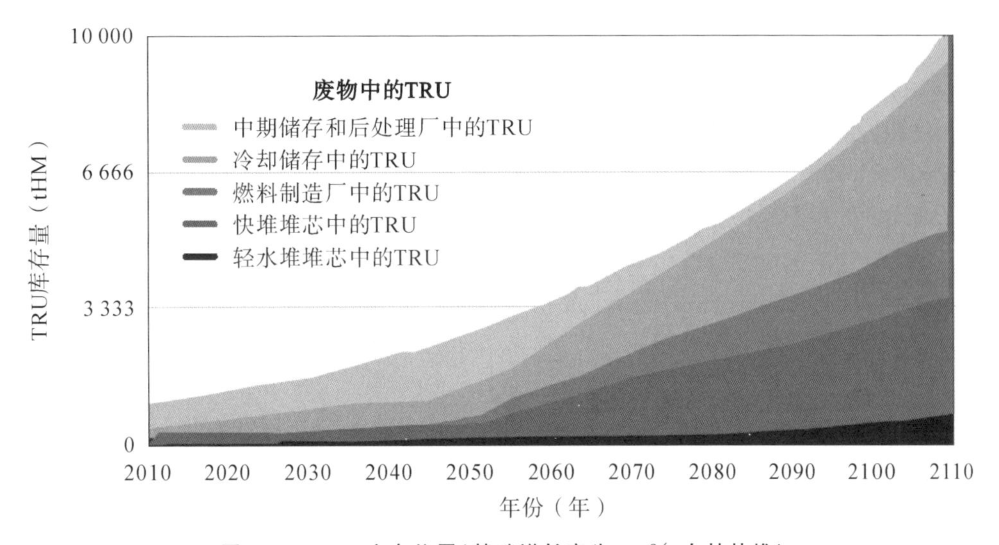

图 6.11　TRU 库存位置(基础增长率为 2.5%,自持快堆)

6.7　对处置库容量需求的影响

即使回收方案大幅减少了废物的总量(质量分数为 95%的 UO_2 乏燃料被回收和利用),但这并没有消除深层处置库的必要性,因为裂变产物和不可回收的 TRU 量(损失量)仍然需要处置。图 6.12 显示了在基础增长率情形下不同方案的最终要送往处置库的 HLW(高放废物)总量。在回收方案中,假设 1%的重金属材料不可回收。前面已说到,处置库是假设在 2028 年开放并且 HLW 在产生 25 年之后送去处理。

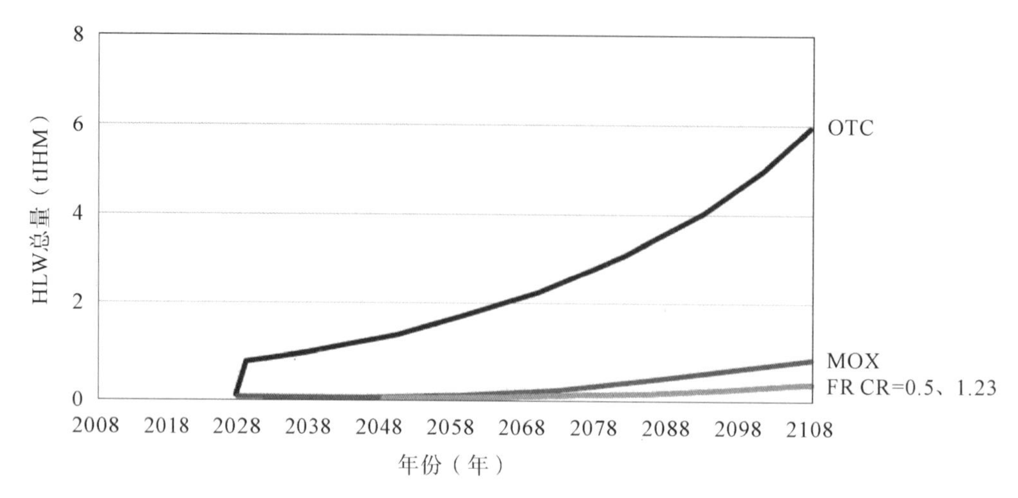

图 6.12 2028 年开放的处置库中 HLW 总量(基础情形)

注:CR=0.5 的曲线位于 CR=1.23 的曲线之上。

正如预期一样,以质量统计,OTC 产生了最大量的 HLW。现在遗留的乏燃料(56 800 tHM)在 2028 年会转移到处置库。处置库积累的 UO_2 乏燃料在 2108 年会达到 444 000 tIHM。此外,这其中的大约 2/3,即 293 000 tIHM 会在临时储存场储存。相比之下,采用 TTC 方案时,处置库中的 HLW 到 2108 年只增长到 63 000 tIHM,这其中的 2/3 也进行临时储存(43 000 tIHM)。采用快堆方案时,处置库中的 HLW 量会更少。

然而,质量并不是一个比较不同方案的合适标准(参见第 5 章“废物管理”)。废物有不同的衰变热、体积(包括包裹)和放射毒性。利用表 6.4 给出的致密因子作为处置库大小和成本衡量的标准,图 6.13 显示了废物的聚集量。

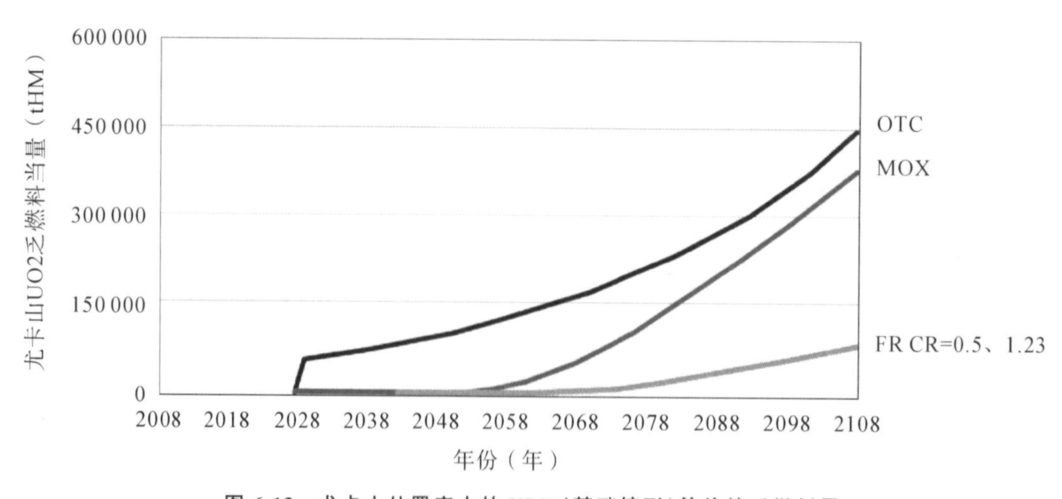

图 6.13 尤卡山处置库中的 HLW(基础情形)等价的乏燃料量

注:CR=0.5 的曲线位于 CR=1.23 的曲线之上。

如果考虑发热,回收方案的相对优势就会降低。2108 年,二次通过式方案的处置库容量需求等价于 382 000 tIHM UO_2 乏燃料的处置库容量需求(OTC 比它只增加了

13%)。在所有的快堆案例中,2108 年处置库容量需求等价于 84 000 tIHM UO_2乏燃料的处置库容量需求(1.2 YM,或者相对于 OTC 增加了 81%)。

最后,图 6.14 显示了处置库中 TRU 的数量。在快堆方案中,2100 年,废物中 20 tHM 的 TRU 稀释到 38 000 tIHM 的裂变产物中,因此在裂变产物衰减之前,不会引起核扩散的担忧。2100 年,TTC 方案使废物中 TRU 含量减少了约 37%(4 700 tHM : 7 500 tHM)。回顾一下,在这种方案中,次锕系元素是在 UO_2乏燃料后处理过程中和裂变产物留在一起的,最终会在处置库中处理。因此废物中将含有微量处于高放射场中的易裂变材料,从而引发对核扩散的担忧。

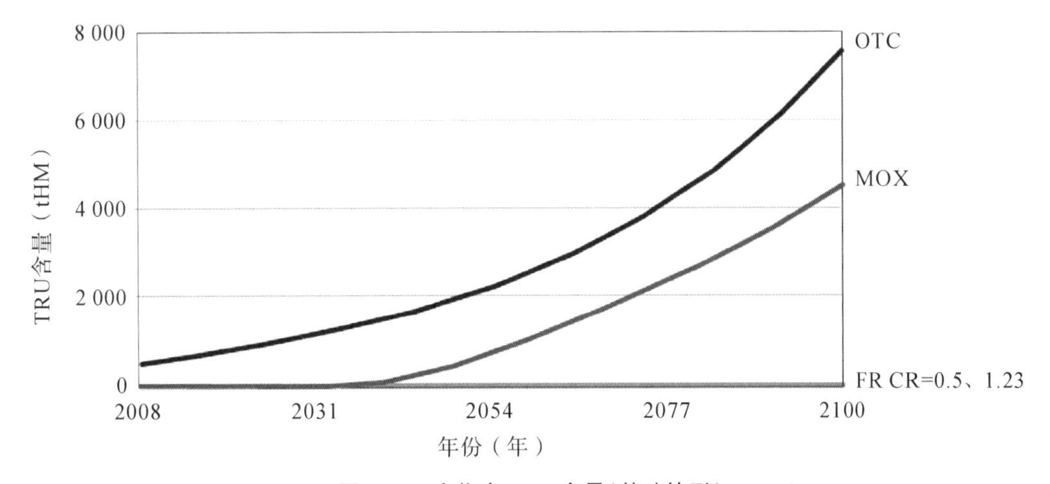

图 6.14　废物中 TRU 含量(基础情形)

注:CR=0.5 的曲线位于 CR=1.23 的曲线之上。

6.8　敏感性分析:可替代的假设

上述不同核燃料循环方案分析中,对主要参数假设值变化所造成的影响进行了检验。这里呈现了部分主要参数变化时的结果。感兴趣的读者能够在详细的系统研究报告[3]中获得更多结果。

6.8.1 快堆的增长对部署日期的敏感性

这一研究做出的假设是:快堆的商业部署将在 2040 年开始。然而,有些人认为,这将快堆在整个世纪核能发电容量的份额限定在 50%以下。因此,评估更早的部署日期对系统的影响是十分有益的。表 6.11 显示了在每年 2.5%基础增长率时,2025 年引入自持快堆的结果。

表 6.11　年增长率为 2.5%时，部署日期对快堆(CR=1)装机容量的影响(GWe)

部署日期	到 2050 年	到 2100 年
FR CR=1,2040 年	23	345
FR CR=1,2025 年	90	314

从表 6.9 可以明显地看出，更早的部署时间影响最初几十年，允许更多的快堆混入。然而，21 世纪末，这种早期效应就感觉不到了，并且由于缺少轻水堆来产生足够的 TRU 以启动更多的快堆，快堆的普及将受到影响。

6.8.2 对储存和后处理期时间的敏感性

乏燃料最低冷却时间会潜在影响快堆进入系统的速度。一方面，如表 6.12 所示，对于2.5%年增长率的情形，如果所需的冷却时间从 5 年增长到 10 年，快堆(CR=1)的装机容量将从 345 GWe 减少到 245 GWe。

表 6.12　年增长率为 2.5%时，快堆(CR=1.0)装机容量(GWe)

冷却时间	核燃料循环	到 2050 年	到 2100 年
5 年	FR CR=0.75	20	259
	FR CR=1.0	23	345
	FR CR=1.23	21	391
10 年	FR CR=0.75	20	192
	FR CR=1.0	23	245
	FR CR=1.23	21	274

另一方面，正如从表 6.13 可以看到的 2050 年一样，为快堆部署做准备的热堆后处理的引入时间在快堆引入后最初几年也有比较明显的效果。这一效果到 2070 年完全消失，从这之后被 TRU 可用性的动态变化所替代。因此，对于检验的两种方案，2060 年之后快堆装机容量的轨迹曲线很接近。

表 6.13　年增长率为 2.5%时，快堆装机容量(GWe)

热堆后处理开始时间	核燃料循环	到 2050 年	到 2100 年
2030 年	FR CR=0.75	28	248
	FR CR=1.0	32	337
	FR CR=1.23	31	387
2035 年	FR CR=0.75	20	259
	FR CR=1.0	23	345
	FR CR=1.23	21	391

6.8.3 对初始堆芯燃料需求的敏感性

由于快增殖堆的燃料需求是根据需求较小的 ALMR 设计所推测的,因此评估可能改进的效果十分重要(例如节省燃料需求)。我们采用两种模拟方案模拟假设的燃料节省增殖快堆的运行。我们假设新的燃料需求减少的方案只需要 ALMR 方案和"快堆技术特点"中 CR=1 的快堆方案燃料需求差值的一半。"快堆技术特点"描述的基础情形中,快增殖堆需要 8.64 t 的 TRU 才能启动,而 CR=1 的快堆方案只需要 6.31 t 的 TRU。对于 CR=1 的情况,堆芯总金属启动燃料是 97.31 tHM,而不是 45.5 tHM。敏感性研究认为减少的燃料需求为:增殖堆初始堆芯只需要 7.47 t 的 TRU,堆芯和增殖区只需要 72 tHM。在这些假设的需求下,两种方案被执行,一个保持增殖率为 1.23,另一个假设更小的增殖率 1.115。表 6.14 显示在年基础增殖率为 2.5%的情况下,2050 年和 2100 年最终的快堆装机容量。

表 6.14　年增长率为 2.5%时,TRU 需求对快堆装机容量的影响(GWe)

转换比	到 2050 年	到 2100 年
FR CR=1	23	345
FR CR=1.23	21	391
FR CR=1.23*	25	477
FR CR=1.115*	25	408

* 燃料需求减少的增殖堆方案。

从表 6.14 中可以很清楚地看到,到 2050 年装机容量几乎没有改变。然而,到 2100 年将会增加,如果燃料需求减少的堆芯能够保持 1.23 的转换比,容量将从 391 GWe 变为 477 GWe,增加了 22%。另一方面,如果减少的燃料需求导致转换比降低到 1.115,装机容量的增量就会很小,低于 5%。回顾一下,在 2100 年,总的核电装机容量将是 860 GWe,燃料需求改进过的快堆所占比率大约是 56%。

快堆技术特点

我们这一研究使用的先进焚烧堆(ABR)是由 Hoffman 等[22]设计开发的。这些钠冷堆芯设计通过减少增殖区可转换材料可以达到低转换比,通过改变燃料材料中惰性成分的含量可以达到不同的转换比。它们大多数是物理研究,并未得到实际应用;而且到目前为止,焚烧堆的安全分析并没有完全执行。不过,这些堆芯模型产生了典型的快中子焚烧堆系统研究(是能源部先进核燃料循环项目的一部分)。这里它们出于同样的目的也被采用。这一研究中考虑的设计是转化率从平衡(CR=1.0)到无转换(CR=0.0)的金属燃料堆芯,包括中间值 CR=0.75 和 0.5。电站的特点被扩展到能反应反应堆 1 000 MWe 反应堆容量,如表 6.1 所示。

燃料组成和材料流量数据使用的是平衡系统采用的数据,其中从快堆乏燃料中提取的 U-TRU 混合物和从轻水堆 UO_2 乏燃料中回收的补充 TRU 一起重新回到反应堆。它在 50 WMd/kgHM 剂量下辐照,在后处理之前被储存 5 年。假设补充的铀是贫铀。随着快堆转换比的提高，从外部资源补充的量就会减少。该表给出了快堆循环的一些特征。所有四种设计都考虑 969 MWt 的电站扩大到 1 000 WMe 的电站，假设的热效率是 0.38。

第二个表格总结了不同转化率反应堆快堆燃料组件的成分。可以看出的一点是，随着转换比降低，可转换材料的浓度升高。在 Hoffman 的研究中，快堆乏燃料在卸出后，冷却超过 297 天。为了比较，我们在研究中假设的最短冷却时间是 5 年[6]，同时保持相同的燃料成分数据。

假设的容量因子是 0.85，因为大多数焚烧快堆的燃料循环比轻水堆短。此外，这种先进技术在达到轻水堆 90%的容量因子（花了 30 年才建立）之前，也许会遇到一阶段的试运行。这个表总结了由此导致的最后质量流量（从 Hoffman 等[22]的研究结果线性扩大达到 1 000 MWe 的反应堆）。

快堆乏燃料的后处理和快堆燃料的制备（包括运输和在核电站的储存）都假设需要 1 年[7]。

表 6.15 快堆方案的燃料需求

容量因子为 85%时，快堆堆芯燃料质量和流量										
	增殖快堆		焚烧快堆							
转换比	1.23		0.0		0.5		0.75		1.0	
BOC 堆芯质量（tHM）	97.13		9.84		25.66		36.47		45.50	
BOC 堆芯 TRU 量（tHM）	8.64		9.70		8.55		7.74		6.31	
质量流量[tHM/(GWe・a)]										
	装载	卸载后	装载	冷却后	装载	冷却后	装载	冷却后	装载	冷却后
HM	14.84	14.01	2.780	1.906	6.194	5.324	8.203	7.327	11.19	10.34
TRU	1.287	1.507	2.741	1.866	2.064	1.677	1.740	1.575	1.552	1.571
TRU 净消耗[kg/(GWe・a)]		−220		875		387		165		−19
U	13.52	12.47	0.039	0.040	4.130	3.647	6.463	5.752	9.640	8.763
FP	0	0.831	0	0.874	0	0.870	0	0.876	0	0.857
Pu	1.287	1.507								

表 6.16 不同转换比的 FR 金属燃料成分（平衡循环）

最初重金属装载量的质量分数(%)										
	增殖快堆		焚烧快堆							
转换比	1.23		0.0		0.5		0.75		1.0	
	装载	卸载后	装载	冷却后	装载	冷却后	装载	冷却后	装载	冷却后
TRU	8.90	10.38	98.59	67.13	33.32	27.07	21.21	19.20	13.86	14.04
U	91.10	84.03	1.41	1.44	66.68	58.88	78.79	70.12	86.14	78.30

最初重金属装载量的质量分数(%)										
FP	0	5.60	0	31.43	0	14.05	0	10.68	0	7.66
Pu	8.67	10.15								
MA	0.23	0.23								

注释:1.我们认为 5 年的冷却时间是最现实的。Bunn 等建议后处理核废物前只需冷却 1 年[23];NEA2002 年以为需 2 年的冷却,且包含了后处理时间[24],2009 年认为后处理核废物前只需冷却 4 年[25];De Roo 等认为后处理前需冷却 5 年[26]。

2.Bunn 等认为 1 年的后处理和半年的燃料制造,加上半年新燃料的存储[23];NEA2002 年认为需 2 年存储新燃料,包括制造时间[24],2009 年认为只需要半年的制造和半年的存储[25];Roo 等认为需 1 年后处理,半年制造,半年时间运输与存储。

6.8.4 浓缩铀快堆的启动

一种避免快堆启动和轻水堆乏燃料后处理相关联的选择就是采用浓缩铀而不是 TRU 来启动快堆。正如之前在核燃料循环的结果中可以看到的那样,轻水堆中 TRU 的供应对于初始快堆的部署速度给予了很大的限制。相反,启动采用浓缩铀的快堆,并且综合回收它产生的 TRU,也许会允许建造大量的快堆,这反过来将节约铀资源。如果只回收快堆的 TRU,这种策略就会消除对回收轻水堆 TRU 设备的需求。

许多实验快堆采用中等和高富集度的铀启动,高于现在对商业反应堆(^{235}U 的含量小于 20%)的限制,这是区分低浓铀(LEU)和高浓铀(HEU,可以用于武器)的标准。历史上假设启动快堆需要中等富集度的铀或者钚。MIT 堆芯模拟显示,采用富集度低于 20%的铀作燃料的钠冷快堆(SFR)也具备合适的性能,提供了所需的大约为 1 的转换比[27]。参照的铀启动 SFR 设计转换比为 1,采用富集度 19.5%的氧化铀燃料和氧化镁(MgO)反射层,达到了略低于 100 MWd/kg 的燃耗。使用富集度 14%的金属燃料和 MgO 反射层也能达到同样的燃耗。达到极限燃耗之后,堆芯将被卸出,并且其 TRU 成分会被回收以为下一次的辐照提供燃料。原则上说,TRU 可以继续回收并且快堆会在自持的形式下运行[28]。

为了评估浓缩铀快堆的优点和缺点,使用 CAFCA 进行核燃料循环模拟。为了模拟的目的,只考虑了核电容量基础增长率情形,即从 2020 年到 2100 年的年增长率为 2.5%。快堆仍然是在 2040 年引入。考虑了三种方案:(1)整个模拟中只建造了轻水堆的 OTC 方案,并且所有乏燃料最终都被送到处置库;(2)具有传统快堆的特点,包含一个自持钠冷堆(转换比为 1),开始由轻水堆乏燃料中的 TRU 提供燃料,此后用快堆回收的 TRU 作燃料。所有乏燃料冷却 5 年之后经过后处理和回收。模拟过程中轻水堆和快堆都能建造;(3)对于浓缩铀快堆方案,轻水堆在 2040 年后不再建造,使我们能够观察对开采铀需求的最大影响。

图 6.15 显示了三种方案下,轻水堆运行有效容量(装机容量 11%)随时间的变化。对于浓缩铀启动方案,2040 年前建造的轻水堆会继续运行直到 60 年寿命期满时退役。相应地,相对于传统快堆方案需要建造更多的快堆以赶上核电需求增长的步伐(参见图 6.16)。

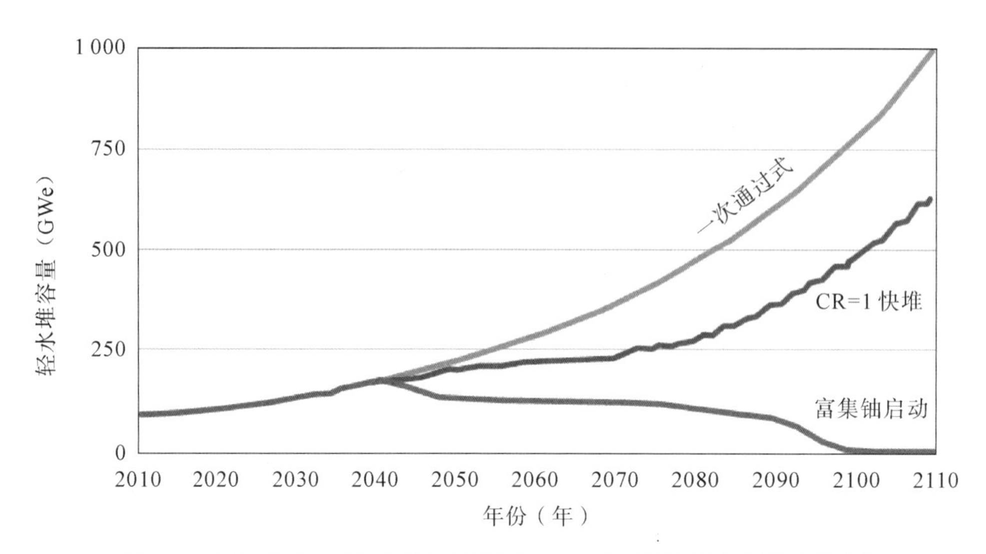

图 6.15　增长率为 2.5%时，铀启动快堆和 TRU 启动快堆引入后轻水堆容量

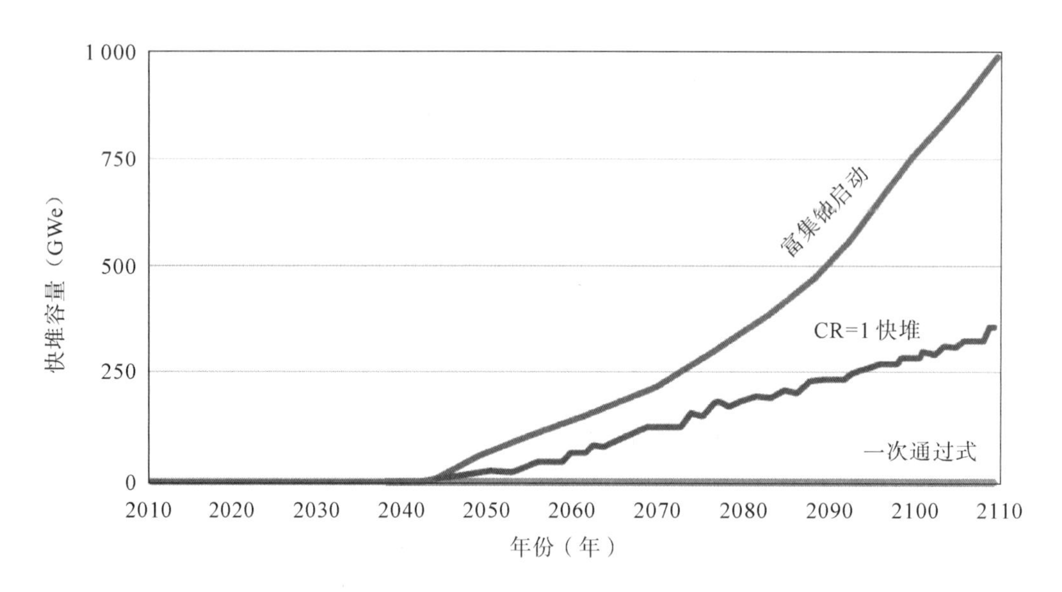

图 6.16　增长率为 2.5%时，铀和 TRU 启动方案以及 OTC 方案的快堆容量

与预期相反，与传统的 TRU 燃料快堆的燃料循环相比，使用浓缩铀启动快堆实际上节约了铀(参见图 6.17)。这是因为使用浓缩铀启动快堆能够早点淘汰轻水堆，最终减少对开采铀的需求。

与一次通过式燃料循环相比，用浓缩铀启动快堆将减少 HLW 的产生。这是因为回收了自身产生的乏燃料的快堆将替代轻水堆。然而，浓缩铀快堆减少处置库 HLW 负担的程度达不到传统快堆的水平。采用轻水堆的 TRU 作为燃料的快堆回收了系统中所有的 TRU，有效地把它保留在反应堆中而不是送往处置库。对于浓缩铀启动快堆的方案，没有回收过程，并且所有轻水堆建造时代产生的乏燃料最终送到了处置库。

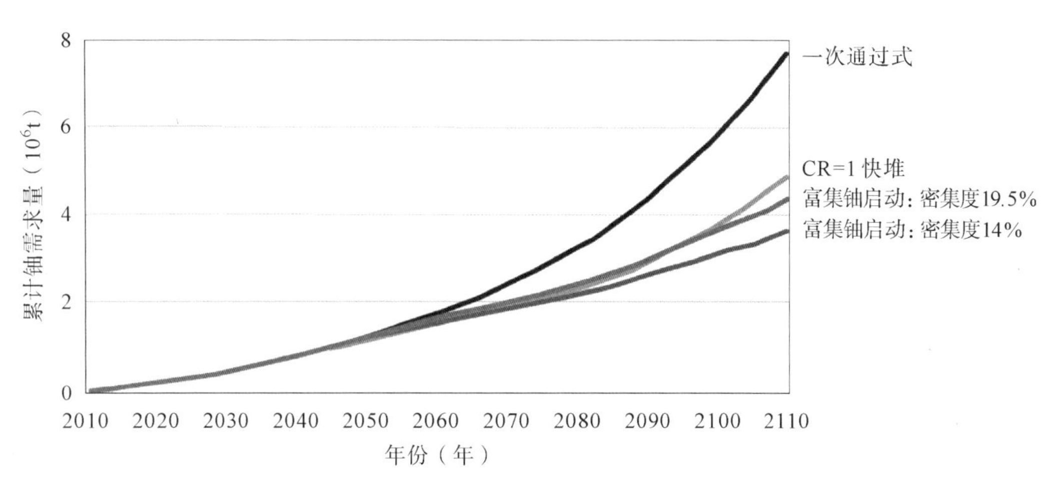

图 6.17　对比 OTC 和传统钚启动快堆的铀需求，CR＝1.0 的铀启动快堆的铀累计需求

对于浓缩铀方案，可能会有微弱的核扩散风险优势，因为加工来自快堆的金属 TRU 燃料通过高温处理很容易成批完成。一些专家认为避免湿法后处理（目前从轻水堆乏燃料中制造快堆燃料唯一的商业方案）将会减少核扩散风险[29]，然而这一意义并不重大。

6.9　结论概要

动态系统模拟中一个有趣的结果是：如果先进核燃料循环启动燃料依赖钚或 TRU，那么整个世纪先进反应堆（包括增殖堆方案）在总装机容量中所占比率很可能保持低于 50％的水平。尽管在快堆引入时累积的轻水堆乏燃料使大量 TRU 可以被快堆所利用，但情况就是这样。只有在最温和的 1％年增长率时，TRU 启动的先进反应堆才有机会在 21 世纪末提供大部分的核电需求。然而，在这种情况下，没有什么动机来开创一个回收方案，这也许会增加反应堆和它们核燃料循环的成本。另一方面，如果快堆的启动依赖浓缩铀，21 世纪末快堆很可能替代传统的轻水堆。

因此，在 21 世纪末，TRU 启动快堆的引入对累计天然铀消费量的影响比预计的低：在名义上 2.5％增长率时，自持或者增殖快堆是－35％（焚烧堆是－24％，MOX 堆是－16％）。这些节约对预期的低成本铀的可用性影响很小。根据第 3 章介绍的模型，对铀需求和可用性采用基础情况假设，假设 2007 年的成本为＄100/kg，以 2007 年美元币值计算，快增殖堆方案中最后是＄128/kg，OTC 方案中最后是＄134/kg。即使在资源可用性的悲观情况下，成本的增长仍然是可以接受的：快堆方案是＄192/kg，而 OTC 方案是＄216/kg。

引入 CR＝1 快堆对铀消耗量的影响与引入 CR＞1 的增殖堆几乎相同。但是，CR＝1 的反应堆技术方案比 CR＞1 的方案更多（附录 B）。有可能在这些反应堆方案中，与 CR＞1 的传统钠冷快堆相比，有些具有明显的低成本和其他优势。因此，快堆技术的选择需要通过研究来考虑更广泛方案的系列优点。

所有循环方案在 21 世纪 80 年代末都将耗尽临时储存的乏燃料（MOX 方案可能要比这早 10 年）并且保持燃料库存量低于 130 000 tHM，远低于 OTC 方案 2100 年的

600 000 tHM水平(2.5%年增长率情形下)。这需要在2060年具备8 000到10 000 tHM/a的热堆后处理容量。这一需求在快堆方案中直到世纪末依然稳定,但是在MOX方案中从2060年到2100年内需要翻番。因为存在反应堆包层,快增殖堆方案比焚烧堆方案需要更大的热堆后处理容量:基础年增长率为2.5%情况下,2100年6 000 tHM/a对4 000 tHM/a。

增殖方案(CR=1.23)与OTC相比,增加了系统中TRU的总量。在21世纪末,与OTC相比,焚烧和自持方案比MOX方案减少的TRU库存量要多。在快堆方案中,TRU主要位于反应堆、冷却储存、后处理厂和燃料制造厂,而在MOX方案中,大量的TRU包含在被认为是废物的MOX乏燃料中。

所有回收方案与OTC方案相比,都大幅减少了被认为是HLW材料的质量。然而,如果考虑废物的热和体积而不是质量(使用适当的致密因子),这些减少将是十分有限的。

我们研究了核燃料循环方案分析中一些重要参数假设值变化的影响。在分析的所有情形中,与基础情形相比,每一次只改变一个参数。一些值得注意的发现如下。

(1)核燃料循环之间转换时间是几十年。鉴于技术随着时间改变,所有的核燃料循环都将达到平衡状态似乎是不太可能的。仍需要进行核燃料循环动态模拟,以了解不同技术选择和核电增长率时的结果。

(2)对于所有核燃料循环类型将最低冷却时间从5年延长到10年都会减少快堆在总装机容量中所占比例。这限制了TRU启动新快堆的可用性。相比之下,冷却时间的延长对MOX方案的影响较小。

(3)在快堆引入前10年而不是5年,启动UO_2乏燃料后处理,短期(第一个快堆退役得更快)影响较小,对中期也几乎没(25年后)影响。

(4)使用浓缩铀启动转换比接近1的快堆提供了一个将快堆部署速度与TRU为初始堆芯提供燃料的可用性分离开的方案。这促进了快堆在核能系统中更快地渗入。与增殖堆相比,更低的转换比也允许更大范围的快堆技术。此外,这一快堆技术路线避免了建设大容量的热堆燃料回收设施,这是核燃料循环设施中昂贵的一部分。然而,轻水堆产生的乏燃料应该以一种对人和乏燃料都安全的方式处理,这需要一个有足够容量的处置库。

引文与注释

[1]R. Busquim e Silva, M. S. Kazimi, P. Hejzlar. A System Dynamic Study of the Nuclear Fuel Cycle with Recycling:Options and Outcomes for the U.S. and Brazil. MIT-NFC-TR-103, MIT, November, 2008.

[2]L.Guerin et al. A Benchmark Study of Computer Codes for System Analysis of the Nuclear Fuel Cycle, MIT-NFC-TR-105, MIT, April, 2009.

[3]L.Guerin, M.S. Kazimi. Impact of Alternative Nuclear Fuel Cycle Options on Infrastructure and Fuel Requirements,Actinide and Waste Inventories,and Economics,MIT-NFC-TR-111, MIT, September 2009.

[4]E. A. Hoffman,R. N.Hill,T. A.Taiwo.Advanced LWR Multi-Recycle Concepts. *Transactions of the American Nuclear Society*, Vol. 93, November 13-17, 2005, pp.363-364.

[5]G.de Roo, J. Parsons, B. Forget. Economics of Nuclear Fuel Cycles:Some Real Options and

Neutronics Aspects of Recycling,MIT-NFN-TR-112,MIT, September, 2009.

[6]镅的不良出现是由于 Pu-241 衰变成 Am-241(半衰期大约为 14.4 年)。

[7]转换比的定义是:裂变材料的产生速率比上裂变材料的消耗速率,大约等于"^{238}U中子俘获宏观截面比上 TRU 裂变的宏观截面"[Hoffman et al., 2006]。后面一个定义忽略了裂变材料的二次源(例如 Pu-240 到 Pu-241 的衰变)。相对于瞬时裂变材料产生率和消耗率的比值来讲,这一研究的背景下按照卸出燃料中裂变材料的总量除以核燃料循环初期裂变材料的装载量来定义转换比更加合理。

[8]Fast Reactor Database: 2006 Update,IAEA-TECDOC-1531, December, 2006.

[9]J. E. Quinn, P. M. Mahee, M. L. Thompsonet al. ALMR Fuel Cycle Flexibility, American Power conference, 1993.

[10]A.E. Dubberley,C. E. Boardman, K.Yoshida et al. Superprism Oxide and Metal Fuel Core Designs, Proceedings of ICONE 8, 2000.

[11]这包括了建设时间。

[12]The Boston Consulting Group. Economics Assessment of Used Nuclear Fuel Management in the United States, July, 2006.

[13]用作参考的乏燃料(致密因子为 1)是燃耗达到 50 MWd/kgHM 的 UO_2 乏燃料。

[14]R. A. Wigeland. Interrelationship of Spent Fuel Processing,Actinide Recycle, and Geological Repository, Argonne National Laboratory, presented at International Symposium: Rethinking the Nuclear Fuel Cycle, held at the Massachusetts Institute of Technology in 2006.

[15]研究直接将致密因子用作为成本比率。

[16]这一表现目前只在小规模的提取中实现。大规模设备也许只能达到 99%;因此99.9%是未来的目标。请注意如果 Cs 和 Sr 没有移除,这二个假设之间不同选择对致密因子的影响很小(99%是 5.5, 99.9%是 5.7,[Wigeland, 2006])。NEA2002 年的研究表明 99.9%的假设被认为是现实的:"0.1%的后处理损失值是从现在技术到嬗变系统大规模引入时可预见的技术推断的。这一推断是基于预期的,并且在实验室规模上证明了湿法和干法后处理技术的进步。这一假设与其他国家和国际嬗变研究采用的假设具有可比性。"Wigeland 等也做了同样的假设(但不包括锔和镎):"钚和镅(假设)是从 PWR 乏燃料中分离出来的,效率达到 99.9%,以此来解决处置库热负荷问题。"

[17]D. E. Shropshire, K. A Williams,E. A Hoffman, zt al. Advanced Fuel Cycle Economic Analysis of Symbiotic Light-Water Reactor and Fast Burner Reactor Systems,Idaho National Laboratory, January, 2009.

[18]R.A.Wigeland, T.H.Bauer. Repository Benefits of Partitioning and Transmutation, Argonne National Laboratory, 2004.

[19]Wigeland 等也指出移除铯和锶(它们可能送到短期隔离处置库或者其他设施)将使致密因子达到 40~50,但是我们的方案未对这一选择加以考虑。

[20]I. A. Matthews, M. J.Driscoll. A Probabilistic Projection of Future Uranium Costs,*Transactions of the American Nuclear Society*, MIT,Vol. 101, November, 2009.

[21]请注意:这一模型并没有解决非传统源中包含的铀,例如磷酸盐(产量低)以及海水(技术还不成熟,成本仍然很高)。

[22]E.A.Hoffman,W.S.Yang,R.N.Hill.Preliminary Core Design Studies for the Advanced Burner Reactor over a Wide Range of Conversion Ratios, Argonne National Laboratory-Advanced Fuel Cycle Initiative,ANL-AFCI-177. September, 2006.

[23]M. Bunn, S. Fetter, J. P. Holdren, B. van der Zwann. The Economics of Reprocessing vs. Direct Disposal of Spent Nuclear Fuel. JFK School of Government, Harvard University, December, 2003.

[24]Nuclear Energy Agency. Organization for Economic Co-operation and Development. Accelera-

tor-driven Systems(ADS)and Fast Reactors (FR) in Advanced Nuclear Fuel Cycles, NEA-OECD, 2002.

[25]Nuclear Energy Agency,Organization for Economic Co-operation and Development, Nuclear Fuel Cycle Transition Scenario Studies-Status Report,NEA-OECD, 2009.

[26][De Roo and Parsons, 2009]G. deRoo and J. E. Parsons, The Levelized Cost of Electricity for Alternative Nuclear Fuel Cycles, a working paper of the Center for Energy and Environmental Policy Studies, MIT, 2009.

[27]Tingzhu Fei 正在进行的博士论文研究,指导老师为 Michael Driscoll 教授和客座教授 Eugene Shwageraus。

[28]实际上原始堆芯卸出的 TRU 也许没有足够的反应性以维持下一个快堆循环。这还有待证实。如果存在反应性缺口,进一步降低初始铀浓缩度(潜在的可能是加入更多的外来燃料)——因此提高原始堆芯的增殖率,也许会在某种程度上弥补。否则,二次循环堆芯中需要与其他的补充燃料混合。补偿燃料可以是少量的低浓缩度的铀。

[29]Bunn,Matthew. "Risks of GNEP's Focus on Near-Term Reprocessing", Testimony for the U. S. Senate Committee on Energy and Natural Resources.

第 7 章

经济性

7.1　引言

几十年来，核燃料再循环的主要优势体现在节省了天然铀的消耗。人们认为铀资源短缺而核能需求的快速增长促使铀价格上升。再循环的费用可以很快从节省下的天然铀费用中得到补偿。然而这种观点是错误的。铀资源比预测的更丰富，核电增长比预测的更缓慢。此外，再循环所需的新燃料和反应堆技术比预期带来更大的风险和更高的成本。

可能有一天再循环会证明其合理性，因为它节省了天然铀的消耗。时间将会证明这一切。假如这个错误观点开阔了我们的视野并使我们认识到不同的核燃料循环有各种权衡，那么这种错误是有益的。有些权衡点是经济方面的，而其他权衡点是非经济方面的。

一个关键的经济上的权衡涉及被视为废物的材料的处理费用。在不同的循环方式中最主要的区别是超铀元素的处理。超铀元素的回收会随着时间而改变废物流的形态。在某些情况下，回收会降低贴现后的处理费用，而在其他情况下也可能增加贴现后的处理费用。过多地关注节省天然铀使用损耗，从而忽视了替代废物流形态的潜在经济效益。假如一个核燃料循环的合理设计使得核废物处理费用最小化，那么可以从经济上证明回收的额外费用与任何节约天然铀消耗量的收益都无关。如本章结论所示，这个报告中没有考虑所有的核燃料循环方式。然而，未来的核燃料循环研究将更密切地关注不同废物流设计所带来的经济方面的权衡点。

非经济方面的权衡点引发了很多问题，如核扩散、健康和安全以及核废物处理。不同的核废物循环方式在这些问题上呈现出相对的优点和缺点。任何一个非经济方面的权衡点可能证明公众选择的核燃料循环方式是合理的，即使这种循环方式仅仅略微减少了铀消耗，而且需要昂贵的分离或反应堆费用。虽然成本只是公众选择核燃料循环方式的一个因素，但这章仍重点比较不同循环方式的总成本。如果其他因素有利于更加昂贵的核燃料循环，我们可以将额外费用看成是购买这些收益的花费。

这章主要讨论三种主要的核燃料循环方式：一次通过式循环、二次通过式循环和快堆循环。对于快堆循环，本章给出三种转换比的结果，三种转换比从焚烧跨越到增殖。这三种转换比为 0.5、1.0 和 1.2。循环过程在第 6 章中有详细描述，更加详细的经济性计算在本章附录中。

本章成本的衡量方式是平准化发电成本(LCOE)。平准化成本全面考虑了给定核燃料循环的所有成本,并在该循环的发电量中分摊所有成本。平准化成本需要的是一个固定的价格,它必须补偿所有发电所耗成本,包括资本收益。这种成本并不包括输送和分配电力的成本。LCOE 正式的数学定义在本章附录中给出。平准化成本是比较不同的基载发电技术成本的标准的衡量方式,它应用的标准原则适用于比较任何行业的可替代技术。

在深入详细的假设和输出结果前,需要注意两点,即不确定性和资本成本。

7.2 不确定性

在评估所有核燃料循环方式成本时,最重要一点是考虑每种循环方式关键部分的高度不确定性。

首先,每种循环方式的高放废物处理成本有不确定性。虽然一次通过式循环是较为成熟的技术,但废物处理的真实成本仍然是不确定的。在美国,政治争议延迟了废物处置库的建成和运行。之前发布的关于安全标准的宣告中,包含了尤卡山已产生的建造成本和估算的全部成本,这对估算废物处理成本是有指导作用的,但相对于有完整执照和正在运行的设施来说,尤卡山的成本是不具有决定性的。MOX 乏燃料处理成本只是一种推断,并不是从实际经验中获得的。因为那些后处理和制造 MOX 燃料的国家并没有期望对 MOX 乏燃料进行地质处置,也没有使处置库正式化。美国禁止商业堆乏燃料的后处理,即使这个禁令取消了,美国也没有规范的处置库来处理从商业堆乏燃料分离出来的高放废物。所以,这些废物地质处置的成本是从乏燃料处理标准中推断出来的,而这些乏燃料并没有经过后处理。假如美国允许乏燃料后处理,不同的标准规范亦会产生不同的废物处理成本。

其次,乏燃料后处理和再循环燃料的制造成本有很大的不确定性。考虑到核能时代初期就开始的化学分离钚的 PUREX 流程,这也许很让人吃惊。然而,只有法国和英国具有商业规模工厂,能从乏燃料中提取钚并且把分离出的钚制造成 MOX 燃料。当前日本正在推进他们在 Rokkasho 的工厂的商业运行。从这三个国家获得的数据还不足以得出可靠的成本估算。由于这些工厂是由国家发起的,对外公开的数据很少。日本在 Rokkasho 的工厂一再延期,导致现在的成本是估算成本的 3 倍,这更加强调了这一看似成熟的技术的不确定性。其他后处理技术的成本的不确定性更大,比如正在发展的快堆燃料的后处理技术。这些技术都没有商业化应用。任何后处理技术的成本估算都有很大的不确定性。

再次,作为替代核燃料循环方式核心的快堆的建造和运行成本有极大的不确定性。大多数已建成的快堆是实验快堆,只有小部分快堆已发电并输送给电网,部分发电规模较大。举个例子,苏联的快堆项目包括 Kazakhstan 的 BN-350 和俄罗斯的 BN-600 快堆。前者从 1972 年开始运行到 1994 年,主要用于海水淡化和发电。后者从 1980 年开始运行,目前仍在运行中,有 600 MW 的发电能力。法国的 Superphénix,设计拥有 1.2 GW 的发电能力,1985 年到 1996 年向电网供电,然后才关闭。法国 Superphénix 的运行状况很差。俄罗斯正在建造另一个商业快堆 BN-800。这些少量例子所提供的少量数据,对于估算未来的商业快堆成本是不充分的。

这几个主要因素的高度不确定性对下面计算得出的结论有警示作用。

7.3 资本成本

在经济计算中比较晦涩难懂的另一个因素是资本成本。

资本成本或贴现率是任何一种核燃料循环方式成本计算的重要组成部分。反应堆、后处理厂和处置库的大型资本投资需要经过很多年才能从发电收益中收回成本。平准化成本包含了资本投资的回报。更大的资本投资当然需要更多的收益,反之亦然。资本成本也影响不同核燃料循环方式的相对成本。在其他条件都相同的前提下,较低的资金成本提高了后处理核燃料循环的等级,因为这些往往涉及大规模的资本密集型运行,投资回报期较长。

替代核燃料循环的支持者有时候认为:对所有或者部分循环成本采用一种特殊的低的资本成本。其判断依据是后处理设施或快堆一般为国家所有,而国有制的资本成本被认为更低。关于国有制的资本成本更低有很多论据。比如,有些观点认为国家免除了部分税或者由私有公司来支付这部分税,从而降低了他们需要赚取的回收率以收回他们的其他费用。有些观点认为国家能更好地承担风险,所以补偿风险的回收率会更低。另一种观点是,相对于不规范的商业环境,在有规范的商业环境中,公司面临更低的风险。

从公众政策观点来看,我们认为由国有公司负责了核燃料循环某些部分的运行而应用更低的贴现率是不合理的。某些没有向国有企业收取的特定税收或其他税费是国家或者州税务组织的特殊行为,和构成核燃料循环的商业活动的社会成本无关。真实社会成本应该对公共政策有指导作用。同样,规范化结构可以降低私人投资者需承担的风险,所以,把风险转嫁给纳税人,投资回收率就降低了。社会需承担的总风险并没有因为规范化结构而降低,在公众政策评估中就需要考虑这种风险。绝大多数人认为国家所承担的成本风险比没有重大资本市场的行业更低。在现代发达国家,投资者能够在不同程度上分散风险,这部分不在此讨论中做说明[1]。

在整个竞争性的电力市场的背景下,接下来的计算中运用了单一的商业资本成本,这对运行核燃料循环所有方面的私人投资者是适用的。即使特定部分由政府团体拥有、运行和管理,或者某些部分是在服务成本规范化的约束下运行的,我们依然认为简单的商业资本成本是比较不同核燃料循环方式是否合适的经济性基础。资本成本意在反映社会需承担的核燃料循环活动所带来的风险,而不是反映由谁来承担这些风险。人为地使用更低的资本成本对某些过程进行计算,可降低估算成本,并使核燃料循环之间的比较不那么合理。

7.4 平准化成本

表 7.1 列出了计算每种核燃料循环方式的平准化成本的各个假设输入项。附录中通过各种假设对该方法进行了更加全面的介绍。在线研究报告[2]有计算的详细细节。

表 7.1　输入参数假设值

前端燃料成本	[1]天然铀	$/kgHM	80
	[2]贫铀	$/kgHM	10
	[3]天然铀转化	$/kgHM	10
	[4]天然铀浓缩	$/SWU	160
	[5]新 UOX 燃料制造	$/kgHM	250
	[6]Repr.U 转换		200%
	[7]Repr.U 浓缩		10%
	[8]从 Repr.U 中制造 UOX 燃料		7%
	[9]MOX 燃料制造	$/kgHM	2 400
	[10]快堆燃料制造	$/kgHM	2 400
反应堆成本	[11]轻水堆资本成本(隔夜价)	$/kWe	4 000
	[12]轻水堆容量因子		85%
	[13]快堆资本溢价		20%
	[14]快堆运行和维护溢价		20%
	[15]快堆容量因子		85%
后处理成本	[16]UOX,PUREX	$/kgHM	1 600
	[17]UOX,UREX+TRUEX	$/kgHM	1 600
	[18]快堆燃料,高温法	$/kgHM	3 200
废物处置成本	[19]UOX 临时存放	$/kgiHM	200
	[20]MOX 临时存放	$/kgiHM	200
	[21]乏 UOX 处置	$/kgiHM	470
	[22]乏 MOX 处置	$/kgiHM	3 130
	[23]从 UOX 中分离出的高放废物处置(PUREX)	$/kgiHM d.因子 $/kgFP	190 2.5 3 650
	[24]从 UOX 中分离出的高放废物处置(TRUEX)	$/kgiHM	190
	[25]从快堆中得来的高放废物处置	$/kgiHM	280
	[26]贴现率		7.6%

注:

所有数据基于 2007 年的美元价格。

[16]~[18]后处理成本包括储存、运输和固化费用。

[21]~[25]处置成本包括运输、包装成本和卸料时间段的费用,这个时间段是运去暂时存放前的 5 年。

[21]等于给定燃耗下的 1 mill/(kW·h)法定费用,大约等于以 kW·h 计量的尤卡山经验成本加上预测成本,大约等于在给定燃耗和贴现率下的 1 mill/(kW·h)法定费用。

[22]=[21]/0.15。致密因子 0.15 基于 BCG 2006 年的数据。大约等于 $ 2295/$ 375。差异的出现

是由于增加了运输成本。

[23]=[24]。

[24]=[21]/2.5。致密因子2.5是基于Shropshire et al.(2008)和(2009)。

[25]=([24]/5.146%)×7.8%。基于从TRUEX中分离出的高放废物处置成本乘以快堆乏燃料中的裂变产物数量。7.8%对应于转换比1。

[26]7.6%是复合年利率,$R=\mathrm{LN}(1+r)=7.3\%$。

7.4.1 一次通过式燃料循环

表7.2列出了一次通过式循环的平准化成本。平准化成本主要由四部分组成:前端燃料成本、反应堆资本成本、反应堆非燃料的运行和维护成本以及后端燃料成本。前端燃料成本又分为两个部分:天然铀成本和铀加工成本。铀加工成本包括转换成本、浓缩成本和制造成本。一次通过式循环总的平准化成本为83.81 mill/(kW·h)(相当于₵8.381/(kW·h)或者$83.81/(MW·h))[3]。前端燃料成本为7.11 mill/(kW·h),占总成本的8%。天然铀成本只有2.76 mill/(kW·h),占总平准化发电成本的3%,所以从天然铀节省下来的费用对发电成本的影响是很微弱的。反应堆资本成本为67.68 mill/(kW·h),占总成本的81%。对于一座运行40年,容量因子为85%的反应堆,资本成本是固定的,包括$4 000/kW隔夜价建造成本、维护成本和退役成本。非燃料的运行和维护成本为7.72 mill/(kW·h),占总成本的9%。最后,后端燃料成本为1.3 mill/(kW·h)。这个费用是指每单位发电量所产生的包括乏燃料地面上暂时存放费用和地质处置库的最终处置费用。

表7.2 一次循环的LCOE

单位:[mill/(kW·h)]

[1]天然铀	2.76
[2]燃料制造	4.35
[3]前端核燃料循环	7.11
[4]资本成本	67.68
[5]运行和维护成本(非燃料)	7.72
[6]后端核燃料循环	1.3
[7]总的LCOE	83.81

注:

[3]=[1]+[2];

[6]包含临时储存费用和最终地质处置费用;

[7]=[3]+[4]+[5]+[6]。

7.4.2 二次通过式燃料循环

表7.3列出了二次通过式燃料循环的平准化成本。在二次通过式燃料循环中,天然铀首先被制成铀氧化物燃料(UOX),用于轻水堆。这被称为燃料的第一通循环。然后乏燃料经过后处理,不管是独立的钚还是和铀混合的钚,都制成混合氧化物燃料(MOX),再次使用于轻水堆,这叫第二通循环。当然,MOX燃料只是第二通循环中燃料核心的一部分。[1]~[11]项给出了第一通燃料循环(轻水堆UOX燃料)各部分的LCOE,[12]~

[19]给出了第二通燃料循环(轻水堆 MOX 燃料)各部分的 LCOE。

二次通过式燃料循环中焚烧全新 UOX 燃料的第一通循环的前端燃料成本,反应堆成本和非燃料的运行和维护成本与一次通过式燃料循环是一致的,如第[1]～[5]项。然而,后端燃料成本是不同的,因为对二次通过式燃料循环的乏燃料进行了后处理。乏 UOX 燃料的后处理成本是第一通循环后端燃料成本的一部分,如第[6]项。后处理过程中产生了三类:铀、钚和高放废物。高放废物包括裂变产物、次锕系元素和其他杂质。高放废物的处理成本是第一通循环后端燃料成本的一部分,如第[7]项。回收铀的价值在于制造新的 UOX 燃料,这也是第一通循环后端燃料成本的一部分,如第[8]项。回收的铀的价值大小由天然铀(回收铀只是其替代品)价格决定,并由天然铀和使用回收铀制造 UOX 燃料的成本差异决定。同时这里需要考虑用于制造 MOX 燃料的回收钚的价值,如第[9]项。第二通循环的 MOX 燃料替代第一通循环的 UOX 燃料用于发电,两者的 LCOE 是相同的,如第[11]项等同于第[19]项。第[20]项给出了以单位钚价格来衡量这个价值,得出的价值是 $ −15.734/kg。第[9]项给出了以单位发电成本来衡量这个价值,得出的价值是−0.14 mill/(kW・h)。分离钚的成本是负值,和第一个反应堆获得的收益一样,这表明第一个反应堆承担了回收钚的费用。第一通循环的总的后端燃料成本是 2.87 mill/(kW・h),如第[10]项。这比一次通过式燃料循环后端燃料成本高很多。

二次通过式循环中的第一通循环的总平准化成本是 85.38 mill/(kW・h),比一次通过式循环高。这两者的差异在于乏燃料的后处理成本比直接存放乏燃料成本要高。

对于焚烧 MOX 燃料的第二通循环来说,前端燃料成本包括购买贫铀的成本、分离钚的成本和制造 MOX 燃料的成本,如第[12]～[14]项。第[15]项给出了总的前端燃料成本。第二通循环前端燃料成本为 3.02 mill/(kW・h),远远低于第一通循环前端燃料成本7.11 mill/(kW・h)。这主要由于第二通循环的反应堆业主将在取走分离的钚时获得付费,这个费用为 4.39 mill/(kW・h),如第[13]项,这反而极大降低了制造 MOX 燃料的高昂成本。无论反应堆焚烧 UOX 燃料或 MOX 燃料,平准化资本成本和运行成本是相同的,如第[16]～[17]项。

第二通循环后端燃料成本是 6.96 mill/(kW・h),如第[18]项。这个成本包括 MOX 乏燃料的地面上临时储存费用和地质处置库的最终处置费用。从单位发电量的角度讲,这个成本比乏 UOX 处理成本高很多(比较表 7.2 中第[6]项和表 7.3 中的第[18]项),这值得另外探讨。

虽然当前有些国家把分离出的钚用于制造 MOX 燃料,但仍没有国家拥有 MOX 乏燃料的地质处置库。相反,目前的 MOX 乏燃料都是暂时存放,它的最终处置方式是不确定的。有人设想把 MOX 乏燃料再次循环,为快堆系统制造燃料。为了给出有意义的平准化成本计算,最终处置方式必须是明确的。最终处置方式可以是(a)在一个地质处置库中处理,或者(b)再次循环。更实际地说,最终处置方式是不确定的,并且依赖未来发展,这种结果称为方案(c)。表 7.3 给出的二次通过式燃料循环的 LCOE 是建立在(a)假设上。表 7.4 快堆循环的 LCOE 下面的分析更多的是建立在(b)和(c)假设上。如果快堆实现了后续回收,从 UOX 乏燃料直接变成快堆燃料将会更加便宜,和快堆循环中一样,跳过了 MOX 燃料这一步。这些结果都是建立在一系列决定性的假设上。假如把未来各种不确定性都考虑进去,这将使得问题更加复杂,在这种情况之下我们有可能会选择(c),因为其产生了比(a)和(b)更低的预期成本,但事实上那些数据并不能保证如此。

表 7.3　二次循环的 LCOE

单位:[mill/(kW·h)]

第一通循环——轻水堆中的 UOX 燃料	[1]天然铀	2.76
	[2]燃料制造	4.35
	[3]前端核燃料循环	7.11
	[4]资本成本	67.68
	[5]运行和维护成本(非燃料)	7.72
	[6]后处理	2.36
	[7]高放废物处理	0.4
	[8]后处理后的铀	−0.14
	[9]钚	0.25
	[10]后端核燃料循环	2.87
	[11]总的 LCOE	85.38
第二通循环——轻水堆中的 MOX 燃料	[12]贫铀	0.03
	[13]钚	−4.39
	[14]燃料制造	7.38
	[15]前端核燃料循环	3.02
	[16]资本成本	67.68
	[17]运行和维护成本(非燃料)	7.72
	[18]后端核燃料循环	6.96
	[19]总的 LCOE	85.38
	[20]钚的价格,$/kgHM	−15 734

注:
[3]=[1]+[2];
[10]=[6]+[7]+[8]+[9];
[11]=[3]+[4]+[5]+[10];
[15]=[12]+[13]+[14];
[18]包含暂时储存费用和乏 MOX 燃料最终地质处置费用;
[19]=[15]+[16]+[17]+[18];
[20]对[11]=[19]起决定作用;
[20]是[9]和[13]的一部分。

MOX 乏燃料高昂的处理成本有助于解释为何从乏 UOX 燃料中回收的钚用负值表示。回收钚只是推迟了大部分处置成本。与一次通过式燃料循环 UOX 乏燃料 1.3 mill/(kW·h)的处置成本不同的是:UOX 乏燃料再循环后分离出的高放废物处理成本为 0.4 mill/(kW·h)。这看起来像是节省了处理成本。但在第二通循环后端回收的钚最终变成了 MOX 乏燃料,MOX 乏燃料的处理成本高达 6.97 mill/(kW·h)。第一通循环中分离的钚带来了乏 MOX 燃料的处理责任,这也导致了钚的负价值。对分离钚来说,作为最终废物产物未来的责任价值远远高于未来作为燃料的资产价值。

钚的负成本占了第二通循环乏 MOX 燃料处置成本的一部分，同时节省了一部分第一通循环成本。所以，第一通循环的后端核燃料循环成本为 2.87 mill/(kW・h)，高于 2.76 mill/(kW・h)的实现成本。这个 0.11 mill/(kW・h)差距在于铀的后处理带来的净信贷和偿还分离钚的负债。

7.4.3 快堆循环

表 7.4 列出了转换比为 1 时的快堆循环平准化成本。表中给出的是两个反应堆的 LCOE。第一个堆是使用天然铀制得的 UOX 燃料的轻水堆，第[1]～[11]项为 LCOE 的具体各项。第二个堆是使用超铀元素制成燃料的快堆，超铀元素从乏 UOX 中分离所得，第[12]～[23]项给出了 LCOE 具体各项。[5]

表 7.4 快堆循环的 LCOE

单位：[mill/(kW・h)]

	项目	数值
轻水堆	[1]天然铀	2.76
	[2]燃料制造	4.35
	[3]前端核燃料循环	7.11
	[4]资本成本	67.68
	[5]运行和维护成本(非燃料)	7.72
	[6]后处理	2.36
	[7]高放废物处理	0.4
	[8]后处理后的铀	−0.14
	[9]超铀元素	1.43
	[10]后端核燃料循环	4.06
	[11]总的 LCOE	86.57
快堆	[12]贫铀	0.02
	[13]超铀元素	−19.72
	[14]燃料制造	4.05
	[15]前端核燃料循环	−15.66
	[16]资本成本	81.22
	[17]运行和维护成本(非燃料)	9.26
	[18]后处理	2.66
	[19]高放废物处理	0.34
	[20]贫铀	−0.01
	[21]超铀元素	8.75
	[22]后端核燃料循环	11.74
	[23]总的 LCOE	86.57
	[24]超铀元素的价格，$/kgHM	−80 974

与前面类似，对于焚烧新鲜的 UOX 燃料的轻水堆，前端燃料成本、反应堆成本和非燃料运

行和维护成本(第[1]～[5]项)与一次通过式循环也是一样的。后端燃料成本由后处理成本、高放废物处置成本、为分离铀获得贷款和分离超铀元素的费用组成,如第[6]～[9]项,汇总在第[10]项。后处理成本为2.36 mill/(kW·h)。分离裂变产物的成本为0.4 mill/(kW·h)。铀回收获得的贷款为0.14 mill/(kW·h)。最后,有个负值$－80 974/kgHM被分配给分离的超铀元素,所以最终分离超铀元素的成本为1.43 mill/(kW·h)。综合这四个值,总的后端燃料成本是4.06 mill/(kW·h)。轻水堆总的LCOE是86.57 mill/(kW·h)。

快堆的前端燃料成本是负的,为－15.66 mill/(kW·h),如第[15]项。这是由于购买含有超铀元素燃料获得的贷款为－19.72 mill/(kW·h),如第[13]项。购买贫铀费用为0.02 mill/(kW·h),燃料制造成本为4.05 mill/(kW·h),如第[12]～[14]项。和轻水堆相比,快堆的资本成本和运行成本高出20%,即快堆资本成本为81.22 mill/(kW·h),非燃料的运行和维护成本为9.26 mill/(kW·h),如第[16]～[17]项。在核燃料循环后端,快堆乏燃料再一次进行了后处理,分离出铀和超铀元素混合物,留下由裂变产物构成的高放废物。这种分离花费了2.66 mill/(kW·h),如第[18]项。高放废物处理费用为0.34 mill/(kW·h),如第[19]项。从铀获得的贷款为0.01 mill/(kW·h),回收超铀元素的费用是－8.75 mill/(kW·h),如第[20]～[21]项。所以,总的后端核燃料循环成本为11.74 mill/(kW·h),如第[22]项。最终快堆总的LCOE是86.57 mill/(kW·h)。

7.4.4 平准化成本比较

从三种核燃料循环平准化成本比较得出一个最重要结论:燃料成本的差异相对于发电总成本不大。快堆循环的燃料成本是最高的,为2.76 mill/(kW·h),一次通过式燃料循环成本是最低的。但这个成本差异不超过3%。图7.1很好地体现了这个微小成本差异。所以,假如一个给定的核燃料循环方案有非经济上的优势,那么可以在合理的成本范围内采用这种核燃料循环方式。

成本增加的少是因为核燃料循环成本只占总的发电成本的一小部分。和一次通过式燃料循环成本相比,包括从前端成本到后端成本,其他两种循环方式燃料成本增加33%。和一次通过式循环后端成本相比,其他两种循环方式后端成本最多增加212%。

从对表7.2和7.3的比较中可以明显看出后处理成本的重要性。一次通过式燃料循环的UOX乏燃料处理成本为1.3 mill/(kW·h)。若燃料再次循环,乏燃料处理成本就上升到2.36 mill/(kW·h)。这个费用没有包含高放废物处置成本和分离铀和钚获得的贷款或者费用。这个费用几乎是直接处理乏燃料的2倍。可以看出这个差异很难从节省天然铀的费用中得到补偿:新鲜的UOX燃料总成本只有2.76 mill/(kW·h)。要强调的是,制造MOX燃料的成本很高,远高于制造新的UOX燃料成本。最后,高昂的MOX乏燃料的处理成本使得二次通过式燃料循环成本远高于一次通过式燃料循环。

对于快堆循环,表7.4可以得出类似的结论:与从天然铀燃料节省下来的费用相比,后处理和废物处置费用是很高的。然而即使是这样,快堆的废物处置成本并没有明显地很高。快堆的处置成本和表7.3中的二次通过式循环第二通循环是不同的。这是因为快堆的超铀元素将继续被回收,而二次通过式循环的乏MOX燃料将直接被处置。但这种回收只是推迟了超铀元素的处置责任。移除超铀元素的高昂费用使我们认识到未来管理超铀元素的责任。

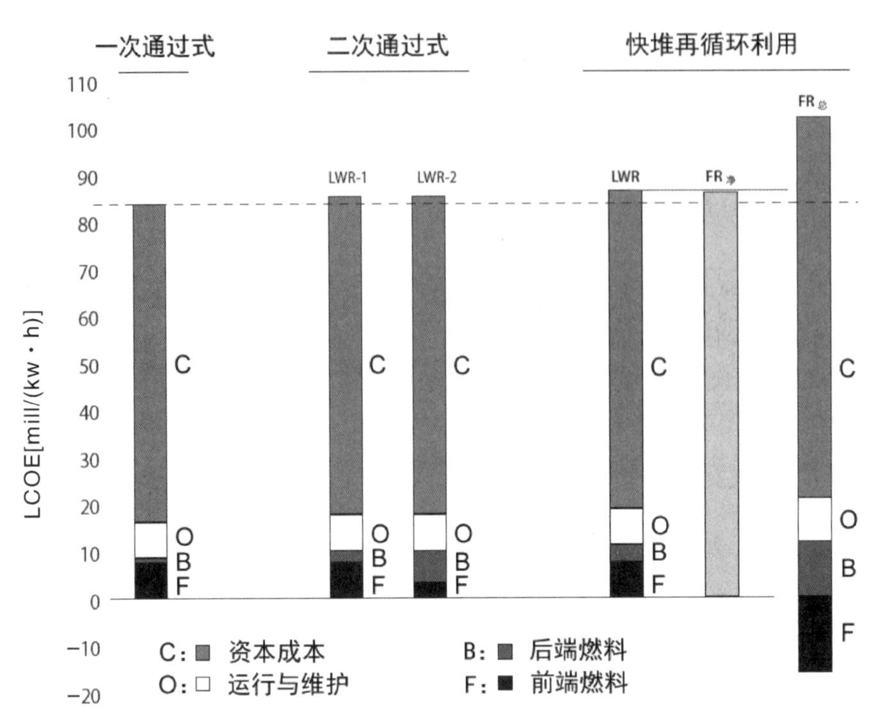

图 7.1　可替代循环的 LCOE(根据组成划分)

资料来源:4858 US/AEC.69-36 Nuevco EV，87-Present Uv U308v.

对于快堆循环,它的另 ·个额外因素也可以与一次通过式循环作个比较。快堆的资本成本和运行成本远高于轻水堆的资本成本和运行成本,差异为 15.08 mill/(kW·h)。这个差异如此巨大,以至于在给定的铀价格下,从天然铀节省下来的费用是不可能超过这个值的。

表 7.5 显示了快堆的 LCOE 随转换比变化的规律。在给定的参数下,焚烧堆的 LCOE 最低,增殖堆的 LCOE 最高。这是由于假设了快堆比轻水堆更昂贵。从发电成本角度分析,轻水堆成本最低,转换比低的轻水堆产生更多的电力。快堆的价值在于超铀元素的处理。由于超铀元素处理是一个很大的责任,所以最好采用昂贵的快堆,因为快堆可以焚烧掉这些超铀元素。

表 7.5　转换比对快堆 LCOE 的影响

	CR=0.5	CR=1	CR=1.2
超铀元素的价格($/kgHM)	−41 100	−80 974	−100 534
LCOE(mill/(kW·h))	85.86	86.57	86.91

引文与注释

[1]对政策的进一步分析可知,政策制订为国家和私人团体共同承担风险。这种风险共担的政策能使得运行激励最佳化,或者提供有效地实施核项目的益处。这种战略上的考虑并不会改变大家对核燃料循环的社会成本的一般看法,社会成本由资本成本评估得出,并与商业团体所应用的成本相比较,这

种资本成本在整个循环过程中几乎是恒定的。

[2]方法论在附录中给出。更加详细的描述在 De Roo, Guillaume, and John E.Parsons, A Methodology for Calculating the Levelized Cost of Electricity in Nuclear Power Systems with Fuel Recycling, Energy Economics, forthcoming 2011, doi 10.1016/j.eneco.2011.01.008。虽然一些输入项有变化,但步骤是不变的。详细的运算过程可在网上下载:http://web.mit.edu/ceepr/www/publications/workingpapers/DeRooParsons_spreadsheet.xls.

[3]在2009年的《对2003年〈核电的未来〉的更新》报告中,我们计算得出核能的LCOE是₵8.4/(kW·h),与本报告相符。两种计算的关键输入项是相同的,但在计算形式和某些输入项有细微的差异,所以计算结果不是严格可比的。在这个报告中,所使用的名义资本加权成本为10%,通货膨胀率为3%。本报告使用的名义资本加权成本为7.6%,贴现率也是7.6%。

[4]De Roo, Guillaume, Economics of Nuclear Fuel Cycles: Option Valuation and Neutronics Simulation of Mixed Oxide Fuels, Masters Thesis, MIT, 2009.

[5]在快堆的燃料循环中,乏燃料也是经过后处理分离出超铀元素和铀混合物,然后制成燃料供另一个快堆使用。近似地来说,无论快堆使用的是从乏UOX燃料分离出的超铀元素,还是超铀元素混合物,还是从快堆乏燃料分离出的铀,其LCOE是相同的。

附录

经济性

附 7.1 平准化发电成本的定义

当前计算一次通过式燃料循环的平准化发电成本(LCOE)的方法已经成熟且标准化,而配备回收过程的核燃料循环的平准化发电成本计算不够成熟且没有标准化。难题在于一个反应堆的输出项是另一个反应堆的输入项——如二次通过式循环的分离钚或快堆循环的超铀元素。假如这些分离出的物质有明确的市场价格,那么就可以应用一次通过式循环的计算方法来计算,把这些输出项或输入项明码标价就行。然而,回收技术应用尚不广泛,所以这些分离出的物质也没有明确的市场价格。我们可以根据产品分离成本和回收后的燃料成本赋予它一个价值。如何赋值仍未成熟和标准化。本附录给出的方法基于某些基本原理。本算法的完整案例和其他算法都在在线研究报告中。[1]

附表 7.1 列出了本附录使用的关键变量。

附 7.1.1 一次通过式循环

传统的一次通过式循环的 LCOE 公式为:

$$\ell_1 = \frac{\int_A^B C_t e^{-Rt} dt}{\int_A^B Q_t e^{-Rt} dt} \tag{1}$$

C_t 表示每个时期发生的实际成本,$t \in [A, B]$,Q_t 表示每个时期产生的发电量,$t \in [A, B]$,R 表示连续复利的贴现率。[2] 这个成本是总成本,包括天然铀成本、燃料制造成本、核电站建造和运行成本,以及乏燃料处置成本。[3]

附表 7.1　各变量清单

一次通过式循环	ℓ_1	一次通过式循环的 LCOE
		$\ell_1=f_1+k_1+m_1+d_1$
	f_1	前端燃料平准化成本，mill/(kW·h)
		$f_1=u_1+b_1$
	k_1	反应堆平准化资本成本，包括运行、资本支出和退役成本，mill/(kW·h)
	m_1	非燃料的平准化运行和维护成本，mill/(kW·h)
	d_1	UOX 乏燃料的平准化处理成本，包括临时储存和地质处置库成本，mill/(kW·h)
	u_1	天然铀平准化成本，mill/(kW·h)
	b_1	UOX 平准化浓缩、转换和制造成本，mill/(kW·h)
二次通过式循环	ℓ_2	二次通过式循环的 LCOE
	$\ell_{2,1}(p)$	第一个反应堆的 LCOE，即反应堆焚烧新鲜的燃料，乏燃料需要后处理；它是分离出的钚的价值函数
		$\ell_{2,1}(p)=f_{2,1}+k_{2,1}+m_{2,1}+d_{2,1}(p)$
	$f_{2,1}$	第一个反应堆的前端平准化燃料成本，mill/(kW·h)
	$k_{2,1}$	第一个反应堆的平准化资本成本，mill/(kW·h)
	$m_{2,1}$	第一个反应堆的非燃料的平准化运行和维护成本，mill/(kW·h)
		乏燃料的平准化处理成本，包括后处理成本、高放废物处理成本、分离出的钚和铀所获得的贷款，mill/(kW·h)
		$d_{2,1}(p)=s_{2,1}+w_{2,1}-u_{2,1B}-z_{2,1}(p)$
	$s_{2,1}$	平准化后处理成本，包括分离出的物质的临时储存和地质处置库的处理成本，mill/(kW·h)
	$w_{2,1}$	高放废物的平准化后处理成本，mill/(kW·h)
	$u_{2,1}$	分离出的铀所获得的贷款，mill/(kW·h)
	$z_{2,1}(p)$	分离出的钚所获得的贷款，mill/(kW·h)
	$\ell_{2,2}(p)$	第二个反应堆的 LCOE，反应堆焚烧回收后的燃料；这是分离出的钚的价值函数，mill/(kW·h)
		$\ell_{2,2}(p)=f_{2,2}(p)+k_{2,2}+m_{2,2}+d_{2,2}$
	$f_{2,2}(p)$	第二个反应堆的前端平准化燃料成本，这是分离出的钚的价值函数，mill/(kW·h)
		$f_{2,2}(p)=u_{2,2}+z_{2,2}(p)+b_{2,2}$
	$k_{2,2}$	第二个反应堆的平准化资本成本，mill/(kW·h)
	$m_{2,2}$	第二个反应堆的非燃料的平准化运行和维护成本，mill/(kW·h)
	$d_{2,2}$	乏 MOX 燃料的处理成本，mill/(kW·h)
	$u_{2,2}$	贫铀的购买成本，mill/(kW·h)
	$z_{2,2}(p)$	分离出的钚的购买成本，mill/(kW·h)
	$b_{2,2}$	回收燃料的制造成本，mill/(kW·h)
	p	分离出的钚的价格，\$/kg

续表

快堆循环	ℓ_3	快堆循环的 LCOE
	$\ell_{3,L}(p)$	快堆循环中的轻水堆的 LCOE
		$\ell_{3,L}(p)=f_{3,L}+k_{3,L}+m_{3,L}+d_{3,L}(p)$
	$f_{3,L}$	轻水堆的前端燃料成本，mill/(kW・h)
		$f_{3,L}=u_{3,LA}+b_{3,L}$
	$k_{3,L}$	轻水堆的资本成本，mill/(kW・h)
	$m_{3,L}$	轻水堆的非燃料的平准化运行和维护成本，mill/(kW・h)
	$d_{3,L}(p)$	乏燃料的平准化处理成本，包括后处理成本、高放废物处理成本、分离出的超铀元素和铀混合物所获得的贷款，mill/(kW・h)
		$d_{3,L}(p)=s_{3,L}+w_{3,L}-u_{3,LB}-z_{3,L}(p)$
	$u_{3,LA}$	天然铀的成本，mill/(kW・h)
	$b_{3,L}$	UOX 浓缩，转换和制造的平准化成本，mill/(kW・h)
	$s_{3,L}$	后处理成本，mill/(kW・h)
	$w_{3,L}$	高放废物处置成本，mill/(kW・h)
	$u_{3,LB}$	分离出的铀获得的贷款，mill/(kW・h)
	$z_{3,L}(p)$	分离出的超铀元素获得的贷款，mill/(kW・h)
	$\ell_{3,F}(p)$	快堆循环中的快堆 LCOE，mill/(kW・h)
	$f_{3,F}(p)$	快堆的前端燃料成本，mill/(kW・h)
		$f_{3,F}(p)=u_{3,FA}+z_{3,F}(p)+b_{3,F}$
	$k_{3,F}$	快堆的资本成本，mill/(kW・h)
	$m_{3,F}$	快堆的非燃料的运行和维护的平准化成本，mill/(kW・h)
	$d_{3,F}(p)$	乏燃料的平准化处理成本，包括后处理成本、高放废物处理成本、分离出的超铀元素和铀混合物所获得的贷款，mill/(kW・h)
		$d_{3,F}(p)=s_{3,F}+w_{3,F}-u_{3,FB}-\alpha z_{3,F}(p)$
	$u_{3,FA}$	贫铀的购买成本，mill/(kW・h)
	$z_{3,F}(p)$	超铀元素的购买成本，mill/(kW・h)
	$b_{3,F}$	快堆燃料的制造成本，mill/(kW・h)
	$s_{3,F}$	平准化后处理成本，包括分离出的物质的暂时储存和地质处置库的处理成本，mill/(kW・h)
	$w_{3,F}$	高放废物处置成本，mill/(kW・h)
	$u_{3,FB}$	分离出的铀获得的贷款，mill/(kW・h)
	$z_{3,F}(p)$	分离出的超铀元素获得的贷款，mill/(kW・h)
	α	超铀元素质量比(乏燃料中超铀元素的质量除以新鲜燃料中超铀元素的质量)根据燃料的初次装载和下一次装载之间的现值差进行调整
		$\alpha=(q_2/q_1)e^{-R(B_2-B_1)}$，$q_2/q_1$ 为超铀元素质量比，B_1 为第一个快堆的装料时间，B_2 为从第一个快堆到第二个快堆的超铀元素的装料时间；R 为复合年利率
	p	分离出的超铀元素的价格，\$/kg

附 7.1.2 二次通过式循环

二次通过式循环的 LCOE 公式和式(1)类似,除了成本和发电量都包括两个阶段:第一个阶段是一个反应堆使用新鲜的 UOX 燃料,第二个阶段是另一个反应堆使用 MOX 燃料。所以公式的分子是两个部分的成本,分母是两个部分的电量:

$$\ell_2 = \frac{\int_{A_1}^{B_1} C_{1t}\, \mathrm{e}^{-Rt}\, \mathrm{d}t + \int_{A_2}^{B_2} C_{2t}\, \mathrm{e}^{-Rt}\, \mathrm{d}t}{\int_{A_1}^{B_1} Q_{1t}\, \mathrm{e}^{-Rt}\, \mathrm{d}t + \int_{A_2}^{B_2} Q_{2t}\, \mathrm{e}^{-Rt}\, \mathrm{d}t} \tag{2}$$

角标 1 表示第一阶段,角标 2 表示第二阶段。区间$[A_1, B_1]$表示第一阶段的时间周期,区间$[A_2, B_2]$表示第二阶段时间周期。相应地,C_{1t}表示第一阶段发生的实际成本,C_{2t}表示第二阶段发生的实际成本,Q_{1t}表示第一阶段各期的发电量,Q_{2t}表示第二阶段各期的发电量。

实际成本包括第一通循环尾端的燃料后处理成本,包括储存成本、不适用在第二通循环中使用的废物的处理成本、MOX 燃料制造成本和第二通循环尾端的乏 MOX 燃料处理成本。把后处理成本和 MOX 燃料制造成本归于第一通循环成本还是第二通循环成本中是随意的,因为 LCOE 计算的是整个循环成本。这里把后处理成本归于第一通循环成本,把 MOX 制造成本归于第二通循环成本。这样的设置不影响结果,只是形式上不同而已。

我们在定义 LCOE 时把它看作整个循环范围内发生的成本。无论是循环中哪个部分的成本——第一通循环中新鲜的 UOX 燃料,乏燃料后处理,MOX 燃料制造还是乏 MOX 燃料处理——最后都量化为整个循环的发电量成本。

附 7.1.3 回收元素的价格——钚

公式(2)没有清楚地给出钚的价值。无论钚的价格是多少,都不会影响 LCOE。因为一个反应堆分离钚的成本会被另一个反应堆由于钚而获得的贷款所抵消。当然,假如给钚一个价格 p,那么可以把 LCOE 分为两部分:第一部分是第一通循环反应堆发电产生的 LCOE,第二部分是第二通循环反应堆发电产生的 LCOE,即

$$\ell_{2,1}(p) = \frac{\left(\int_{A_1}^{B_1} C_{1t}\, \mathrm{e}^{-Rt}\, \mathrm{d}t - qp\, \mathrm{e}^{-RB_1}\right)}{\int_{A_1}^{B_1} Q_{1t}\, \mathrm{e}^{-Rt}\, \mathrm{d}t} \tag{3}$$

和

$$\ell_{2,2}(p) = \frac{\left(+qp\, \mathrm{e}^{-RB_1} + \int_{A_2}^{B_2} C_{2t}\, \mathrm{e}^{-Rt}\, \mathrm{d}t\right)}{\int_{A_2}^{B_2} Q_{2t}\, \mathrm{e}^{-Rt}\, \mathrm{d}t} , \tag{4}$$

两个 LCOE 式子中的 p 是一样的，整个循环的 LCOE 式子中的 p 也是一样的：

$$\ell_2=\ell_{2,1}(p^*)=\ell_{2,2}(p^*) \tag{5}$$

这是我们决定循环中钚价格的依据。[4]

附 7.1.4 快堆循环

快堆乏燃料再循环中的部分原燃料可以作为另一个快堆的燃料，这种循环是无限的。快堆的 LCOE 要计算这样的无限循环所有的成本。所以分子为成本的无穷累加，分母是发电量的无穷累加。角标 $j=1$ 表示使用新鲜 UOX 燃料的轻水堆的初次循环，$j=2,3,4,\cdots$表示使用回收的超铀元素的快堆的依次循环。$[A_{th},B_{th}]$表示第 j^{th} 通循环的时间区间，C_{jt} 表示第 j 通循环发生的实际成本，Q_{jt} 表示第 j 通循环的发电量。快堆的 LCOE 为：

$$\ell_3=\frac{\sum_{j=1}^{\infty}\left[\int_{A_j}^{B_j}C_{jt}\,e^{-Rt}\,dt\right]}{\sum_{j=1}^{\infty}\left[\int_{A_j}^{B_j}Q_{jt}\,e^{-Rt}\,dt\right]} \tag{6}$$

整个锕系元素循环系统的成本链是很复杂的。每一通循环都改变了燃料的同位素组成。铀和超铀元素的矢量随着每一通循环变化，直到到达一个平衡矢量。同位素组成决定中子行为，制造新燃料时的每一阶段需将中子行为考虑进去，这样每一通循环的成本可能发生改变。快堆循环的平准化成本需要考虑整个周期中的变化的成本，每个 j 阶段都有一个独立的 C_{jt}。

假设超铀元素的矢量在整个快堆循环中是恒定不变的，在从轻水堆中提取出超铀元素时就达到平衡，公式(6)中的平准化成本就可以大大简化。我们假设每个快堆循环中所有的不同的成本随超铀元素质量比 q_2/q_1等比变化，q_2/q_1表征提取出的超铀元素质量比进入下一次循环的超铀元素质量。这个质量比与快堆的转换比有关，但又与转换比不同。[5]假设超铀元素矢量是恒定的前提下，快堆每一通循环的成本与第一通循环成本成比例，这个比例因子为：

$$\alpha^{J-2}=\left(\frac{q_2}{q_1}e^{-R(B_2-B_1)}\right)^{J-2} \tag{7}$$

所以，无限循环的成本可以简化成具有不同成本要素的两个循环成本来计算：

$$\ell_3=\frac{\int_{A_1}^{B_1}C_{1t}\,e^{-Rt}\,dt+\sum_{j=2}^{\infty}\alpha^{j-2}\left(\int_{A_2}^{B_2}C_{2t}\,e^{-Rt}\,dt\right)}{\int_{A_1}^{B_1}Q_{1t}\,e^{-Rt}\,dt+\sum_{j=2}^{\infty}\alpha^{j-2}\left(\int_{A_2}^{B_2}Q_{2t}\,e^{-Rt}\,dt\right)}$$

在循环中，式中 $\alpha<1$ 是可以实现的，则这个公式就可以简化成：

$$\ell_3=\frac{\int_{A_1}^{B_1}C_{1t}\,e^{-Rt}\,dt+\frac{1}{1-\alpha}\int_{A_2}^{B_2}C_{2t}\,e^{-Rt}\,dt}{\int_{A_1}^{B_1}Q_{1t}\,e^{-Rt}\,dt+\frac{1}{1-\alpha}\int_{A_2}^{B_2}Q_{2t}\,e^{-Rt}\,dt} \tag{8}$$

鉴于在基于循环技术的成本的计算中主要要素有很大不确定性，所以这种近似似乎是合理的。

附 7.1.5 回收元素的价格——超铀元素

与输入钚的价格类似，在这里我们给超铀元素一个价格[6]。给超铀元素一个任意的价格 p，快堆循环的 LCOE 就分解成两个部分的 LCOE，一个部分是轻水堆的初始循环，另一个部分是快堆的依次循环：

$$\ell_{3,L}(p)=\frac{\left(\int_{A_1}^{B_1} C_{1t}\,e^{-Rt}\,dt - q_1 p\,e^{-RB_1}\right)}{\int_{A_1}^{B_1} Q_{1t}\,e^{-Rt}\,dt} \tag{9}$$

$$\ell_{3,F}(p)\ \frac{\left(q_1 p\,e^{-RB_1} + \int_{A_2}^{B_2} C_{2t}\,e^{-Rt}\,dt - \alpha q_1 p\,e^{-RB_2}\right)}{\int_{A_2}^{B_2} Q_{2t}\,e^{-Rt}\,dt} \tag{10}$$

定义超铀元素的价格 p^* 在每一通循环的 LCOE 中和整个循环的 LCOE 中是相同的：

$$\ell_3=\ell_{3,L}(p^*)=\ell_{3,F}(p^*) \tag{11}$$

附 7.2 各个部分的平准化发电成本

把每一种循环的 LCOE 分解成几个部分：f 表示前端核燃料循环的平准化成本，包括天然铀的成本、转换成本、浓缩和制造成本；k 表示轻水堆的资本成本；m 表示维护和运行成本；d 表示后端核燃料循环成本，包括地面上储存和最终处置成本，或后处理成本。四个部分成本都折算成每 kW・h 发电的成本。每一部分的成本的计算都是以各个环节发生成本而形成现金流的现值作为计算依据。一次通过式循环的 LCOE：

$$\ell_1=f_1+k_1+m_1+d_1 \tag{12}$$

角标 1 表示一次通过式循环。为了比较，我们把前端核燃料循环成本分成两个部分，天然铀成本 u_1，浓缩、转换和制造成本 b_1，$f_1=u_1+b_1$。第 7 章的表 7.2 给出了 LCOE 和四个主要部分的成本值以及前端核燃料循环的各个部分的值。

在二次通过式循环中，两个部分的 LCOE 如下：

$$\ell_{2,1}(p)=f_{2,1}+k_{2,1}+m_{2,1}+d_{2,1}(p) \tag{13}$$

$$\ell_{2,2}(p)=f_{2,2}(p)+k_{2,2}+m_{2,2}+d_{2,2} \tag{14}$$

第一个角标 2 表示二次通过式循环，第二个角标 1 和 2 表示循环中的第一个反应堆和第二个反应堆。定义 $f_{2,1}=f_1$，$k_{2,1}=k_1$，$m_{2,1}=m_1$。同时假设 $k_{2,2}=k_{2,1}$，$m_{2,2}=m_{2,1}$，

尽管通常不需要这样。二次通过式循环的第一个反应堆的后端核燃料循环成本可以分解成如下：

$$d_{2,1}(p)=s_{2,1}+w_{2,1}-u_{2,1}-z_{2,1}(p) \tag{15}$$

$s_{2,1}$表示平准化后处理成本，$w_{2,1}$表示高放废物处理平准化成本，$u_{2,1}$表示回收后处理后的铀获得的平准化贷款，$z_{2,1}$表示分离出的钚的平准化价值。式中最后一项是钚价值的公式，以 kgHM 来衡量，折算成第一个反应堆的每 kW·h 发电成本，它是关于钚价格的函数。第二个反应堆的前端核燃料循环成本可以分解成如下：

$$f_{2,2}(p)=u_{2,2}+z_{2,2}(p)+b_{2,2} \tag{16}$$

$u_{2,2}$表示 MOX 燃料中的贫铀的平准化成本，$z_{2,2}$表示 MOX 燃料中的分离出的钚的平准化成本，$b_{2,2}$表示制造 MOX 燃料的平准化成本。$z_{2,2}(p)$是分离出的钚的价值公式，以 kgHM 来衡量，折算成第二个反应堆的每 kW·h 发电成本。第二个反应堆的后端核燃料循环成本 $d_{2,2}$与分离出的钚价格无关，而是暂时储存成本和乏 MOX 燃料处理成本相加。第 7 章表 7.3 列出了二次通过式循环的各项值。

在快堆循环中，两个部分的 LCOE 如下：

$$\ell_{3,L}(p)=f_{3,L}+k_{3,L}+m_{3,L}+d_{3,L}(p) \tag{17}$$

$$\ell_{3,F}(p)=f_{3,F}(p)+k_{3,F}+m_{3,F}+d_{3,F}(p) \tag{18}$$

角标 3 表示快堆核燃料循环，第二个角标 L 和 F 表示循环中的轻水堆和快堆。快堆循环中的第一通循环和一次通过式循环，废物处理前的成本是相同的。所以，$f_{3,L}=f_1$，$k_{3,L}=k_1$，$m_{3,L}=m_1$。快堆循环的第一个反应堆后端核燃料循环成本可以分解成如下：

$$d_{3,L}(p)=s_{3,L}+w_{3,L}-u_{3,L}-z_{3,L}(p) \tag{19}$$

$s_{3,L}$表示后处理平准化成本，$w_{3,L}$表示高放废物的平准化处理成本，$u_{3,L}$表示回收后处理的铀获得的贷款，$z_{3,L}$表示分离出的超铀元素的平准化价值。最后一项是超铀元素的价值公式，以 kgHM 来衡量，折算成第一个反应堆的每 kW·h 发电成本。快堆的前端燃料成本分解成如下：

$$f_{3,F}(p)=u_{3,FA}+z_{3,F}(p)+b_{3,F} \tag{20}$$

$u_{3,FA}$表示快堆燃料中的贫铀的平准化成本，$z_{3,F}$表示快堆燃料中的超铀元素的平准化价值，$b_{3,F}$表示制造快堆燃料的平准化成本。超铀元素的平准化价值 p，以 kgHM 来衡量，折算成快堆的每 kW·h 发电成本。快堆的乏燃料处理成本如下：

$$d_{3,F}(p)=s_{3,F}+w_{3,F}-u_{3,FB}-\alpha z_{3,F}(p) \tag{21}$$

$s_{3,F}$表示快堆燃料平准化后处理成本，$w_{3,F}$表示高放废物处理平准化成本，$u_{3,FB}$表示回收后处理后的铀获得的平准化贷款，$z_{3,f}$表示分离出的超铀元素的平准化价值，α 由式(7)给出。超铀元素的平准化价值，是超铀元素的价值公式，以 kgHM 来衡量，折算成快堆的每 kW·h 发电成本。第 7 章表 7.4 列出了快堆循环的各项值。

附 7.3　实施

这一附录部分给出 LCOE 的计算过程。第 7 章表 7.1 列出了平准化成本计算的各个假设的输入项。附表 7.2～附表 7.4 列出了更加具体的各个输入项。第 6 章中描述的每种循环的特性和更多的详细内容在在线研究报告中。[7]

我们假设所有输入成本是不变的。这是计算替代可生成技术 LCOE 的基本假设之一，但不是唯一假设[8]。事实上，当在研究替代核燃料循环时，这个假设是值得质疑的，因为电力需求呈指数增长，而天然铀相对稀缺，使得燃料价格增长远远快于通常的通货膨胀率。我们假设真实价格不变是出于计算循环中每一部分成本的需要。然而，预测成本随时间变化是很难的，所以在这里我们并不涉及。

在 2009 年的《对 2003 年〈核电的未来〉的更新》报告中，我们计算一次通过式燃料循环的 LCOE 中，所使用的名义加权平均资本成本为 10%，通货膨胀率为 3%。报告中根据实际值计算。实际的等效加权平均资本成本为 7.6%，这是年贴现率。等效连续复利折现率是 7.3%。

在大多数研究报告中，一次通过式循环的计算时间跨度$[A,B]$为一个反应堆的寿命——40 年——从建造到退役。分开的计算把这个时间跨度外的成本也计算在内——如处理厂的成本或后处理厂的建造成本——这些成本都折算成时间跨度$[A,B]$的平准化成本。只要把所有成本都计算在内，并以同一种方式计算，无论采用哪种时间跨度都是可行的。在我们的计算中，$[A_j,B_j]$表示一个燃料单位在反应堆内的时间——4.5 年——包括制造和暂时存放时间。这个时间跨度远小于反应堆寿命，所以我们计算处理成本和计算反应堆成本采用同样的方式：当燃料在反应堆里时，需要支付租赁费用，$t\in[A_j,B_j]$。整个核电站寿命期内，所有燃料单元的租赁费用相加等同于反应堆的现值。

附 7.3.1 一次通过式循环

附表 7.2 列出了计算一次通过式循环的 LCOE 的关键工程方面的假设项和另外一些经济方面的假设项。

附表 7.2　一次通过式燃料循环的规格参数

燃耗	50	MWd/kgHM
循环长度	1.5	a
堆芯质量，UOX	84.7	MThM/GWe
燃料组件	3	
燃料组件在堆芯的焚烧时间	4.5	a
热效率	33%	
每 kgHM UOX 的发电量	10.04	kWe

续表

转换损失	0.2%	
浓缩损失	0.2%	
制造损失	0.2%	
铀矿交货时间	2	a
转换时间	1.5	a
制造时间	0.5	a
UOX 浓缩度	4.5%	
最佳尾料丰度	0.29%	
给料	10.05	(初始的 kgU/浓缩的 kgU)
分离功	6.37	
反应堆寿命	40	a
资本成本增长量	40	$ million/(GWe·a)
退役成本	700	$ million/GWe
固定的运行和维护成本	56.44	$/kW/年
变动的运行和维护成本	0.42	mills/(kW·h)
MACRS 计划	15	a
税率	37%	
乏燃料池式存放时间	5	a

为了说明我们是怎样计算各项平准化成本的，我们以计算天然铀的平准化成本(u_1)为例。基于假设前提下，要获得 1 kgHM UOX 燃料，需要 10.05 kgHM 新鲜的铀矿(黄饼)，当前的铀矿价格为＄80/kgHM，转换成 10.03 kgHM 的六氟化铀。假设购买的铀矿的交货时间为 2 年。在 4.5 年里，每 kgHM 的 UOX 燃料可以产生 10.04 kWe 的电。一年8 760 h，这样就可以计算每度电的天然铀平准化成本：

$$u_1 = \left(\frac{(\$80)(10.05)}{(1+r)^{-2}}\right) \Big/ \left(10.04\int_0^{4.5} 8760\mathrm{e}^{-Rt}\,\mathrm{d}t\right) = 2.76\ \text{mill/(kW·h)}$$

r 为年贴现率，R 为连续复利的贴现率。第 7 章表 7.2 各项都采用这样的类似计算。

附 7.3.2 二次通过式循环

附表 7.3 列出了计算二次通过式循环的 LCOE 的关键工程方面的假设项和另外一些经济方面的假设项。各项的平准化成本计算采用上述的计算方式。然而，二次通过式循环包括分离钚的成本和信贷，这里把这项计算具体给出，并给出我们是如何得出分离钚的价值。由于乏 MOX 燃料的处理成本对于最终 LCOE 影响很大，所以这里也给出这一项的具体计算。

附表 7.3 二次通过式循环规格参数

第一个反应堆，焚烧UOX	前端核燃料循环参数	与OTC相同	
	反应堆资本成本	与OTC相同	
	反应堆运行成本	与OTC相同	
	乏燃料储存期	与OTC相同	
	后处理损失(铀 & 钚)	0.2%	
	后处理过程回收的铀	0.930	kgHM/kgiHM
	回收的钚	0.011	kgHM/kgiHM
	后处理铀的浓缩度指标	5.16%	
	后处理铀的最佳尾料丰度	0.39%	
	后处理铀的供应量	7.63	(初始的kgU/浓缩的kgU)
	后处理铀的分离功	4.80	
	从UOX中分离出的铀价格	108.30	$/kgHM
第二个反应堆，焚烧UOX和MOX	MOX燃料制造损失	0.2%	
	贫铀中^{235}U含量	0.25%	
	贫铀的质量分数	91.3%	
	钚的质量分数	8.6%	
	钚分离的交货时间	2a	
	镅的质量分数	0.1%	
	反应堆资本成本	与OTC相同	
	反应堆运行成本	与OTC相同	

分离钚的后处理成本和燃料制造成本与分离钚价值的关系

每千克乏UOX燃料分离出0.011 kg的钚。我们定义钚的价格为p，以$/kgHM计价，然后折算成每kW·h电的发电成本：

$$z_{2,1}(p)=\frac{p(0.011)}{(1+r)^{10.5}}\Big/\left(10.04\int_0^{4.5}8766\mathrm{e}^{-Rt}\,\mathrm{d}t\right)=1.57\times10^{-5}p\ \mathrm{mill/(kW\cdot h)}$$

上式的表达中并没有给出钚的具体价格，这将在下面给出。

通过对第二个反应堆的类似计算，该反应堆使用的MOX燃料是由分离出的钚所制造的，假设MOX燃料中有质量分数为8.73%的钚和镅，可以得到计算结果为：

$$z_{2,2}(p)=\frac{p(0.0875\ \mathrm{kgHM})}{(1+r)^{-1}}\Big/\left(10.04\int_0^{4.5}8766\ \mathrm{e}^{-Rt}\,\mathrm{d}t\right)=2.79\times10^{-4}p\ \mathrm{mill/(kW\cdot h)}$$

第二个反应堆的核燃料循环后端成本

和一次通过式循环的UOX乏燃料一样，假设MOX燃料经过暂时存放后运送到最终的地质处置库，这样计算MOX乏燃料处置成本就基于UOX乏燃料处置成本的基础上。处置成本包括两个方面：地面上存放的成本＄200/kgiHM，和最终地质处置库的处理成本＄470/kgiHM，其来源于当前卸料5年后的乏燃料法定费用为1 mill/(kW·h)。MOX乏燃料的地面存放成本是相同的。然而，因为燃料组成成分不同，最终地质处置库的处理成本高于乏MOX燃料。处置库的设计和规模有很多影响因素，成本的最终变化取决于处置库设计改变的诸多因素。所需的空间只有一个度量标准。然而，热负荷是所需空间改变的一个关键指标。因为，到目前为止没有设计过MOX乏燃料处置库，所以热负荷指标就是衡量MOX乏燃料处置成本相对于UOX乏燃料处置成本的成本差的起点。BCG研究(2006)表明这个比例因子为0.15，即150 g MOX乏燃料所占的空间与1 kg UOX乏燃料所占空间相同，相当于每kgHM比例为6.67。我们采用这个比例来计算MOX乏燃料的最终地质处置成本，得出＄3 130/kgiHM。所以，第二个反应堆的总的后端平准化成本为：

$$d_{2,2}=\frac{\$200+(\$677/0.15)}{(1+r)^{9.5}}\Big/\left(10.04\int_0^{4.5}8766\ e^{-Rt}\,dt\right)=6.96\ \text{mill}/(\text{kW}\cdot\text{h})$$

钚的价值和二次通过式循环的LCOE

计算式(13)和(14)中钚的价格，然后代入公式(5)得：

$$\begin{aligned}\ell_{2,1}(p^*)&=7.11+67.68+7.72+(2.36+0.40-0.14-1.57\times10^{-5}p)\\&=(0.03+2.79\times10^{-4}p+7.38)+67.68+7.72+6.96\\&=\ell_{2,2}(p^*)\end{aligned}$$

我们定义 $p^*=-15\ 734\ \$/\text{kgHM}$，这样，

$$z_{2,1}(p^*)=0.25\ \text{mill}/(\text{kW}\cdot\text{h})$$
$$d_{2,1}(p^*)=2.87\ \text{mill}/(\text{kW}\cdot\text{h})$$
$$z_{2,2}(p^*)=-4.39\ \text{mill}/(\text{kW}\cdot\text{h})$$
$$f_{2,2}(p^*)=3.02\ \text{mill}/(\text{kW}\cdot\text{h})$$
$$\ell_{2,1}(p^*)=\ell_{2,2}(p^*)=85.38\ \text{mill}/(\text{kW}\cdot\text{h})$$

附7.3.3 快堆燃料循环

附表7.4列出了计算快堆循环的LCOE的关键工程方面的假设项和其他一些经济方面的假设项。各项的平准化成本计算采用上述的计算方式。超铀元素的成本和信贷与二次通过式循环的分离钚的计算方式相同。

附表7.4 快堆循环规格参数，CR=1

轻水堆	核燃料循环前端参数	与OTC相同	
	反应堆资本成本	与OTC相同	
	反应堆运行成本	与OTC相同	
	乏燃料储存期	与OTC相同	
	后处理损失(TRU)	0.2%	
	后处理过程回收的铀	0.93	kgHM/kgiHM
	回收的TRU	0.013	kgHM/kgiHM

续表

快堆	燃耗	73	MWd/kgHM
	循环长度	1.2	年
	堆芯质量	43.4	MTHM/GWe
	燃料组件	5	
	燃料组件在堆芯的时间	4.2	年
	热效率	41%	
	每 KgHM 快堆燃料的发电量	19.57	kWe
	快堆燃料制造损失	0.2%	
	贫铀质量分数	86.1%	
	TRU 质量分数	13.9%	
	回收的贫铀	0.78	kgHM/kgiHM
	回收的 TRU	0.14	kgHM/kgiHM

引文与注释

[1]计算方法在附录A中给出。更详细的陈述见 De Roo, Guillaume, and John E. Parsons, A Methodology for Calculating the Levelized Cost of Electricity in Nuclear Power Systems with Fuel Recycling, Energy Economics, forthcoming 2011, doi 10.1016/j.eneco.2011.01.008.虽然一些输入的参数有变化,但计算步骤是一样的。详细计算过程的下载网址为:http://web.mit.edu/ceepr/www/publications/workingpapers/DeRooParsons_spreadsheet.xls。

[2]在计算过程中,我们要用到当量年度连续复利的贴现率,$r \equiv \exp(R)-1$.

[3]对于经济性的注释,只要发电量和发电成本是持续发生的,那么我们写下这个和其他公式。一些读者可能更熟悉公式的另一种形式,其中发电量和发电成本以年来计算。无论用哪种计算方式,其实质没有改变。我们只需要使用关键变量的合适计值货币。举个例子,利率需要从连续复利变量转换到年度连续复利变量。

[4]计算乏燃料中回收铀的价值的依据是第一通循环结束后,新鲜铀和后处理后制成的当量的UOX燃料的成本差。

[5]转换比是指,中子链式反应中,新的裂变超铀元素占所消耗的裂变超铀元素的比值。在平衡状态下,如果超铀元素的质量比等于1,则转换比也等于1。从这个观点出发,两种比率是同时变化的,转换比比质量比波动更大。

[6]事实上,并不是超铀元素从这一步到下一步中有交换,而是超铀元素混合物和贫铀。但是,在每一步中,通过把贫铀或超铀元素添加到混合物中,就可获得新燃料。所以,混合物的价值和每一种独立元素的价值是等同的。在我们的计算中,贫铀的价格是一项输入项参数。所以,我们能单独获得超铀元素的价格。

[7]Guérin L., M. S. Kazimi. Impact of Alternative Nuclear Fuel Cycle Options on Infrastructure and Fuel Requirements, Actinide and Waste Inventories, and Economics, MIT-NFC-TR-111, MIT, September, 2009.

[8]举个例子,在MIT(2003年)《核电的未来》的报告中,当计算一个核电厂的LCOE时,假设了维持资本成本、运行成本、燃料成本和发电量的不同的通货膨胀率。

第 8 章

核燃料循环和防核扩散

《不扩散核武器条约》(*The Nuclear Non-Proliferation Treaty*,简称 NPT),于 1970 年生效,几十年来成功建立了核不扩散的国际机制。它通过三项基本原则来平衡各方利益:

- 非核国家承诺不制造或者获取核武器和接受对核设施的国际安保管理;
- 拥有核武器国家承诺向无核方向发展;
- 所有国家承诺共同和平利用核技术,包括全球核电发展。

然而,过去的十年里核不扩散条约面临新的挑战,三大目标也赋予了新的内涵。

对于第一个目标来说,利比亚、朝鲜和巴基斯坦都有自己的核项目。利比亚宣布放弃了核项目计划,而朝鲜退出了核不扩散条约并进行了核爆炸测试。印度没有签署核不扩散条约,它得到核供应商的帮助,正在进行商业化核应用。伊朗虽然宣称核项目是出于和平应用的目的,但其中隐藏着铀浓缩项目,很有可能是为了制造核武器。

"9·11"事件以后,国际恐怖组织的威胁更加严重。基地组织明确表示想要拥有核武器。核武器或制造核武器所需要的裂变材料落入恐怖组织手中的危险程度甚至超过了冷战后核战争的威胁[1]。这使得关于核裁军的讨论重新被提出来。

与此同时,全世界的核电发展经过缓慢增长期后,将进入快速膨胀期。到时候并不只有工业化的国家才拥有核舰队。例如,仅在中东地区,伊朗、阿联酋、约旦、沙特阿拉伯、埃及、土耳其和叙利亚都有发展核电的意愿。假如这些国家只建造和运行核反应堆,而不参与铀浓缩和钚分离的话,核扩散风险是很小的。这当然需要核供应商和核不扩散条约组织的帮助。值得注意的是:能否用早期的核电项目来判断一个国家核燃料循环发展的合理性,比如伊朗。获得核武器的主要障碍是获得高浓缩铀和分离出的钚。有了浓缩和后处理能力,即使是在核不扩散条约下合法运行,依然存在秘密生产核武器所需的材料或设施的危险性。伊朗问题涉及核电发展带来的核扩散,而巴西的铀浓缩和日本的后处理厂更意味着随着"核电复兴",核燃料循环设施会大量发展。这对美国防核扩散政策形成了挑战,而《不扩散核武器条约》的无核武器缔约国一致认为,只要《不扩散核武器条约》作为全面保障得到实施,这样的结果是可以接受的。在《不扩散核武器条约》约束下进行的核燃料循环活动依然使得一个国家能够获得核武器。这使得我们可能需要重新审视《不扩散核武器条约》中的"门槛"问题。即使这些国家不曾越过这个门槛,比如中东地区,这个门槛严重影响了地缘政治。

在这里,我们只关注核燃料循环发展带来的核扩散风险以及如何通过体制和技术手段降低这种风险。当然,在核电项目外隐藏的核武器项目是个大问题,但这超出了我们核燃料循环讨论的范围。我们的讨论认为,至少在短期或中期内,美国应着重于研究满足以下条件的方法:在现存的《不扩散核武器条约》的框架内,基于经济刺激,承认美国作为世界核供应商的地位有所削弱,使美国参与到国际核燃料循环的开发中。

8.1 背景

关于核扩散和核燃料循环,这里有两个内容值得进一步讨论:核燃料循环中的天然裂变材料和未来数十年的国际核电格局。

前文多次提到,裂变材料如高浓铀和钚的获得是发展核武器的最大挑战[2]。所以,核燃料循环的焦点是浓缩厂和后处理设施。前者是为了生产低浓缩铀作为轻水堆燃料(浓度为4%~5%)或者高浓缩铀作为核武器原料(技术上定义铀浓度为20%,但事实上核武器原料的铀浓度超过90%)。商用技术中如气态扩散或离心技术相对来说较难掌握,因为这些技术用于质量偏差小于1%的同位素分离(UF_6分子分离)。这些技术都是机密的,然而Khan网泄露了欧洲早期的离心技术。

另一方面,后处理过程中的钚分离是一个化学过程,大型商业化运行需要有很高的安全和健康标准,这个目标已经实现了。这个过程没有涉及同位素的分离,只有不同元素的化学分离。核弹中使用的不同的钚同位素具有很相似的临界质量。所以,乏燃料和分离出的钚需要有安全保障计划,这对防止核扩散是很重要的。

然而,我们经常混淆核武器所需的裂变材料的特性。虽然裂变材料的临界质量是很重要的,但其他特性也很重要,如不同同位素混合产生的中子辐射背景和产生的热量。Los Alamos国家实验室[3]在战时给其设计团队做的最初报告中说明了用最少的中子产出最大产额的核爆是十分重要的。引爆核武器所需要的高温使得对化学炸药的设计变得十分复杂。

高浓缩铀有两个很好的特性——低中子背景和低热量,从而使得设计核爆炸装置变得简单。在浓缩到5%的浓度时已经完成了达到90%浓度所需的大量工作。所以,低浓缩铀和浓缩技术需要严格控制。

钚的主要易裂变同位素是^{239}Pu,可以由轻水堆运行中低浓缩铀燃料^{238}U俘获中子得到。核武器中的钚主要由^{239}Pu组成(超过90%)。然而,在商用核反应堆中,燃料是反应堆核心,在一系列的中子俘获中也产生了相当数量的钚的其他同位素,尤其是同位素(Pu-238,Pu-240和Pu-242),产生了大量的中子和热量,对于不同核燃料循环有显著差别。

图8.1显示了不同核燃料循环的六种材料自发产生的中子和热量,折算成每千克钚产生的量。核武器等级的钚有很低的热量和低的中子发射;这是在专门的低燃耗反应堆里为核武器项目生产的,以减少更重同位素的产生。图中清楚地表示了核武器材料和商用核燃料的不同要求。

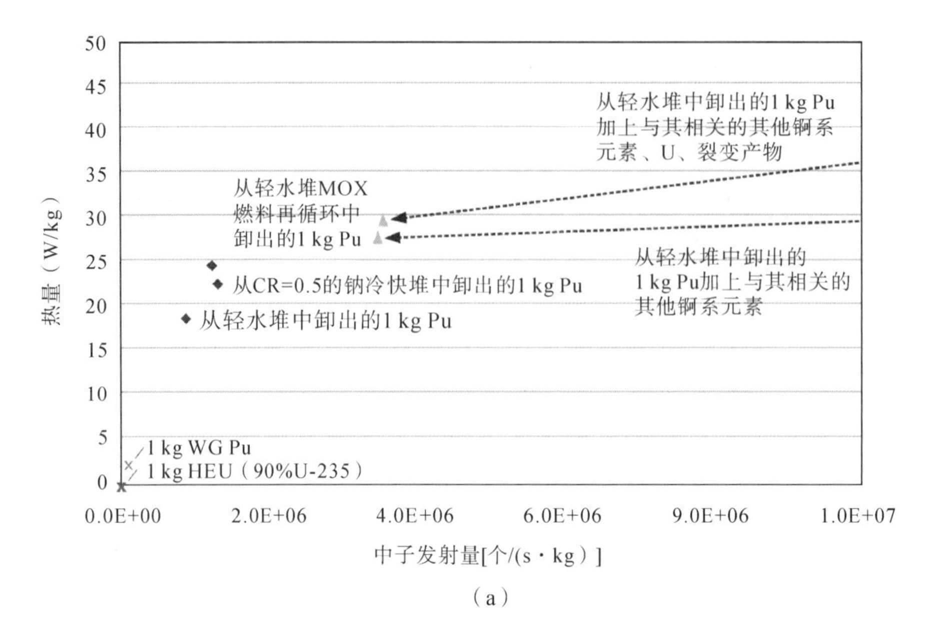

（a）

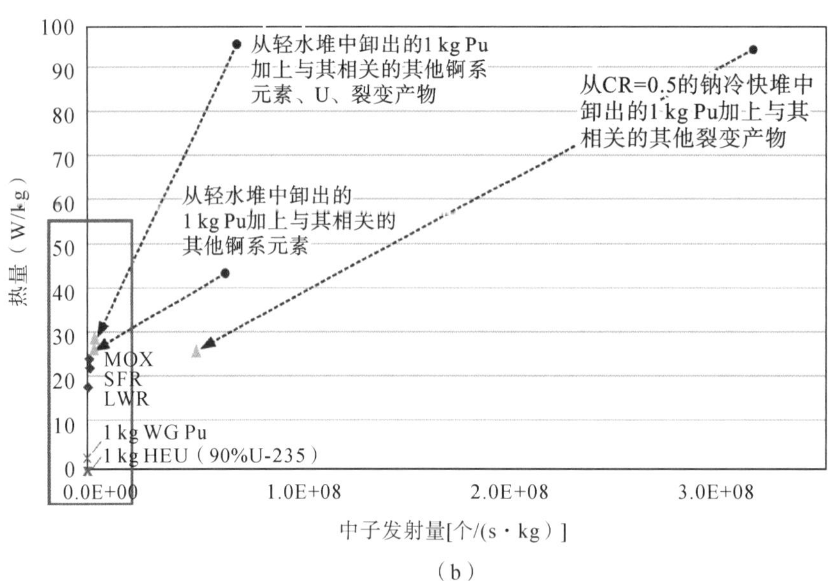

（b）

图 8.1　核燃料的武器可用性特征

图 8.1(a)中菱形标记表示从一次通过式循环的轻水堆乏燃料中分离出 1 kg 钚产生的热量和中子产量。它的热量和中子背景都比核武器燃料等级高。轻水堆产生的超铀元素含量(用每千克所含的钚及其他锕系元素表示)大大增加,如图 8.1(b)所示。裂变产物提高了热量等级。产生大量的热和中子是乏燃料特性。当然,这种不经过钚分离的乏燃料是不能用于制作核爆炸装置的(俗称“脏弹”[4])。

MOX(Pu)对应于一次循环后的 MOX。相比于一次通过式循环的轻水堆产生的钚,它能产生更多的热量和中子。一次通过式循环快堆的钚也是类似的特性。然而,中子特性不仅对判断核武器可用性很重要,对于评估闭式燃料循环燃料制造也是很重要的。显而易见的是,高的中子背景会增加成本。因为工人健康和安全需要得到更多的保障,这也使得整个操作和维护过程必须是远程的。虽然我们不能定量地定义核武器对裂变材料的需求,但 MOX 燃料是核扩散的关键。我们需要明确,很多地方并不需要高浓缩度原料的核武器。对于恐怖组织来说,一个原始的低浓缩度原料的核武器装置就足够了。核爆炸装置的低标准意味着低等级的裂变材料也能发挥作用。

从轻水堆被辐照燃料中提取出的钚(包括次锕系元素)和超铀元素一起会明显增加热量和中子背景。大家更感兴趣的是,快堆中一个"均衡的"全部超铀元素循环产生更多的热量和中子(从堆中取出 10 年后)。这也是对核扩散的一个挑战,需要采取有效的措施。

另一个重大问题是储存相当时间后的乏燃料特性。图 8.1 纵轴表示 100 年后的乏燃料特性变化。明显地,一次通过式轻水堆乏燃料丧失了部分防辐射保障,这就需要增加安全保障。而快堆"均衡"超铀元素循环在 100 年后依然有相当的中子背景。

我们得出的结论是,从乏燃料中分离的钚并不一定能达到核武器等级,但仍然存在很大的风险,除非储存材料的所有地方都有最高等级的安全保障。这些材料对于恐怖组织来说很有吸引力[5]。另一方面,从快堆闭式循环中分离出的超铀元素对于制造核武器是没什么用的。这也对快堆闭式循环的安全性和经济性形成了很大的挑战。

另一个相关的问题是核电预期的扩张和随之而来的核扩散顾虑。这种顾虑在正考虑建造或刚开始建造核电项目的国家尤为严重。在很长的一段时间内,核燃料循环设施在经济方面的投资规模都较小。当然,核电的成长轨迹是未知的:二氧化碳的减排目标会促使核电大规模发展,但高的资本投资或严重的核电事故又会抑制核电发展。2003 年 MIT 在《核电的未来》的报告中规划了 2050 年 1 Tw 的核电部署。即使在这样的发展前景下,80%的核电仍然分布在几个核电大国中。核燃料循环发展带来巨大的核扩散规模,造成的挑战是巨大的。不过从现在核电发展的趋势看,到 2050 年核电规模是小于 1 Tw 的。

8.2　应对核燃料循环核扩散的制度途径

防止核燃料循环核扩散的基本原则是限制浓缩和后处理设施以及技术的传播,特别是在地缘政治区域。这些目标在 20 世纪末已经基本实现。1974 年印度核爆炸试验后,世界上主要有核国家成立了核供应国集团(NSG)。该集团通过对核反应堆设施和核燃料循环设施采取不同的措施来防止核扩散。核供应国集团对《不扩散核武器条约》的解释是非核供应国集团成员并不需要借助这些技术[6]。在核供应国集团成立的最初几年,德国为巴西提供核燃料循环技术的协议没有执行。

在此期间,美国发挥了主导作用。主要原因是美国拥有最领先的核技术。但是在最近 40 年,美国的核工业停滞不前,而很多其他国家的核工业逐渐具备了竞争力。美国具有技术垄断的时代已经一去不复返了。美国想要重建领导地位面临很大的挑战,因为像俄罗斯、韩国和中国等越来越多的国家在国际核市场已经占有一席之地。防止核扩散政策就需要与时俱进。

在这种情况下，近年来美国通过和平利用原子能的双边协议来限制铀浓缩和后处理技术的扩散（即“123 条约”）。但是，如果将其作为一种通用的方法是十分糟糕的。在“123 条约”中阿联酋声明放弃铀浓缩和后处理——这是一个值得称赞的声明。然而，这种模式难以在全球范围内推行。首先，美国没有条件执行很多“123 条约”，包括在中东地区（埃及和土耳其）并不能期望这个协议有新的结果。其次，国家有关部门提议，只要对不同国家区别对待这个协议或许适用于中东。但是约旦、沙特阿拉伯与有核国家达成了核合作协议。美国与阿联酋达成核燃料循环限制协议的同时，韩国成功中标并取得了在阿联酋建造第一座核反应堆的资格。核供应国集团的其他成员的这些行动并没有违反《不扩散核武器条约》的限制。美国的做法只能解决暂时的问题，而没有强有力的政策。

强行通过双边合作协议的做法至少有两个负面作用。如果不对协议进行修改的话，其他国家对《不扩散核武器条约》的争议将会更多。另外，这样会进一步降低美国在国际核商业市场的地位。这既是经济上的损失，也对安全方面形成威胁。美国在提高全球市场的地位、重建国内市场和国际市场方面都将面临巨大挑战。

在短期内，经济利益和安全问题是密不可分的。因此，基于核燃料循环经济目的的多边条约更有可能取得成功。在短期内，“绿色”的核燃料循环方式仍然是轻水堆的一次通过式循环以及被辐照过燃料的长期储存。这达到了限制后处理技术扩散的目的，至少在未来几十年内是这样的。对于新的轻水堆燃料，限制铀浓缩技术扩散可以获得经济利益与安全保障。对于小型核电项目，经济利益是影响国际市场上核燃料贸易的最重要因素。

最终对乏燃料部分成分还是全部成分进行地质隔离，这取决于是否对乏燃料进行分类以及是否回收钚/超铀元素。已有的经验表明，建立国家地质隔离场需要大量的资源，而且是一个长期的政治过程。这对小型的核电项目带来的不仅是挑战还有机遇。这里建议一种燃料租赁的方式：核燃料供应商保留燃料的所有权。在经过短暂的冷却后，把乏燃料移回原产国或者移到拥有国际地质处置库的第三方国家。这种方式的主要挑战是：核燃料供应商是否愿意接受已经没有价值的乏燃料，或者说核燃料供应商是出租核燃料而不是卖核燃料，并且提供储存/后处理服务。对核燃料供应商来说，最理想的情况是在储存数十年之后制订出合适的核燃料循环方式。除了乏燃料返回的难题外，核燃料供应商还要处理其他的乏燃料问题。在美国，出于防核扩散目的，实验堆产生的乏燃料也已被回收。公众有权知道为了防核扩散而增强核废物管理所带来的挑战，并对核电未来几十年的发展轨迹和核燃料循环发展的技术路径有清晰的了解。建立乏燃料处置库和后处理策略的失败限制了美国防核扩散政策的选择。所以，防核扩散的目标只能通过废物管理策略来实现。

实现这些目标的一个具体做法是保证核燃料服务计划（ANFSI）.[7] 租赁计划是通过商业谈判、签订燃料服务交易的商业合同实现。重要的是，合同中需明确规定燃料租借国必须在 10 年内放弃发展浓缩或后处理技术，而且在合同期间内燃料租借国不能与燃料供应商竞争。这是给核燃料使用之后废物处理的补偿。国际原子能机构（IAEA）为这些交易提供保障，在“附加议定书”的框架中加以说明（见后面介绍）。不要低估 10 年燃料租赁在防核扩散方面带来的好处。也不要对其他国家抱有幻想，每个国家都会在《不扩散核武器条约》下追求自己的最大利益，过去 10 年的经验也表明了这一点。[8] ANFSI 不会考虑为一个不可能成功的谈判重开《不扩散核武器条约》，尤其是在核供应国集团（NSG）没有达成一致的前提下。这是一种基于经济激励的方式，目的在于让各国减少交易。当前国际社会对伊朗核问题的做法为有效防核扩散带来了一些希望。

国际原子能机构附加议定书

国际原子能机构保障情况说明书：

“附加议定书是保障安保条约授权的国际原子能机构监测检查权威的合法文件。附加议定书的原则是使国际原子能机构检测申报的和未申报的核活动。附加议定书扩大了原子能机构获得信息的权利。”

附加议定书授权国际原子能机构可对任何一个签署了附加议定书的国家检查核燃料循环设施并要求提供数据。国际原子能机构也可以进一步要求任一签署国提供核燃料循环研发数据，检查与核相关的进出口物资。更重要的一点是，国际原子能机构可以扩大取样和检查范围，可以监测除了已申报的核址外的其他地方。

国际原子能机构.IAEA 安全总括：安全保障条约和附加议定书.维也纳，奥地利。

网址：http://www.iaea.org/Publications/Factsheets/english/sg_overview.html.

2010年9月3日

ANFSI 考虑进一步刺激国际燃料市场。浓缩只是核电成本的一小部分，每度电成本中浓缩成本不到1美分。即使浓缩成本由于防核扩散而增加，未来20年每年的总成本也不多于10亿美元。我们并不赞成这种直接补贴的方式。由于规模较小，有很多经济激励的办法可以吸引大家加入燃料租赁模式，而且燃料租赁模式在废物管理上也具有优势。除了直接的方式(包括贷款、价格折扣、保险和出口融资)，还可以考虑一些非直接的方式，例如为抑制碳排放给予贷款等方式[9]。

国际核燃料循环设施讨论从60年前就开始了，IAEA 在2005年出台了新的激励措施(见表8.1)。但这些措施总体收效甚微，除了最近致力于为没有铀浓缩能力的国家建立一个燃料银行。有一个例子，有 IAEA 安全认证并且有资格在国际上共享所有权的浓缩厂可以以实体身份进入商业合同，和私有公司竞争。URENCO 原本是德国、荷兰和英资财团以国际有限公司形式成立的。URENCO 和国家燃料银行合作时，更能保障核燃料供应安全，远远优于乱象丛生的国家浓缩设施。然而，这并不能解决燃料租赁方式中的最大难题，对于乏燃料和高放废物的最终地质隔离场来说，这样甚至可能使问题复杂化。废物处置库仍然需要建立在主权国家，而对于燃料供应国来说燃料租赁方式的吸引力在于能够提升收入。

表8.1 国际防核扩散行动历史

时间	行动	目标	结果
1946	巴鲁克计划	美国提议民用核燃料循环国际化管理	被苏联否决，苏联反对核设施检查，并在联合国安理会放弃了原子能事务的投票权
1977	区域核燃料循环中心研究	由国际原子能机构发起，评估建立跨国核燃料循环厂的可行性	研究发现技术可行，但存在很多挑战，如技术转移和保障供应安全

续表

时间	行动	目标	结果
1975—1980	国际核燃料循环评估	由美国发起，由国际原子能机构指导，并有其他国家和组织参与——旨在解决核燃料循环和核武器之间的技术关联	研究发现没有哪种技术是可行的，这一过程反而有助于核供应商提供浓缩/后处理技术（如德国对巴西）
1980—1987	保障供应委员会	国际原子能机构成立燃料银行和提供核燃料供应措施	—
2005	核燃料循环的多边协议	国际原子能机构总干事要求提供关于多边核协议方案和前景的报告	增加了建立跨国核燃料循环的可能性
2006	NTI 承诺为燃料银行提供 5 000 万美元	为低浓缩铀银行寻求基金资助	2009 年 3 月与科威特达成的捐赠协议，完成了 1.5 亿美元的目标
2010 年 3 月	国际原子能机构和俄罗斯燃料银行协议	在俄罗斯 Angarsk 建立 120 t 的库存，国际原子能机构控制库存销售	俄罗斯官方宣布燃料银行于 2010 年 12 月开始运行

显然 ANFSI 和其他燃料租赁方式面临一些核心挑战：供应保障、技术发展和政治的不对称性。

供应保障：像前面提到的，国际浓缩厂可以提供供应保障，但其他方式也能做到这一点。政府能够保证燃料供应，除了严重违反国际防核扩散承诺、《不扩散核武器条约》和国际原子能机构保障监督的国际防核扩散承诺协议外，将支持商业合同的履行。这还需要有多重保障。特别是在国际原子能机构与核威胁倡议以及一些国家的协助下，可以通过建立燃料银行来解决这一问题。国际原子能机构应该由联合国安理会授权承担担保人的角色，在遵守防核扩散承诺前提下，通过燃料银行或燃料储备确保合同中的燃料服务。附加议定书在这方面十分重要。国际原子能机构可以从燃料供应者的角色延伸到协调者的角色，类似于在石油市场中断供应时国际能源署的角色。此外，长期合同的固定价格消除了各国对合同期间价格波动的担忧。

技术发展：一些国家认为燃料租赁方式和放弃浓缩以及后处理的承诺会阻止本土技术发展。这些争议在 10 年的合同期内是不会受到太多关注的。首先，这个争议中的技术发展与否并不会对一个国家的经济产生重大作用。虽然核燃料循环方式如何发展在当前还不确定，但是燃料成本只是核电成本的一小部分。国家投资在其他领域的技术创新产生的效应可能要大得多。其次，ANSFI 不会永久性反对发展浓缩和后处理技术，只是在合同期间出于经济和政治利益的考虑放弃发展浓缩和后处理技术。在未来核电和核燃料循环发展有更清晰的方向时可以再发展浓缩和后处理技术。最后，这些租赁条件应该得到许可，而不应该附加额外的政治条件。核燃料循环的核心是对先进堆型的研究。国家间的合作不涉及浓缩和后处理技术，这需要在附加议定书中说明。研发项目需要经过实验研究、概念设计、模型开发和模拟，而不是直接在短期内建造大型的示范堆。

不平等和激励：在《不扩散核武器条约》的制约下，有核国家和无核国家在燃料租赁方式上被分成不同的等级。但是 ANFSI 却号召各国在经济和政治激励下自愿签订协议，而且出于防核扩散的目的，必须承诺在合同期内放弃发展浓缩和后处理技术，同时新建的核电项目也要遵守防核扩散的要求，不能完全以经济和政治为目的。

其实，ANFSI 最大的不平等在燃料供应国：供应国全权负责核废物处理。这样很难得到国内的民众支持。因为废物处理不仅仅是建立一个废物储存场而已。退一步的话，供应国只负责回收乏燃料。对乏燃料进行长期储存一个世纪以上以使得乏燃料中裂变产物降低到规定含量以下（超铀元素有合理的规格）。目前俄罗斯在朝这个方向努力。假如供应国追求闭式燃料循环，就不存在这个问题了。如果采用其他核燃料循环方式，则需要采取乏燃料处理或裂变产物分类、超铀元素处理、高放废物混合和深埋，以及其他一些措施。如果拥有废物处置库，在没有采用闭式燃料循环的前提下，最佳选择是将废物直接处置。当然，假如供应国的公众不支持回收乏燃料，未来就需要开发多种后处理技术路径，但难免伴随着扩散的风险。

当然，ANFSI 和其他燃料租赁方式的实行面临着不小的挑战，比如伊朗和巴西的问题。美国和国际社会在防核扩散目标上没有达成一致。各国的不同看法导致了两种截然相反的态度，这削弱了这种方式的执行力。

综上所述，我们建议美国强调核供应国集团的凝聚力，为承诺放弃发展浓缩和后处理技术的新兴核电国家提供经济和政策激励。这种激励措施不好的一面是，拒绝激励的国家将有更多的机会发展核燃料循环技术。

8.3　应对核燃料循环核扩散的技术手段

任何后端的核燃料循环方式都存在核扩散的风险。因为在这个过程中需要浓缩技术或者有钚的产生。能有效防止核扩散的方法是建立健全的体制保障：最重要的是主权国家主动承诺不基于自身利益制造核武器，还有国际协调组织和执行机构发挥作用，如 NPT 和 IAEA。另外，技术手段也能有效防止核扩散，加强国际社会的透明度，加强核原料的安全性和提高核原料转移的门槛。我们将讨论与核燃料循环发展直接相关的一些主题：防核扩散条约指导下的技术选择和技术安全保障。

8.3.1 核燃料循环选择

钚是核武器的主要原料，在堆芯中子环境下，由 ^{238}U 产生。图 8.1 阐明了技术层面的问题。由于钚仍然在一个高放射性环境中，防核扩散的一种选择是轻水堆一次通过式燃料循环。其次的选择是 MOX/PUREX 循环方式，将钚从被辐照过的燃料中提取出来再循环。我们从第 6 章看到这种循环方式既没有经济优势也没有废物管理优势，但这种方式在一些国家已经运行了几十年。它的成本属于后处理成本（出于军用和民用目的建造）。然而分离出的钚已经在存放地积累了 250 t。虽然西方国家具有很高的安全标准，但这些累积的钚对于新核电项目国家是有警示作用。这些存放钚的地方需要强大的安全保障。

快堆中超铀元素再循环产生的原料对于制造核武器来说是没有多大用处的（见图 8.1）。这对防核扩散是十分有利的。但是，这种循环方式很难操作并且成本很高。在小型核电项目中采用这种循环方式是不太现实的。另外，这种核燃料循环方式能接收来自轻水堆的乏燃料,再为快堆提供燃料,对于轻水堆中的超铀元素来说,这种循环方式相当于废物管理。这样的循环方式模仿了乏燃料回收的租赁方式。因此,理论上来说,这种循环方式能够很好地防止核扩散(包括小型轻水堆废物管理服务)。这种技术的难题在于成本太高,并且还需要几十年的研究和发展。中间的风险是随着核电项目发展,MOX/PUREX 循环方式可能成为超铀元素再循环的桥梁,而 MOX/PUREX 循环方式会大大增加核扩散的风险。

8.3.2 后处理选择

轻水堆乏燃料商业化后处理技术使用水溶性试剂萃取 PUREX 流程。它产生三类物质:高纯钚、铀、裂变产物和次锕系元素。为避免分离出纯钚(如 UREX,见附录 E),发展了其他水溶性试剂方法。然而,有观点认为萃取的化学过程很容易被改变来分离出钚,所以这种方式能否防核扩散是具有一定争议的。

高温冶金处理已发展为一种替代方式,尤其适合于金属燃料(不适合氧化物燃料)。通过高温处理提取的钚与部分稀土元素、铀和其他锕系元素混合。爱达荷国家实验室使用高温处理方法处理实验增殖反应堆的金属燃料。由于这项技术能有效防止核扩散,韩国正在大力发展这项技术。

高温处理技术的一个优势是所有操作由机器人完成,因此设施更有安全保障。其次,这种技术设备比起大型水溶性萃取设施更加紧凑,并可以模块化,这样一个或两个快堆就能放在一起,构成一个安全的系统。另一方面,该技术的不足之处在于高温冶金处理技术的原料是金属燃料,很容易转化为核武器。总而言之,高温冶金处理技术能够很好地防核扩散,但还不足以使美国选择这种方式来处理本土燃料。在短期内,大多数国家还会选择较为成熟、相对简单的水溶性萃取技术。

8.3.3 浓缩选择

防止核扩散的一个关键点是检测浓缩设施是否能制造浓缩铀。商用的第一代大规模浓缩技术是气态扩散。核武器项目气态扩散所需的建筑面积和电力是很庞大的(商用堆所需的规模也是很大的),所以这很容易被检测出来。

第二代采用离心技术,在建筑面积和用电量上要小得多。伊朗隐藏的离心技术说明了离心工厂不容易被发现。这种技术运行过程中需要特定的材料,在一定程度上可以监测。但伊朗问题说明这种监测方式能发挥的作用是有限的。这种特定的材料有多种用途,这就增加了监测难度;如离心机转子所用的碳纤维,它同样可用于高尔夫俱乐部、商用飞机、精密电机控制器和其他的无数用途。浓缩厂的安全保障和材料核算都是挑战;要检测离心技术秘密设施是否被复制就更加困难。附加议定书致力于解决这一难题,但对很多国家无效(如伊朗)。

目前即将要采用的是第三代技术,所需的建筑面积和电力更小,而且浓缩成本也低,所以促进了该技术的应用和发展。近几十年来激光技术的发展使得同位素分离有了长足的发展。该技术利用激光对特定原子或者分子进行激发,特别适用于特定同位素的分离和富集。澳大利亚发明的 SILEX(激光激发的同位素分离)技术已提交至美国核管会(NRC),并获得了全球激光浓缩(GLE)财团(GE Hitachi Cameco 公司)的许可。GLE 宣称的成本优势在于自带标记，便于监测。其次，这个技术已经应用于其他同位素分离，包括硅、碳和氧。这意味着即便是用于铀浓缩也会被其他同位素分离应用掩盖。这引发了一个讨论：核管会在颁发执照时是否要对核扩散风险做判断。Slakey 和 Cohen 提出这个问题，是因为《原子能法案》规定，核管会需要判断一项技术是否对美国的公共防御和安全不利，而申请人强调在给离心工厂颁发执照时不需要进行核扩散风险判断[10]。区别在于这项技术的成熟度，激光技术从未商业化应用，而从欧洲复制过来的离心技术已经具有商业化运行规模。毫无疑问，我们可以对技术进行分类，并且在颁发执照的问题上寻求高度的一致性。关注点在于泄露问题，离心技术已有泄露先例。事实是离心技术已经不止在美国发展，在别的国家也发展了很多年。还有一些其他因素需要考虑，包括美国防核扩散政策的重要性，重拾全球性核供应商的地位。核管会对核扩散问题有着深层次的考虑，但并不全面。核管会需要进一步考虑具体的技术分类以及美国经济和安全因素。从能源部到核管会，在决策的过程中情报都是十分重要的。

这一悬而未决的讨论给我们的启示是：我们可以期望同位素分离技术的进步，但更迫切的是更新全球核不扩散机制，而不仅仅是寄希望于一种未知的技术。

8.3.4 安全保障

全新的安全保障措施是应对这些挑战的重要部分。技术性安全保障在于实时监测裂变材料是否被窃取或转移，同时保障人身安全和设施安全。我们的目标是知道裂变材料库存量的精确值，这样便于政府核算和保护境内的核材料，并协助国际原子能机构监测各国是否遵守《不扩散核武器条约》。表 8.2 是核燃料循环各阶段的技术目标，由美国物理学会(APS)于 2005 年给出。

表 8.2　安全保障技术目标

<table>
<tr><th>浓缩工厂</th><th>反应堆和燃料制造</th><th>后处理工厂</th><th>废物处置库</th></tr>
<tr><td>检测隐蔽的浓缩工厂</td><td>检测隐蔽的反应堆</td><td>检测隐蔽的后处理工厂</td><td></td></tr>
<tr><td rowspan="2">检测已申报的工厂高浓缩铀或超出量的低浓缩铀</td><td>检测隐蔽的核原料</td><td>发现未申报的分离和提纯设施的用途</td><td>检测核原料或乏燃料的转移</td></tr>
<tr><td>发现已申报的工厂里核原料转移</td><td>检测核原料转移</td><td></td></tr>
</table>

Nuclear Energy Study of the American Physical Society Panel on Public Affairs. Hagengraber, R. (May, 2005). Nuclear Power and Proliferation Resistance: Securing Benefits, Limiting Risk. Washington, D.C.: American Physical Society Panel on Public Affairs.

第一代安全保障技术已经被广泛采用。但是，面对近期和未来的挑战还没有相应的解决措施。安全保障设施增加了，国际原子能机构的责任也增大了。在过去几年里，附加议定书的条款数极大地增多了。这些都是很大的进步，为了减轻检测的负担，安全保障技术是必要的。随着新的核反应堆的出现，后处理或浓缩技术的发展，新的大型核燃料循环设施投入使用，长期的废物储存场的建立，国际原子能机构所承担的任务更加复杂多样。如前文所述，伊朗问题突出了检测隐蔽的核燃料循环设施的重要性，恐怖主义突出了一体化安全和保卫的重要性。许多先进的技术，例如建模和仿真、集成传感器、信息技术、通信系统等，还可以大量地应用于该领域。

安全保障技术的研究可以围绕以下几个方面进行。

安全保障设计：在核设施设计的早期阶段就设计特定的安全系统，既能保障人身和工艺过程安全，也是商业安全高效运行的需要。建模和仿真都是有效的手段。日本的Rokkasho后处理设施为先进的安全保障技术设计提供了一个很好的范例。

(1)实时过程监测：在工厂运行环境中采用更加快速、更精确的无损检测新技术。新的检测算法，包括贝叶斯统计、输运路径建模(新核电站安全保障设计的一部分)可以作为裂变材料监测的一个补充。例如，在一个浓缩工厂，在给料、产品和排放需要的同时监测含量和质量流量。

(2)信息整合：一个全面的安全保障系统需要从数百个数据源中整合出数据，作为远程设施监测的基础。自动化系统会在异常时自动启动物理防护措施。

(3)环境监测：设施外围的环境样本(土、水、空气)检测和同位素成分监测是检测隐蔽设施的核心系统。这是一项技术挑战，尤其是当东道主国不配合且设施覆盖面积很大时。这时新型通信传感器网络和小型能源就起到关键作用。

直到近些年，能源部每年花在安全保障技术项目上只有几百万美元，这与当前面临的挑战的紧迫性极不相称。“新一代保障倡议”(NGSI)于2008年开始实施，其中有每年大约花费5 000万美元的项目计划。虽然这个钱不会全部直接花在新一代技术上，但这个数目是合适的，因为NGSI还有其他任务(人力成本、国际合作等)。但应该把新的技术项目放在首位。

开发新一代监测全球核燃料循环设施运行环境的安全保障技术有一定的技术挑战。对典型的设施进行实地测试是必要的。美国有很多商业和国家实验室可以用来进行技术的检测和改进。由于国内现代核设施数量有限，在重要的示范性项目上进行国际合作也是必不可少的。能源部应该制订公开透明的安全保障技术开发路径，来应对全球核燃料循环发展所面临的挑战。

引文与注释

[1]Goddard B. Nuclear Tipping Point(Motion Picture). United States: Nuclear Security Project, 2010.

[2]Jones, Rodney, Mark McDonough. Tracking Nuclear Proliferation: A Guide in Maps and Charts, Washington D.C., Carnegie Endowment for International Peace, 1998.

[3]The Los Alamos Primer, R. Serber, University of California Press, 1992.

[4]脏弹由放射源和传统炸弹相结合，用于散布放射性元素。脏弹并不是核武器，没有核武器的效果。放射源不需要具备裂变性(如Co-60，广泛用作工业γ射线源)。

[5]Bunn, Matthew. Securing the Bomb 2010. Cambridge, Mass. and Washington, D.C.: Project on Managing the Atom, Belfer Center for Science and International Affairs, Harvard Kennedy School and Nuclear Threat Initiative, April, 2010.

[6]McGoldrick F.The Road Ahead for Export Controls: Challenges for the Nuclear Suppliers Group. Washington D.C.: Arms Control Today, January/February 2011.http://www.armscontrol.org/act/2011_01－02/McGoldrick, accessed January 13, 2011.

[7]Deutch J., et al. Making the World Safe for Nuclear Energy Survival, 2004, 46(4): 65-80.

[8]McGoldrick，F.（November 30，2010）. The U.S.-UAE Peaceful Nuclear Cooperation Agreement：A Gold Standard or Fool's Gold? In *Policy Perspectives* Washington D.C.：Center for Strategic and International Studies.

[9]Deutch J.，et al. Making the World Safe for Nuclear Energy Survival,2004,46(4):65-80.

[10]Slakey F.，L. Cohen. Stop Laser Uranium Enrichment. *Nature*,2010,464(7285):32-33.

第9章

美国对核能和核废物的态度[1]

公众对核能的态度影响联邦和当地政府关于新核电站的选址和建造以及开发临时和长期废物储存场的政策。在过去30年里，核能发展相当缓慢，其中原因是三哩岛事故和地方反对派反对核设施的建造使得公众不再全面支持核能发展。

自2002年以来，美国MIT能源研究工作评估了公众对核能和其他能源的理解和态度。在2002年、2003年、2006年、2007年和2009年分别随机抽样调查知识网站上的成年人。其中2002年和2007年的调查最为深入，调查分析结果和数据都可从MIT CANES[2]和MIT政治科学系[3]获得。2007年的调查搬用了2002年的调查模式，在《核电的未来》报告中给出了调查结果。2009年的调查专门设计了一些关于核废物处置的问题，并获得公众对建造新核电站的态度。这些调查使用的是和早期调查同样的问题，最早可以追溯到1973年。这有助于我们了解公众对核能的态度变化，尤其是对待核废物、安全和核能扩张的态度。另外，调查包含新的内容以便于了解公众支持核能的缘由。

调查的一个突出点在于全球变暖是否使得公众更加支持核能发展。要解决这个问题，就需要在调查中包含关注全球变暖与支持核能的衡量，以及可解释人们对核能的整体态度的其他衡量点。这些其他因素包括发电成本、当地环境可能的风险、事故发生的可能性和废物存放。这章讲述的是公众对核能态度的调查结果以及公众对废物存放的关注。

9.1 对建造新核电站的支持情况

首先，简单地介绍一些背景。一系列社会民意调查显示，从20世纪70年代中期到2000年，公众对新建核电站的支持率逐渐下降。调查由几个不同的组织发起[4]，其中有剑桥能源研究协会(CERA)和盖洛普(Gallup)，调查问题有“你支持还是反对建设新的核电站”[5]。从1975年到1985年，公众对核能的支持急剧下降。到1990年，大多数人反对建设新的核电站。这种趋势如果持续下去，那将导致一个政治问题，因为在《核电的未来》这个报告中提到，美国将在未来10年内建造300～400座新的核电站。

在1990年到2000年期间，很少有统计调查组织询问这个问题。MIT的统计调查开始于2002年，2007年又再次统计调查，与1990年相比发现，公众对核能的态度产生了两极分化。2009年MIT统计报告显示公众对核能的支持比以前高得多。1 289个受访者中，有61%表示支持在美国建设新的核电站。一个可能的解释是在2008年的总统大选中,共和党总统候选人约翰·麦凯恩呼吁扩张核电厂数量,特别是在辩论中,民主党总统候选人巴拉克·奥巴马没有立即反对。

2002 年和 2007 年的调查询问了一些与以往的调查不同的问题。调查中问道美国是应该扩大还是减少核能利用。这个问题反映出公众是倾向于更多的利用核能还是减少利用核能,或者保持不变,或者完全不用核能。调查中除了涉及核能,也问了受访者对其他 6 种能源的态度:煤、天然气、油、水力发电、太阳能和风能。

表 9.1　2002 年、2007 年美国民众对美国应增加还是减少核能的态度

	2002 年	2007 年
增加	28%	34%
不变	25%	25%
减少	38%	29%
不使用	9%	12%

对 2002 年和 2007 年的调查结果比较发现,对于增加核能利用,多了 6%的人支持。同样,倾向于减少核能利用的人少了 9%。通过这些问题揭示了倾向于减少核能利用或者完全不用核能的人数仍然比支持增加核能利用的人多,但总体趋势则倾向于增加核电厂数量。

2007 年的统计调查表明公众对于核能利用的支持是上升的。不同的调查问题得到不同的支持程度,这表明单纯的一个问题还不够理想。未来的统计调查研究应该要设置多重考量方式,当然也要继续沿用之前的考量方式,以便未来做比较。

9.2　对待核废物的态度

核废物是未来核能发展的一个大障碍。

2007 年的调查问道假如核废物问题能够解决,是否会支持核能发展。51%的受访者表示会支持,34%的受访者表示赞同在美国增加核能利用。

问题是绝大多数美国人认为当前解决核废物问题不是力所能及的。

2002 年和 2007 年 MIT 调查随机设置了一些关于核废物储存的问题,如"你同意还是不同意以下这个观点,核废物能安全存放很多年"。

对于这个观点,在 2002 年,36%的受访者表示同意,而 64%的受访者表示反对。这个比例在 2007 年有所下降,只有 31%表示同意而 68%表示反对。公众对废物存放安全性的观点也是对建设新核电站的观点。多种分析结果表示,在众多因素中,除了价格和当地环境风险外,废物存放严重影响公众对新建核电站的态度。

大多数美国人对废物存放抱怀疑态度,这种怀疑以及对成本和当地环境影响的顾虑降低了美国扩大对核能利用的支持率。

9.3 对废物临时储存的态度

废物储存引发直接的政治问题，特别是关于发展临时储存设施。除了对于废物或长期储存可行性的普遍观点之外，公众的观点为政府处理废物临时储存问题提供了指导作用。更为重要的是，公众反对内华达州的尤卡山建设，民意调查结果延迟了废物处置库的建设。

2007 年和 2009 年 MIT 对两个层面的废物储存政策进行了民意调查：(1)储存在核电厂还是建立集中储存设施；(2)尤卡山。

2009 年的调查统计涉及乏燃料集中储存还是分散储存的问题。这个问题的设计是为了获得废物暂时储存的政策选择，是储存在核电站中还是储存在一个集中的地下处置库中，其中没有提到尤卡山。其他废物储存概念也是可行的，但它们还只是概念。

核电站会产生高度危险的放射性废物。在废物永久性储存前，必须临时储存几十年。现存核电站产生的核废物就存放在核电站中。

表 9.2 美国民众对放射性废物储存方式的态度

储存方式	比例
核电站，地面上	15%
集中储存场，底下	23%
不确定	61%

相对于存放在核电站中，更多人选择存放在一个集中的地下处置库中。但选择集中地下处置库的人也并不多。大部分受访者并不确定。随着公众对这个有更深的了解后，可能会选择其中之一，也可能选择别的方式。

过去 20 年来，美国废物储存政策争议一直围绕着内华达州的尤卡山。对于尤卡山，美国人有明确的观点和对此政策的见解。为了捕捉住到当前关于尤卡山处置库政治局势(即内华达州政府开始出现的反对态度)的一个最重要的特征，我们设计了另一个要调查的问题(见表 9.3)。内华达州的反对态度延迟了尤卡山的应用，也可能导致对它的永久性废弃。这个调查显示当地民声对于整个国家的政策也是很重要的。

假如核管会通过了尤卡山核废物处置库的申请，你认为美国要使用这个处置库吗?

表 9.3 美国民众对尤卡山处置库的态度

	2007 年	2009 年
是，明确的	18%	24%
是，只要内华达州同意	24%	29%
不，寻找另一个处置库	12%	2%
不，我们不应该有这样的一个处置库	18%	11%
不，不确定	27%	34%

相对于废物储存,公众对尤卡山有更明确的观点。2007年有42%的受访者表示支持,2009年有53%表示支持。2007年30%的受访者表示反对,而2009年这个比例下降到13%。部分改变是为了适应不断改变的政府形势。在2008年年中,美国能源部开始部署该项目,2009年问题的序言显示核管会正在考虑许可该项目。

即使核管会通过了该项目申请,大部分人支持该项目,但该项目仍然取决于一个重要条件——内华达州的态度。只有29%的人支持尤卡山项目。2007年也是同样大的比例。

这个结果说明联邦政府要和州政府共同努力,首先要获得当地支持,这种支持要在整个处置库项目期间都保持不变。

9.4 对全球变暖和核能的态度

人们对化石燃料产生的碳排放和全球变暖问题的不断关注可能会促使公众支持核能发展,而废物储存将成为核能发展的累赘。碳排放和气候变化的潜在联系是MIT研究核电未来的最初动力。从那时起,国际和国内的焦点开始集中在气候变化,以及核能有利于减少碳排放。全球变暖方面的专业意见正逐渐成为用来判断是否将扩大核电计划纳入国家气候政策。

然而,对于美国公众来说,核能发展和减少碳排放之间是否有必然联系仍不明确。

2002年和2007年MIT调查统计发现,公众对于碳排放和气候变化的关注并不会转化成对核能的支持。调查使用了多个问题来了解公众对于全球变暖的关注,如将全球变暖定义为一个严重的环境问题,对全球变暖的关注,是否愿意支付更高的电费来降低碳排放。调查也询问了是否愿意扩大核能发展。2002年和2007年调查显示,受访者对全球变暖的关注度和支持核能发展没有联系或者呈负相关。这种简单的相关和偏相关是正常的,因为个体有其恒定的人口学特征和对能源和环境问题的理解。这种相关性缺乏表明,虽然人们越来越关注气候变化,但并不能期望他们更加支持核能发展。

2003年的MIT能源调查显示,原因可能在于公众对于核能的印象。近一半的受访者认为核能也是碳排放的罪魁祸首之一。

2009年的调查直接询问了民众如何权衡全球变暖的风险和核能的风险。具体而言,调查问道:

核能产生少量或者不产生温室气体,如二氧化碳。美国是否应该使用核能来降低全球变暖的风险?

表9.4 美国民众对美国是否该使用核能降低全球变暖的态度

项　　目	态度
扩大核能利用以降低碳排放	36%
核能的风险太大,即使全球变暖是一个严重的问题	25%
全球变暖的风险被夸大,且不能以此来判断是否使用核能	15%
全球变暖的风险被夸大,但仍然支持核能发展	23%

虽然部分受访者说全球变暖的风险是核能发展的理由，但这不是大部分人的观点。虽然大部分人支持核能发展，但这部分人包括由于全球变暖而支持核能的人（顺便说一下，注重环境保护多于经济发展），也包括认为全球变暖的风险被夸大，但仍然支持核能发展的人。那些支持核能发展的联盟或者团体往往发现他们自己内部也有分歧。

这些受访者对于全球变暖和核能发展的联系有着自己的见解。上述问题的回应基于两个变量：全球变暖的风险与使用核能的意愿。受访者需要对两者进行衡量，并透露他们如何权衡风险。针对上述问题，我们整理出了一个二对二表格，如表 9.5 所示。第一个选项是认为全球变暖的风险很高，并支持核能使用；第二个选项是认为全球变暖的风险不高，但仍支持核能使用；以此类推。

表 9.5 全球变暖的风险和使用核能的意愿

		全球变暖风险	
		高	低
核能使用	是	36%	23%
	否	25%	15%

标准的卡方检验显示，我们不能拒绝表中的这两个变量在统计学上是独立的假设。换言之，有可能在支持核能的人中，认为全球变暖风险高的人和认为全球变暖风险低的人是一样多的。假如公众对这两个问题同样地了解，那么对全球变暖关注的增加并不会加大对核能的支持。支持核能可能与气候问题间接相关，而气候问题会改变能源政策，反过来改变公众观点。然而，在过去的 7 年里，没有证据表明关注气候变化和支持核能发展之间有明显的联系。随着公众越来越了解化石燃料碳排放和核能碳排放的区别，这种联系才可能建立起来。

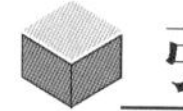

引文与注释

[1]Prepared by Stephen Ansolabehere, sda@gov.harvard.edu.

[2]http://mit.edu/canes/publications/programs/nes.html.

[3]http://web.mit.edu/polisci/portl/index.html.

[4]The results of earlier polls and trends are reviewed by Eugene A. Rosa and Riley E. Dunlap, "Nuclear Power: Three Decades of Public Opinion Trends", *Public Opinion Quarterly*, 58(1994): 295.

[5]核能机构的调研问了一些不一样的问题，特别是受访者是否支持核能，什么时期，以及在已有的设施上是否可以扩大规模。

[6]2007 年的措辞略有不同，反映了不断变化的监管情况。"美国正在尤卡山建立一个核废物处置库，你认为美国要完成和使用这个设施吗？"

第 10 章

分析、研究、开发与示范项目方面的建议

我们对核燃料循环未来的分析是基于在 21 世纪全球核电的建设规模比目前更大的前提下给出的。二氧化碳减排的要求使得核电在大规模替代化石燃料上显得更加重要。我们的建议都是为了使核电成为在市场上可行的方案。

10.1　标准和目标

要使核电具有经济竞争力，同时在大规模应用的情况下还能保证安全性，就必须以科学的方法解决废物管理问题以增强公众对核电的信心，还要在核燃料循环发展的过程中降低核扩散风险。分析、研究、开发与示范(ARD&D)在这里发挥了重要作用。ARD&D 的重点应基于我们整个研究所确定的战略需要。ARD&D 项目目标是为核燃料循环发展的关键决策点提供技术基础，以及具有数十年影响的技术选择。在制订十分重要的大型示范决策之前，需要对多个技术方案进行充分的研发，以确定核燃料循环的发展道路。要想在数十年的时间里稳步实现反应堆和核燃料循环领域的重大进展，就必须有严谨且符合战略目标的 ARD&D 项目。

基于 ARD&D 项目的分析结果包括如下方面。

(1)在 21 世纪，核能扩张所需的铀资源是十分充足的。

(2)轻水堆将在几十年内作为核工业的主要堆型。

(3)在 100 年的规划周期内，长期储存辐照过的轻水堆燃料是首选的方法。辐照后燃料可直接在反应堆附近或集中设施中安全储存，或者可在处置库中储存，使乏燃料留待未来回收。

(4)最终采用乏燃料/高放废物的地质隔离是科学合理的方法。

(5)对废物流进行更好的分类以及发展适合不同处置途径的废物形式能够促进废物管理。

(6)废物管理必须与核燃料循环设计相结合，以创造出新的方案，例如分区/后处理辐照燃料，有利于废物管理并增加公众的接受度。

(7)对于先进堆/闭式燃料循环选择有多种方案，这些方案需要进行研究和分析，以便

及时做出市场决策。

(8)在与相同规模下未来可能应用的其他低碳技术相比,核燃料循环的成本必须具有竞争力。

(9)降低核燃料循环核扩散风险离不开制度和技术的发展。

这些都是ARD&D发展的重点。其中一些内容在表10.1中进行了高度总结。

表10.1　核燃料循环目标以及在RD&D方面的内涵

目标	内容
经济	1.反应堆寿命超过60年(可能是成本最低的方案) 2.高效反应堆 3.先进技术增强轻水堆性能,能够在已有的工业基础上建造 4.针对特定市场的堆型,相比于化石燃料在经济和供能方面更有利 5.对大型轻水堆以外的其他堆类进行有效的监管
安全	1.超级燃料可承受极端条件,为反应堆减少安全问题(但会使回收变得更复杂) 2.为了电厂的安全和运行,广泛使用信息技术 3.后处理与处置设施相结合,减少过程风险
废物管理	1.为后处理选择合适的废物形式和先进的燃料设计 2.对锕系元素或长寿命裂变产物的特殊管理,新的分离技术减少产生的废物,嬗变——清除有害废物,钻孔处置 3.在几百年内可回收的处置库 4.组合核燃料循环设施,使地区利益最大化
资源可用性&利用率	1.铀资源评估 2.海水中的铀 3.开式、闭式和改进型的核燃料循环的快堆 4.可回收的乏燃料的处置库
防核扩散&安全保障措施	1.避免高富集度铀和分离钚的使用,例如快堆在启动后使用天然铀作为燃料,无需后处理 2.超铀元素钻孔处理 3.先进的安全保障措施

近25年里,美国只对核燃料循环进行了极其有限的研发,主要集中于先前核电规划(见附录E)中建立的技术路径。在未来多目标核燃料循环设计中,出于技术选择和比较的目的,需要开发更多的技术方案。

10.2 支持建议的RD&D

一个健全的ARD&D项目需要有三个部分:研究与开发、支持性研究与测试基础设施以及示范项目。投入严重不足的关键研发领域包括:轻水堆性能增强、乏燃料储存和废物处置、创新核能概念与应用以及作为技术方案分析手段的先进建模和仿真工具。我们对R&D项目关键因素的建议有:

1.铀资源

在20世纪六七十年代里,核燃料循环的假设是铀资源是有限的。因此,我们必须挑选出使铀的利用达到最大化的核燃料循环。我们认为这种假设是不正确的。即使在核电蓬勃发展的时期，铀资源依然充足，并且可以稳定在一个比较低的价格。因为铀资源评估是核燃料循环选择的核心，所以我们建议美国应当发起一个国际研发项目，得出一个更可信的长期铀资源供给曲线。

这个国际性项目的目的是增强我们对全球铀矿开采成本与累积产量之间关系的理解。其中应该包括理解新型采矿技术（如原位铀回收）的意义，了解在怎样的成本水平下某些技术（如从海水中提取铀）有应用价值，以及对低含量的铀资源进行合理评估的方法。

最近一次全球铀资源评估是在 20 世纪 80 年代完成。从那时到现在，我们对铀地质化学的认识以及开采技术都有了长足进步。我们建议建立一个评估全球铀资源的项目，每年为其提供 2 000 万美元的资金支持，持续 5 年。

2.增强轻水堆性能

轻水堆是美国目前唯一使用的商业反应堆。历史数据表明，美国花了几十年来开发、部署以及有效运行轻水堆。我们的动态系统建模显示，在 21 世纪大部分时间内，轻水堆最有可能作为主导堆型存在。如果想在较短时间内对核电经济、安全、废物管理、资源利用和防核扩散有重大改进，则必须对现存的轻水堆进行技术改进。

适当的 RD&D 包括：为现存的轻水堆增强性能和延长寿命，新的轻水堆建造技术（新材料，先进燃料包壳如 SiC 等），以及通过领先的反应堆燃料测试组件开发先进燃料。现有的一些具有潜力的变革性技术，包括可以提高安全性并改善处置库性能的新燃料、热效率更高（大于 40%）的轻水堆，以及具有可持续闭式燃料循环并能高效焚烧选定的放射性核素的轻水堆。我们建议每年为此 RD&D 项目支出 1.5 亿美元。随着技术的应用，开发与示范项目应当共同作为工业资助的项目，以保证技术的商业化。

3.乏燃料/高放废物管理

我们建议进行乏燃料长期储存（在反应堆附近的储存设施中或乏燃料处置库），其目的是：(1)保留核燃料循环方案，毕竟我们现在不知道轻水堆乏燃料是废物还是资源；(2)通过长期储存乏燃料减少其衰变热来降低处置库成本和性能的不确定性。

地质处置库的建立独立于核燃料循环，我们建议应迅速进行处置库的选址、许可和建造。此外，我们建议对美国废物管理项目的主要技术和制度进行改变。大多数成功的废物管理项目开发出了多种方案，这些方案反映出我们对处置库选址过程中技术和制度上的需求，包括公众接受度。

为了支持这些建议，需要建立一个 R&DD 项目。R&D 可为乏燃料长期储存以及储存后的运输提供保障。需要对新型燃料和高燃耗乏燃料的储存进行研发。主要研究创新废物管理技术和制度方案（钻孔处理、废物管理分区、选址和集成处置库/后处理核燃料循环）。目前的方案在改进废物形式和工程保障方面应当有所改进。作为废物处理监管的一部分，需要开发一个基于风险的废物分类系统。我们建议每年为废物管理 R&DD 项目拨款 1 亿美元。

4.闭式燃料循环和快堆

历史上，闭式燃料循环和快堆项目都基于两个与核燃料循环决策密切相关的假设：(1)铀资源十分有限；(2)扩展铀资源需要高转换比（CR>1）的快堆。随着对铀资源认识的深入以及新的动态模拟工具的应用，人们开始意识到这两个假设都是错误的。这些技术限制的减少为我们开辟了更为广泛的核燃料循环方案，可以满足多种核燃料循环目标。

同时，新技术的应用（硬谱轻水堆、一次通过式燃料循环的快堆、后处理—处置库综合设施、创新分离技术）和为降低转换比做的优化可以创建出一套更为广泛可行的核燃料循环方案，并具有更好的经济性、防核扩散性以及废物管理特性等。

这样可以开展一个研发（R&D）项目，建立多标准来理解和评估这些更为广泛的方案。我们建议建立一个长期的分析和实验项目，用以理解方案、评估可行性、制订发展时间表以及在确定长期核燃料循环战略之前挑选短期方案。这些需要先进快堆概念分析、仿真模拟和实验来解决关键的难题、基础科学与工程、新的分离以及安全与运行分析中遇到的问题。对于许多方案来说，只要对极少数技术问题（需要试验与分析—附录B）进行验证，就可以淘汰掉多数方案，只剩下少数几个可供选择的方案。我们建议建立一个长期的R&D项目（每年拨款1.5亿美元）。

5.建模与仿真

核能应用的一个主要限制是新技术的发展周期相对于其他能源技术来说所需时间更长。这部分原因是因为需要在辐照环境下对材料进行长期测试。辐照损伤研究可以确定一个燃料组件或其他组分在堆芯内保持其物理性能不降低所需时间的极限。由放射性衰变造成的辐照损伤可确定废物形式在处置库里的长期行为。改进材料的一般策略是开发一种新型材料，对其进行辐照，并测试其性能。经过几轮的开发和测试，可以研发出一种改进的材料。这种策略可使目前轻水堆中燃料组件的寿命增至原来的3倍。然而，随着技术的改进，对应的R&D时间将会增加。因为随着材料的改进，需要更长的辐照时间来开发更长寿命的材料。空间核能系统具有相同的问题，需要几十年的时间对材料进行测试，这在研发上是重大的挑战。因此，急需一种新的R&D策略。

材料和系统的建模与仿真技术的进步（伴随支持性试验来确定模型）使其成为一种工具，可显著缩短开发周期（如减少辐照测试周期），更好地理解技术方案，并降低成本[1,2]。这种R&D有利于所有核领域的研究。这些技术可促使美国审查一套更为广泛的方案，并在重大核燃料循环决策决定前理解其意义。最近推出的DOE创新中心（轻水堆先进仿真中心）是一个良好的开端，它侧重于利用建模与仿真来增强轻水堆性能。极端规模下的建模与仿真也可通过开发和运用新方法使风险量化[1]来促进新技术的批准。

系统层面上的建模与仿真将支持一种新的分析制度，用于指导核燃料循环决策解决多个目标。

建议每年研发预算为5 000万美元。

最终，仿真模拟的结果需要通过实验测试加以验证，这是不可或缺的步骤。测试需要的时间很长，因此需要长期的研究项目（配备合适的辐照设施），以创建长期的核燃料循环方案（见下文）。

6.新应用与创新概念

该研究是为了增加核电比例，以达到节能减排的目的。目前，核反应堆主要用于生产基荷电力，而基荷电力不足总能源市场的1/3。新的核技术如高温堆、小型堆以及混合能源系统（用于发电和生产液态燃料的核能—可再生能源系统、核能—地热能储存系统等）对总的低碳能源系统有所帮助。这种非传统的核能利用意味着需要改进核技术并发展特定的其他技术。

对创新概念的探索需加大力度。我们确定了新的具有潜在吸引力的核技术方案(附录 B),包括 30 年前不存在的先进反应堆概念以及可改变旧技术可行性的创新(主要是材料)。新概念的研发项目应该建立同行评议的竞争机制。我们建议建立一个每年 1.5 亿美元的研发项目,用于实现这些新颖的应用和创新的概念。

核安全。防核扩散根本上是制度问题,新一代的技术保障是重要的补充。这些技术既可促进国际防核扩散协议的达成,也可提高可信度。

商业核燃料循环是核武器来源的途径之一。为了防止核燃料循环导致的核扩散,我们建议建立一个每年 5 000 万美元的研发项目,研究先进的安全保障技术。我们的目标主要集中于商业核燃料循环中的核燃料密封、监控、安全与追踪。同时需要更多地关注一些技术领域如设计保障、实时过程监控、数据集成以及环境监测等。此项目作为防核扩散计划的补充,继续支持国际原子能机构保障计划。

核安全方面的预算一般归入到安全保障方面。我们上面建议的研发项目都支持国家安全目标。对铀资源的认知影响了许多核燃料循环决策的制订。对铀资源的了解使得核燃料循环决策和相关的保障决策建立在一个更坚实的基础上。发展替代的废物管理方案(如钻孔处理,它能够很好地满足防核扩散的需求),既可以为美国提供乏燃料处理方案,也适合具有小型核能项目的国家。处置库方案使钚的回收更加困难。从防核扩散的角度出发,某些类型的乏燃料作为易裂变材料源明显缺乏吸引力(附录 C)。美国可以通过发展领先的核燃料循环技术,从而影响全球对闭式燃料循环的选择。这种研发应与乏燃料/高放废物的管理、闭式燃料循环和快堆,以及新应用和创新概念结合起来。

总的研发项目每年需投资约 6.7 亿美元,见表 10.2。能源部的研发计划[3]已进一步地推动这些建议间的协调。

为更加有效地推动研发项目,需要建立很多支持性的基础设施[4]。为支持新反应堆和核燃料循环的研发,需要具有特殊测试能力的设施,例如快中子材料辐照测试设备、燃料检验设施、核燃料循环分离测试设施和创新核应用设施(包括氢气的制备、为工厂供热等)。某些设施的价格超过 10 亿美元,未在表中列出。结构性投资每年需要 3 亿美元,并持续 10 年,如此将产生巨大变化。

表 10.2　对研发建议的总结

项目	$\$10^6/a$	说明
铀资源	20	理解成本与累积世界产量的关系
增强轻水堆的性能	150	为现存的轻水堆延长寿命
		新的建造轻水堆技术(新材料,燃料包壳等)
		通过领先的测试组件开发先进燃料
乏燃料/高放废物管理	100	干式储存寿命延长
		深度钻孔处理与其他处理概念
		基于风险的废物分类系统
		增强的废物形式/工程障碍

续表

项目	$ 10^6/a	说明
快堆与闭式燃料循环	150	先进快堆概念分析和试验、仿真、基础科学、工程以及成本降低
		新的分离与分析方法
		安全与运行分析
建模与仿真	50	先进核仿真创新；先进核应用材料
新颖的应用与创新的概念	150	高温堆；模块堆；混合能源系统(用于工业供热和生产液态燃料的核能—可再生能源—化石能源方案)。同行评议，具有竞争性的创新概念项目
核安全	50	商业核燃料循环的先进保障
		核材料密封、监控、安全和追踪技术

除了传统的基础设施，我们建议建立超铀/乏燃料用户设施，更好地利用大学技术人员的研发能力，以支持国家在核能、防核扩散方面的需求和国家安全任务。这个设施需要手套箱和热室、保障健康与安全的基础设施，以及在大量超铀元素、乏燃料和其他放射性核素存在的条件下进行研究的安全要求。由于需要优先满足保密要求和国家安全任务，传统国家实验室无法满足这种要求。这个用户设施与能源部基础能源科学办公室和国家科学基金会所支持的某些设施(散裂中子源、先进光源 APS)类似。这种用户设施在其他国家也有建造，如德国的超铀元素研究所(ITU)，它为欧洲共同体所有，可以供全欧洲的研究者使用。

最后，为支持新型先进堆及其相关核燃料循环在商业上的可行性，最终需要示范工程。这种示范工程应当与政府—工业项目相结合，而且需要几十亿美元的投资。这是新技术发展和应用最困难的一步，也是美国长久以来最头疼的问题。示范工程能够有所减少。给定上述的研发项目后，最高优先级的选择将在第一时间出现。示范项目的选择应当着眼于对经济上可行的新技术进行授权。示范工程的候选包括高温堆、硬谱轻水堆以及液态金属冷却快堆等。此外，还应当考虑国际合作，增加方案的选择性。

申请许可是新的核技术在商业化过程中遇到的主要问题之一。技术满足安全和环境要求是示范的核心。联邦政府应当探索方法，采用一个基于风险评估的客观的批准制度[5]，减少新技术批准的时间与成本，并考虑提供援助来促进技术的商业化。

我们对核燃料循环的制约因素(包括庞大的铀资源，可持续反应堆的转换比为 1 等)有了更深的认识，目标也有所改变，而且新技术(附录 B 和附录 C)也在发展。这些因素扩展了核燃料循环方案，并为我们提供更多的选择。然而，几十年来，对核燃料循环方案的审查工作开展得很少。因为开发和实施替代核燃料循环需要大量资源，并且会对整个国家产生影响，所以在做出几十年的决策之前，有很多审查工作要做。提议的 RD&D 项目的核心目标是提供信息，以便在合适的时间做出明智的选择。

10.3　RD&D的组织机构

政府与私营企业扮演着重要角色。大部分的RD&D和基础设施都支持多个政府任务。核电、海军核动力以及太空核能都需要辐照测试设施和燃料审查设施。核燃料循环基础设施支持非核电但与防核扩散有关的项目。主要的基础设施通常可以运行数十年，能够支持不同的国家任务。

核能研发主要是由能源部(DOE)以及其前身组织能源研究和发展署(ERDA)和原子能委员会(AEC)共同资助。一些办公室还支持与核燃料循环相关的研发：

(1)能源部核能办公室(DOE-NE)——进行反应堆与核燃料循环的开发

(2)能源部环境管理办公室(DOE-EM)——国防废物(其中很多技术适用于商业核燃料循环)

(3)能源部放射性废物办公室(DOE-RW)——乏燃料—高放废物处置(现在已并入NE)

(4)能源部国家核安全管理局(DOE-NNSA)——防核扩散

(5)能源部科学办公室(DOE-OS)——科学知识

将DOE-RW(废物管理)整合进DOE-NE(核燃料循环)是研发中正确的举措。另外，还有多家机构负责监管工作：NRC、EPA以及一些州立机构。其中某些机构本身有核能研发的需求，特别是由NRC支持的与安全相关的研发。在能源部的管理结构上，研发项目分布在国家实验室以及大学与工业界中。另一个问题是，这些实验室关于设备的维护与开发是由不同级别的能源部办公室管理的。能源部需要为核燃料循环的研发制订出一个连贯的计划和管理结构，包括开发与维护关键的基础研究设施。

最近出版的DOE-NE研发路线图[3]解决了关键问题，扩大了国内外核能的利用，其目标之一是发展可持续核燃料循环。第一步主要关注轻水堆系统的改善。该路线图明确了需要进行技术开发的领域，但未明确与开发这些技术相关的具体任务。

美国有很多激励措施来促进国际合作项目，不同国家负责建立不同的设施，并达成设施长期共享的协议。这促使美国以及其他国家在做出重大的长期承诺之前，通过示范工程审查多种核燃料循环方案。

与过去不同的是，大多数新的核反应堆与核燃料循环的研究都是在国外(法国、日本、中国、印度、俄罗斯以及韩国)进行。这些国家的研发环境与美国很不一样。在过去，大规模的合作难以实现。然而，废物管理科学与技术是全球的利益所在，而且很多项目是受国家直接管理的，因此比较容易达成国际性的合作。与反应堆技术不同，这样的研究领域产生的知识产权纠纷较少，因而可能成为一种卓有成效的合作途径。

先进技术的机遇

几十年来，美国并没有在核燃料循环方案方面做出重大的投资。现在有了一些改进的新方案(附录B)，但是新方案有重大的不确定性。在此对其中一些方案进行描述。

堆芯经过改良的轻水堆。液态金属冷却快堆(LMFRs)的诱人之处在于，它可使闭式燃料循环对铀矿中能量的利用率达到现有轻水堆的一次通过式(开式)循环的50倍。但与目前的轻水堆相比,LMFRs成本很高,因此至今未商业化。由于转换比较高,钠冷快堆在20世纪70年代被选作可持续反应堆的首选。我们的分析表明转换比接近1对可持续反应堆来说更好。由于设计的进步,硬谱轻水堆的转换比可接近1,可以作为可持续反应堆。开发堆芯经过改良的轻水堆与LMFRs相比所需成本更低,这是因为只需对堆芯进行改造,并且其运行成本可能更低。此外,这种方法提供了一种新的思路,即使用现有的反应堆,用于闭式、可持续核燃料循环,能够极大地延长铀资源的使用。一些国家对于这种改良堆型的轻水堆已经开展了重要工作。但还需要进行研究与验证工作,以确定其商业可行性。

先进高温反应堆。在过去的10年里,有人曾提出过一种新型反应堆概念,即使用液态氟化盐作为冷却剂以及石墨基包覆颗粒作燃料。该反应堆将熔盐堆开发所用的冷却剂与高温气冷堆开发所用燃料结合起来。其中的一个改良是使用球床石墨基包覆颗粒燃料,因而燃料球不会像传统燃料组件一样固定在同一位置不动,而是会缓慢移动并穿过堆芯。该反应堆可连续换料并随着时间推移进行三维优化,此外还有助于创新核燃料循环的发展。例如,该反应堆可在一个开式铀—钍相结合的核燃料循环中运行,而且如果在一个闭式燃料循环中运行,其转换比可接近1。该反应堆可在低压和高的冷却剂温度条件下运行,并提高发电效率。相比于轻水堆,其经济成本更低,安全性高,还能防核扩散。还需要进一步的RD&D以确定长期商业化的可行性。该反应堆也被称作氟化盐高温反应堆。

海水采铀。海水中包含4×10^9 t的铀,足以支持成千上万的反应堆使用上万年。日本最近一项研究表明从海水中获取铀的成本可最终降低至可商业化运行,如此,则一次通过式燃料循环可使用几个世纪。该方案的经济可行性取决于用于分离铀的离子交换器在海水中的耐久性。需要进一步的R&D以确定海水采铀的可能性。

核可再生的未来。核能一向被认为是基荷电力的来源,而基荷电力只占世界总能源需求的1/3。然而,存在其他的领域,例如通过基荷核反应堆与大型能量储存系统的结合,满足用电高峰峰值以及其他的电力需求,或者在核动力生物炼制中生产可再生的液态燃料,其可行性取决于核电的经济性以及一些技术的成功开发和商业化,例如1×10^9 w/t的蓄热量、高温电解产氢,以及木质素的加氢裂化等。开发这个领域能够为美国拓展低碳能源方案,并驱动市场需求(热传递温度、反应堆尺寸等),有助于反应堆与核燃料循环决策的制订。

引文与注释

[1]U.S. Department of Energy Science Based Nuclear Energy Systems Enabled by Advanced Modeling and Simulation at the Extreme Scale, E. Moniz and R. Rosner, Cochairs, Crystal City, Va., May, 2009.

[2]http://www.er.doe.gov/ascr/ProgramDocuments/ProgDocs.html.

[3]U.S. Department of Energy. Nuclear Energy Research and Development Roadmap: Report to Congress (April, 2010).

[4]Idaho National Laboratory. Required Assets for a Nuclear Energy Applied R&D Program (March, 2009).

[5]轻水堆的设计已采用核电厂的安全法规。轻水堆安全法规并不适用其他反应堆技术。美国核管会正在推行“技术中立”许可，新技术必须达到其安全标准。然而，批准任何一项新技术所需的成本和时间是创新和优化系统(包括更安全的核系统、更好的废物管理以及更强的防核扩散能力等)的主要障碍。新的技术虽然社会效益高但经济性低，对于商业化此技术的公司来说利益很低，而示范工程中的联邦资金减小了两者之间的障碍。

附录 A

钍燃料循环方案

从原子能时代开始之初，钍(Th)就被认为是一种核燃料。然而，在早期反应堆中，轻水冷却堆或气冷堆并没有产生基于钍循环的商业核反应堆。钍应用的主要困难在于，自然界中的钍只有一种形式 Th-232，无论对于热中子还是快中子来说，它都不是易裂变同位素。但钍仍然是一种宝贵的能源资源，因为如果用中子辐照，Th-232 会转换为^{233}U，^{233}U 是一种非常好的易裂变同位素。如图 A.1，钍的转变过程和^{238}U 到^{239}Pu 的转变过程类似。

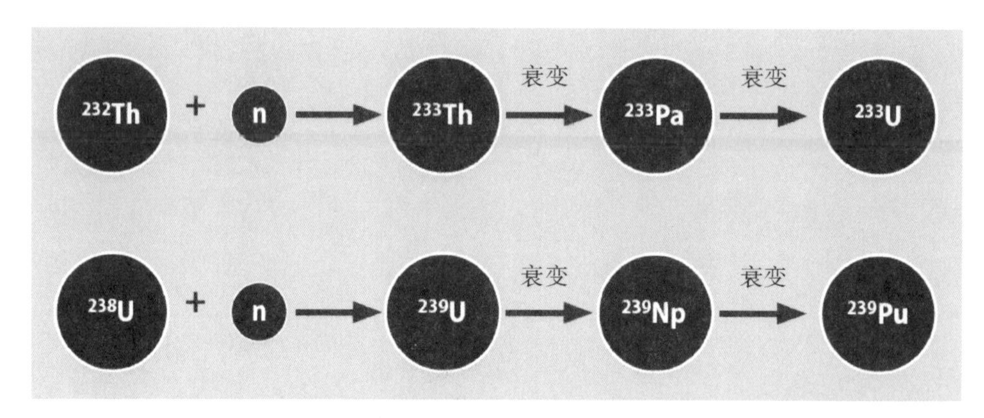

图 A.1 可转换同位素的转化

在钍能够裂变并且产生能量之前需要投入初始中子，这意味着从其他来源产生的易裂变同位素应该是钍燃料反应堆的一部分，以提供这些初始中子。最初裂变燃料来源包括从铀循环乏燃料中分离的浓缩铀和钚、拆卸的核武器或者从辐照后的钍中分离的^{233}U。钍燃料的现实情况是，无论环境怎样，钍燃料需要一段很长的时间才能够为美国能源需求做出重大贡献。

在核电发展早期，科学家们已研究过钍在 U-Th 反应堆的核燃料循环中的使用问题，并作为定期综述的主题[1]。目前大多数的工作都是在印度完成的，印度是一个铀资源有限但是钍资源丰富的国家。直到 20 世纪 90 年代，考虑到军事项目中废弃的钚可用性，反应堆 Pu-Th 燃料循环的评估才开始出现，随后还提出了采用加速器靶材[2]或聚变设备[3]发射中子以驱动填装钍燃料的非临界反应堆，从而为反应堆提供^{233}U 作为燃料的提案，但此类方案目前来说仍过于昂贵而不能用于商业化的能源生产。

历史上，对钍的兴趣是由以下目标之一所推动的：

(1)拓展核能燃料资源；

(2)减少现存的已分离钚的库存；

(3)减少核燃料循环中钚的含量以提高防核扩散能力，

(4)改进核废物性质，特别是放射性锕系元素长寿命部分。

以下将讨论实现这些目标的潜在可能。

A.1　核燃料的可用性

据估计，地壳中钍的含量大约是铀的 3 倍。因此，提高核燃料循环中钍的利用率，可以大幅提高未来裂变堆燃料可用性。这也被认为是那些钍储量丰富但铀储量有限的国家，如印度和巴西，达到能源独立的途径。

解决核燃料可用性问题的传统方法是通过发展快中子谱增殖堆，这类堆能够生产易裂变材料，且生产速度等于或大于它消耗易裂变材料的速度。这样的物理效应使得利用快堆比热堆(如今天的轻水堆)更加有利，即如果引起裂变的中子平均能量高于 100 keV，那么更多的中子可以用来增殖新的易裂变材料。图 A.2 阐明了这一事实，并且显示了不同同位素吸收一个中子后，裂变释放的平均中子数与被吸收中子能量的函数。

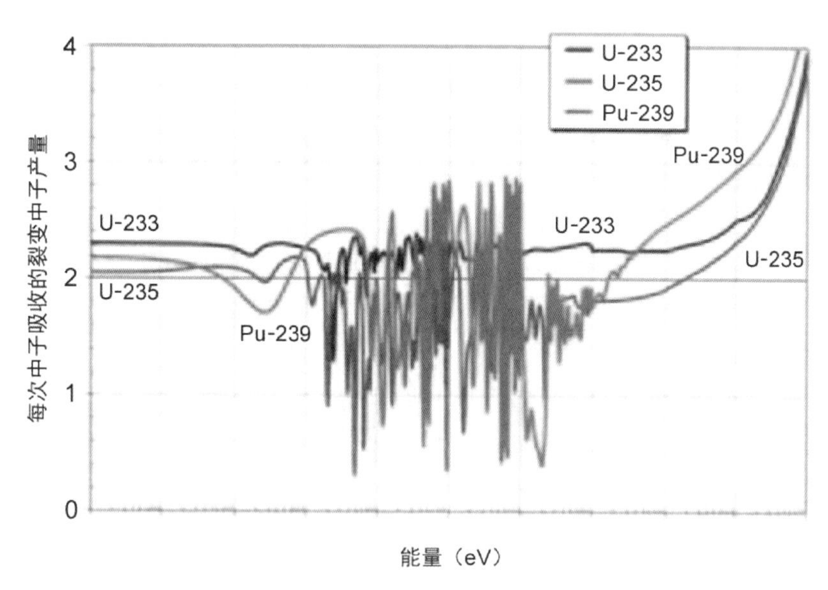

图 A.2　各类易裂变同位素每次吸收的裂变中子产量

从图 A.2 可以看出，能量高时，所有常见易裂变同位素可以用于增殖的中子数增长趋势相同。然而，对于^{233}U 而言，与^{235}U 和^{239}Pu 不同的是，它在热中子区域(低于 1 eV)每次吸收释放的中子数明显大于 2，使得热堆也能够实现中子增殖。因此，自持 Th-U 燃料循环能够在任何中子能谱环境下运行，而 U-Pu 燃料循环则不可避免地需要快中子能谱。

在热中子谱中，Th-232 的中子俘获截面比^{238}U大 3 倍，从而使可转换材料到易裂变材料的转化效率更高。它的另一个优点在于可以降低初始堆芯的剩余反应性，从而减少了抑制剩余反应性所需的控制材料的数量。

Th-U-233燃料这些特点结合起来后，证明了轻水堆技术也可以用来达到自持反应堆的运行，因此避免了开发更复杂的、有很大成本不确定性的快堆。

还值得注意的是，即使在增殖快堆中，钍燃料循环还可以在堆芯设计的灵活性方面提供一些优势。对所有快中子谱反应堆安全问题的担忧之一是冷却剂热膨胀引起的正反应性反馈。使用钍燃料可以成数量级地降低(甚至有可能消除)该效果。这是因为和其他易裂变核素相比，随着能谱硬化，^{233}U每次吸收释放的中子数增幅较小；另一方面，Th-233与^{238}U相比具有更低的快中子裂变效率。

科学家们过去做了很多研究来评估钍循环的可行性[4~6]。钍燃料的辐照和检验已在各种反应堆进行，除了位于美国 Elk River 和 Indian Point 的沸水堆与压水堆之外，还包括美国和德国的采用包覆颗粒燃料的气冷堆。上述研究还显示，钍燃料无论是在轻水堆中以氧化物的形式还是在气冷堆中以碳化物的形式存在，其作为材料具有良好的性能[7]。由于经济学分析结果偏向于铀燃料循环，所以(钍燃料研究)工作被中断了。

然而值得一提的是，闭式 Th-U-233 燃料循环的可行性研究为宾夕法尼亚州 Shippingport 压水堆中的轻水增殖堆项目所证明。这一项目的结果从实验的角度证实了热谱轻水堆中使用多相的 U-Th 堆芯能够达到^{233}U(裂变转换比刚好超过 1)的净增殖[8]。

在不久的将来，为了在现有或者先进反应堆中实现 Th-U 燃料循环，科学家们还需要克服许多困难。

1.核扩散和安全基本法则

辐照钍会产生可以用于制造核武器的材料。因此在决定是否将大量资源投入此类核燃料循环之前，最终的政治决策必须建立在合适的基本法则之上。处理^{233}U的方法有两种。

(1)与^{235}U类似。如果铀中^{235}U的质量分数低于 20%或者^{233}U的质量分数低于 13%，剩余为^{238}U，这些混合铀就不能用于制造核武器。然而，^{238}U的同位素稀释会明显减少许多优点。

(2)与钚类似。钚无法降解，因此采用了加强的安全措施。^{233}U可采用同样的策略。一个复杂的情况是^{233}U总是被含有衰变产物的^{232}U污染，它会释放出高能 γ 辐射，因此需要采取额外的措施以保护工人的健康和安全。

2.燃料加工技术

为了回收产生的^{233}U，乏燃料回收技术必须具备可行性。快堆中传统的 U-Pu 自持燃料循环也有这类需求。尽管过去已经成功演示了 ThO_2 的后处理过程，但它还是比 U-Pu 混合氧化物燃料(MOX)的后处理过程更加复杂[4]。这是因为 ThO_2 的化学稳定性更强，因此提取过程中需要使用腐蚀剂和大量的溶剂。

3.燃料制备

第二个困难就是，相比 U-Pu 的 MOX 方案中的手套箱，燃料制备过程中需要使用热室，这会大幅增加生产成本。任何含有钍的燃料在辐照过程中会不可避免的聚集少量的^{232}U，^{232}U会和后处理的^{233}U一起被带出。^{232}U的衰变链含有极难防护的能发射高能 γ

射线的核素。这些强 γ 射线辐射体会在燃料卸出后的几个月内累积到很高的浓度，且约需 130 年才会停止衰变，因此无论是通过快速后处理还是延长冷却时间都无法从实际上完全解决燃料生产问题。此外还有观点认为，从防核扩散的角度看，^{232}U 子系衰变导致分离出的 ^{233}U 具有高剂量率的辐射，从而提供了足够的自我保护和可检测功能，使得该方案的防核扩散能力比 U-Pu 循环更强，后一方案中钚能够在不被发现的情况下转移。

由于 ThO_2 的熔点(3 350℃)很高，制备过程也许会比 UO_2 更加复杂。这意味着为了制备高密度的 ThO_2 燃料芯块，需要更高的烧结温度或者特殊的烧结剂。

4.轻水堆堆芯设计

设计成自持钍循环的轻水堆堆芯和传统的 UO_2 一次燃料循环堆芯相比，结构更加复杂并且功率密度也更低。^{233}U 每次吸收释放的裂变中子数目仅仅略微满足增殖平衡和维持堆芯临界。因此，堆芯反应性控制必须精心设计，最大限度减少寄生吸收和中子泄漏。此外，堆芯里的裂变区和增殖区需要在空间上分离，使转换比最大化。这将导致裂变区增殖区功率的不平衡，从而限制可以达到的总体功率密度。

A.2　钚回收

最近几年，由于民用钚和军用钚储量增加，民众对核扩散的担忧增加，这大大地推动了钚在现有的轻水堆中焚烧可能性的研究。因为现在有在轻水堆中使用 MOX 的经验，混合 U-Pu 氧化物燃料(MOX)的利用提供了最容易实现的替代方法。然而对 MOX 燃料而言，随着一开始装载的钚裂变焚烧，俘获中子的 ^{238}U 会产生新的钚，从而使钚的损耗率和每次从堆芯通过消耗的钚的净份额受到限制。

另一方面，如果钍作为钚处理的基体，钍将不会产生任何新的钚。使用钍燃料基体替代天然或浓缩铀将使钚的损耗率增加大约 2 倍并且提高钚燃耗——从传统 MOX 方案的 20%提高到钍 MOX 方案的 60%[10]。如果用武器级的钚替代反应堆级钚作为裂变驱动材料，更深的燃耗都有可能实现。然而，由钍产生的铀能用于制造核武器并且通过化学分离就可以回收，采用钍作为特殊惰性材料会导致新的核扩散问题。

在辐照下，铀基 MOX 燃料和钍基 MOX 燃料中承载的钚同位素成分发生急剧变化，因为易裂变同位素在轻水堆热谱中会优先耗尽，留下大部分质量数为偶数的钚同位素在乏燃料中。业界内普遍认为这种混合同位素的防核扩散能力更强。

Pu-Th MOX 燃料循环产生的次锕系元素也比 Pu-U 的 MOX 燃料少，这减少了处置库中乏燃料对环境的长期影响[11]。

多个独立的研究结果显示，使用混合氧化物 PuO_2-ThO_2 燃料的轻水堆堆芯物理特性与传统的 PuO_2-UO_2 燃料类似，从而在业界内有这样一个结论：在对堆芯设计和运行影响最小的情况下，钍基 MOX 燃料能够在现有的轻水堆中服役[12]。

虽然目前所有的研究都集中在如何一次性消耗钚，考虑到 ThO_2 基混合燃料具有更好的反应性空泡系数，在轻水堆中应用该燃料实现钚的多重回收也许可行。

ThO_2 基燃料中钍的热物理性能十分优越，和 UO_2 相比，钍的导热系数高、热膨胀系数低。研究还显示，在同样温度下辐照到相同的燃耗，ThO_2 有更高的辐照稳定性和裂变气体滞留性能[7]。

一次通过式钚处理方案假设的是 MOX 乏燃料直接在地质处置库处置。在这种情况下，ThO_2的强化学稳定性变得有益。钍只有一种氧化物形态，而铀包括从 UO_2 到 U_3O_8 的各种不同的铀氧化物，因此在处置库环境下，如尤卡山，铀就有更高的移动灵活性。钍中更少量的长寿命次锕系元素也有助于减少乏燃料的长期放射毒性。然而，钍的嬗变链核素，例如 Pa-231 和^{233}U 衰变，会使钍基 MOX 乏燃料的放射毒性在 10^4 ～10^6 年的范围内，甚至高于传统 MOX 燃料[11,12]。

尽管使用钍基 MOX 能使启动装料的钚有效地焚烧，但是乏燃料中^{233}U 的出现引发了对核扩散的担忧，因为从理论上说，^{233}U 可以通过化学法分离并且应用在核武器中。如前述，有观点认为，痕量的^{232}U 会伴随^{233}U 产生，由于^{232}U 具有很高的辐射剂量而很容易检测，从而提供了足够的限制来避免易裂变材料的转移。

考虑到万一^{232}U 子系元素的高放射剂量无法提供足够的自我保护，也有人建议需要在辐照前将少量的(10％～15％)天然铀预先添加到燃料混合物中来稀释^{233}U(变性)。尽管该方案优于传统的 MOX 燃料，但添加的铀会产生新的钚，从而降低了钚的消耗效率。

A.3 减少乏燃料中钚的含量

如果是用作运行核燃料的一部分，钍能够减小整个循环中钚的累积速度，特别是在一次通过式循环模式下运行的轻水堆的乏燃料中钚的累积速度。这是通过采用不产生钚的钍替代^{238}U 作为增殖性燃料来实现的。但反应堆仍需要中等浓缩度的铀作为钍的裂变驱动燃料。在这个问题上，诸多研究表明了这一方案实施起来有许多挑战。

^{238}U 不能被钍完全取代，否则作为驱动的裂变铀的浓缩度将必须达到 100％。核不扩散原则限定了铀的最高浓缩度必须低于 20％。例如，假如堆芯中含有 5％的^{235}U，燃料中除了 75％的 Th-232 外，至少还应该包含 20％的^{238}U。事实上，^{238}U 不能从燃料中消除也就意味着钚的产生不可能完全避免。

如前所述，在热中子谱中^{233}U 是比^{239}Pu 更好的裂变材料。除了降低钚的产生速度之外，由于钍较易转化为^{233}U，Th-U 燃料还可以节省铀。然而，利用^{233}U 优越的裂变性能必须原位实现，即避免从乏燃料中分离的步骤；而且辐照过程中^{233}U 的积累速度往往比^{239}Pu 更为缓慢。更长的辐照时间有利于增殖^{233}U 的原位。因此，必须设计高燃耗的燃料，包括堆芯服役寿命达 10 年及以上的耐腐蚀包壳。

科学家们已经提出了很多在轻水堆中实施的一次通过式钍一浓缩铀燃料循环的方案。最简单的方案几乎不需要改变堆芯设计，是使用 3∶1 的钍一浓缩铀均匀混合燃料。采用这种方法的结果是钚生产率适度减少(约减少 2/3)，同时使钚同位素不完全适合武器应用。然而，对于均匀混合的 U-Th 燃料来说，生产燃料的单位质量的天然铀能够达到的燃耗以及铀浓缩所需要的单位分离功值(SWU)都(比现有的数据)低得多。该方案中天然铀和 SWU 利用率的减少导致相当高的核燃料循环成本，鉴于该方案只适度改善了防核扩散性能，因而其优点仍受质疑。[13,14]

均匀混合的 U-Th 燃料循环的特征是经济性较差，主要原因是次临界的钍燃料成分需要相对较长的辐照时间(初始中子投入)以获得具有优质裂变性能的^{233}U。相比常规的UO_2燃料,天然铀的利用率在U-Th燃料循环中是一个突破,能够达到100 MWd/kg的燃耗,超过了现有轻水堆的燃耗。它还可能需要将燃料中铀的比率提高到50%(铀和钍比例为1∶1),相应地增加了钚的生产率,降低了燃料的防核扩散能力。

另一方案是对燃料的铀部分和钍部分进行分开管理,在将核燃料循环中钚的产量降到最低的同时,对均匀燃料理念的限制进行规避。在这个非均匀的堆芯中,浓缩铀部分的燃料会频繁换料,而富含钍的燃料会在堆芯中滞留足够长的时间并产生能量(来自增殖的^{233}U),用于补偿初始中子投入。此外,铀区域和钍区域的燃料棒栅格可以分别优化以使^{233}U的增殖和原位焚烧最大化。

最近科学家们提出并且研究了两个非均匀堆芯设计方案,分别是Radkowsky增殖转换单元(SBU)[15]和全组件增殖转换(WASB)[16]。在第一种设计中,钍转换区和裂变增殖区被限制在单独的17×17的典型压水堆燃料组件中,而在第二种设计中,点火和增殖燃料棒分别占据一个17×17的燃料组件。图A.3显示了SBU和WASB组件中燃料棒的布置。最初SBU的设计依赖金属燃料来增殖,MIT则建议采用带中心孔的UO_2芯块设计,避免达到很高的温度,这些燃料都是由Thorium Power公司提供的(现改名Lightbridge)。

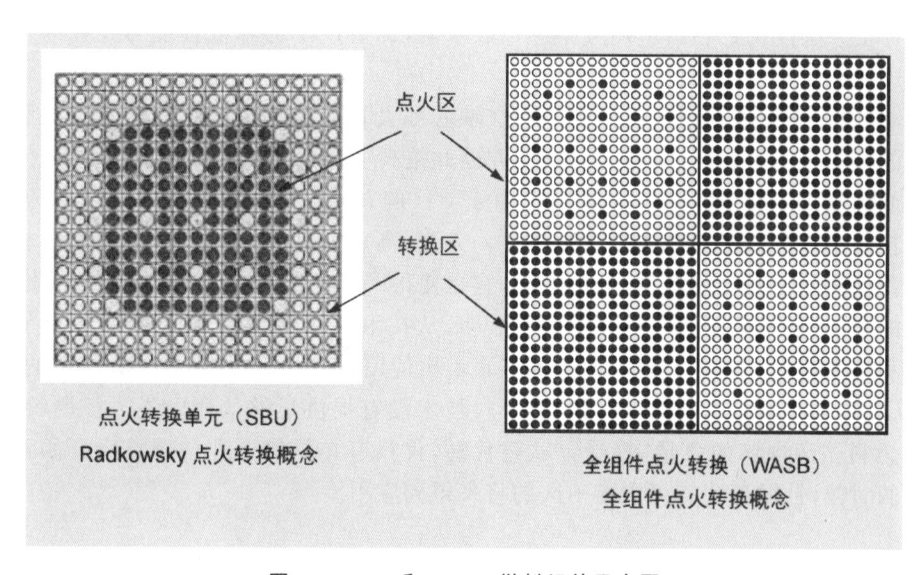

图A.3　SBU和WASB燃料组件示意图

在这两种设计中,转换燃料都在堆芯停留多个辐照循环周期(10年或更久),而裂变增殖燃料的换料采用传统的3批次堆芯换料方案,每12～18个月一次。这些非均匀堆芯设计方案有着相似的性能,与传统的轻水堆UO_2燃料相比,当新方案的核燃料循环成本和天然铀利用率相近时,可以减少2/3～3/4的钚的生产率。在SBU换料方案中,大燃料组件中位于内部的增殖亚组件的机械紧固较为复杂,WASB则没有此类问题。此外,采用增殖转换堆芯设计,最多可以减少40%的乏燃料体积和由此产生的乏燃料储存需求。含钍燃料的长期放射性毒性与UO_2相近,1×10^4 a以后会有一些不利之处,这是由于^{233}U子系元素衰变造成的。不过,这样的高放射性可以由ThO_2化学稳定性得到补偿——

ThO_2比 UO_2更稳定,从而更好地保存放射性核素。

研究还显示,非均匀的概念能够用于焚烧多余的钚,而且能提供一些额外的收益,比如保持相同的钚焚烧效率,它的控制棒反应性价值更高,这也是 Pu-Th 和 U-Pu 基 MOX 燃料通常会遇到的问题[17]。

能够影响非均匀分布方案实施的主要顾虑都和增殖燃料的高燃耗(高于 100 MWd/kg)以及转换燃料在堆芯的长周期停留有关。因此,为两类燃料棒开发和使用先进包壳材料,为增殖细棒设计能囤积裂变气体的大气腔也成为解决这些问题的必要条件。

A.4 总结

在自持 Th-^{233}U 燃料循环进程中,钍的使用可增强核燃料的可用性。尽管它可以通过现有的轻水堆技术实现,但是需要乏燃料后处理和远程燃料制造能力的配合。

钍还可以用于提高核燃料循环的防核扩散能力,即通过 Th-Pu 基 MOX 燃料焚烧多余的钚,并减少一次通过式循环乏燃料中钚的数量和质量。尽管压水堆的研究或许更加详细,但这些方案能够广泛用于现在所有的轻水堆。为了提高防核扩散能力,科学家们研究了各种复杂程度的钍燃料应用方案。一般来说,钚生产率的降低程度与设计的复杂程度和先进包壳材料的可用程度成正比。

ThO_2的化学和辐照稳定性体现了它在堆芯和处置库燃料形态方面的重要优势。然而同样的特点也使得燃料后处理复杂化,并因此提高了相关的^{233}U 的回收成本。

类似的双向推理也能用于分离^{233}U,由于^{232}U 的衰变导致的高放射性剂量率,它在含钍的燃料中会不可避免地产生少量聚集。一方面,高放射性剂量率为分离的裂变材料提供了自我保护以免被转移滥用;另一方面,它也使得^{233}U 的回收变得更为复杂、昂贵。

总的来说,最近的研究和以往的经验表明,从技术层面上来说,已经没有人能够阻止钍燃料和钍燃料循环在已有的和改进的轻水堆中使用,以达到可持续和防核扩散的目的。然而,从成本和废物处理的角度来说,钍燃料技术没有提供足够的激励进入核燃料市场。降低核燃料循环中钚的含量,接受^{233}U 替代钚,仅只有在核扩散评估委员会开始青睐此类观念的时候,钍循环才有可能在不久的将来得到应用。

引文与注释

[1]M. S. Kazimi. Thorium Fuel for Nuclear Energy, *American Scientist*, 2003.

[2]Rubbia C., Rubio J. A., Buono S., et al. "Conceptual Design of a Fast Neutron Operated High Power Energy Amplifier", CERN-AT-95-44(ET), Geneva,1995.

[3]Lidsky,L. M., Fission-Fusion Systems-Hybrid, Symbiotic and Augean, *Nuclear Fusion*, 15, 151-173, 1975.

[4]International Atomic Energy Agency. Thorium Fuel Cycle-Potential Benefits and Challenges, IAEA-TECDOC-1450,Vienna, 2005.

[5]Todosow M., Galperin A., Herring S., et al. Use of Thorium in Light Water Reactors, *Nuclear Technology*, 151, 168-176, 200).

[6]Kim T. K.,and Downar T. Thorium Fuel Performance in a Tight-Pitch Light Water Reactor Lattice, *Nuclear Technology*, 138,17-29,2002.

[7]Belle J. and Berman R. M., Ed. Thorium Dioxide: Properties and Nuclear Applications, US DOE/NE-0060, 1984.

[8]Atherton R.(Coordinator),Water Cooled Breeder Program Summary Report(Light Water Breeder Reactor Development Program), WAPD-TM-1600, Bettis Atomic Power Lab, 1987.

[9]Lung M. A Present Review of the Thorium Nuclear Fuel Cycles,European Commission, Nuclear Science and Technology Series, EUR 17771,1997.

[10]Shwageraus E., Hejzlar P., Kazimi M. S. Use of Thorium for Transmutation of Plutonium and Minor Actinides in PWRs, *Nuclear Technology*, 147, 53-68, 2004.

[11]Gruppelaar H., Schapira J. P. Thorium as a Waste Management Option,Final Report EUR 19142EN, European Commission, 2000.

[12]International Atomic Energy Agency. Potential of Thorium-based Fuel Cycles to Constrain Plutonium and to Reduce the Long-lived Waste Toxicity, IAEA-TECDOC-1349, 2003.

[13]Galperin A., Shwageraus E., Todosow M. Assessment of Homogeneous Thorium/Uranium Fuel for Pressurized Water Reactors,*Nuclear Technology*,138,111-122, 2002.

[14]Shwageraus E., Zhao X., Driscoll M. J., et al. Micro-heterogeneous Thoria-Urania Fuels for Pressurized Water Reactors,*Nuclear Technology*,147,20-36,2005.

[15]Galperin, A., Reichert, P., Radkowsky, A. Thorium Fuel for Light Water Reactors-Reducing Proliferation Potential of Nuclear Power Fuel Cycle, *Science & Global Security*, 6, 3, 265-290, 1997.

[16]Wang D., Kazimi M.S., and Driscoll M. J. Optimization of a Heterogeneous Thorium-Uranium Core Design for Pressurized Water Reactors,MIT-NFC-TR-057,July, 2003.

[17]Galperin A., Segev M., Todosow M. Pressurized Water Reactor Plutonium Incinerator Based on Thorium Fuel and Seed-Blanket Assembly Geometry, *Nuclear Technology*, 132, 214-226, 2000.

附录B

先进技术

本文主要关注传统反应堆和核燃料循环概念。如果一些替代技术得以成功发展，且实施起来比较经济，那么它们可能将引起核燃料循环和未来核电领域的重大变化。但是我们必须克服这些替代技术在技术上或经济上的不确定性。在20世纪70年代的核燃料循环评估中，这些技术并不被认可，因为：(1)技术发展不够完善；(2)如果铀资源有限并且优先发展燃料转换比最高的反应堆，那这些技术就不是可行的。现在，为了检验未来核电或核燃料循环方式，我们应该把它们考虑进来。

如表B.1所示，虽然表中列出的技术类型并不完全，但是我们认为这些传统上受欢迎的未来核燃料循环(以带有燃料回收功能的钠冷快堆为基础)方式在将来都是正确的选择(可能是正确的)。然而，因为核燃料循环的评判标准和技术方法发生了很大变化，所以在制订核燃料循环决策之前，重新检验技术选项才是明智之举。表B.1对每种技术概念都做了简短描述，并总结了其意义、缺点和优势，以及更为详细的技术介绍。

表B.1 先进技术

	技术	潜在优势	技术挑战
反应堆类型	高转换比轻水堆	经济、经验丰富、燃料管理灵活	燃料性能、事故分析
	一次通过式可持续钠冷快堆	防核扩散、燃料无须后处理	包壳辐照限制
	铅冷快堆	经济、安全性加强	材料抗铅腐蚀性能、高凝固温度
	先进高温堆	经济、核燃料循环方式较多、钍燃料循环	分析有限、燃料功率密度限制
核燃料循环方式	从海水中提取铀	铀量可用上千年	吸收剂寿命
	用低浓铀启动快堆	防核扩散、经济、可持续	分析有限、可能存在包壳燃耗限制
	钻孔处置长寿命放射性废物	可贮存、防核扩散	分析有限、没有测试
	燃料制造、后处理和贮存场的协同定位	可贮存、经济、风险性、安全防护	分析有限
	核可再生共栖	实现可再生和液态燃料生产	与其他应用技术联用

B.1 反应堆技术

核电经济性主要由反应堆的建造成本决定,因此堆型的选择常常涉及核燃料循环方式的选择。过去10年的研究和实验成果显示(尚未证明),一旦具有潜在经济性的替代反应堆概念发展完全,将可能对核燃料循环方式的选择产生重大影响。下文所列每种堆型都存在一个或多个技术问题尚未完全解决,但是几年来相对有限的专项成果可以确定这些概念的可行性。

B.1.1 高转换比轻水堆

摘要——根据历史选择,可以充分利用铀资源并能焚烧锕系元素的堆型是钠冷快堆(SFRs)。之所以选择钠冷快堆,是因为它具有高转换(增殖)比(1.2～1.3),使得燃料产生速率高于消耗速率。但是该堆型的建造成本比轻水堆高,所以尚未展开应用。我们的核燃料循环动力学模型显示,转换比接近1.0会更有利,而经过修正之后,轻水堆堆芯的转换比可接近1.0(而不是1.2),因此替代钠冷快堆是可行的。作为钠冷快堆替代堆型,高转换比(比值接近1.0)可持续轻水堆[1]具有几项潜在优势:(1)除堆芯外可使用现有反应堆系统的技术;(2)预期的建造成本和运行成本(核燃料循环除外)与现有轻水堆相同;(3)与现有轻水堆的运行方式相同。如果想实现商业化,就需要进一步发展堆芯,而不是整个反应堆系统。可持续高转换比轻水堆这一概念是几十年来许多新想法与各种发展所累积的成果。

因为现在的轻水堆建造成本比钠冷快堆低,而且可靠性更好(运行经验得到的结论),所以可持续高转换比轻水堆(采用闭式燃料循环)的经济性可能更好,建造成本也比钠冷快堆低。堆芯技术的发展可能为现有反应堆群提供一种闭式可持续核燃料循环方式。至于高转换比轻水堆的技术性、安全性和经济性方面的分析、实验及验证都尚未完成。

1.钍燃料循环方式

1977—1982年期间希平港核电站[2]的轻水增殖堆项目证明,采用钍燃料循环方式的轻水堆的转换比可接近1.0。因为钍是增殖性材料,而非易裂变燃料,所以必须用浓缩铀或浓缩钚启动此类反应堆。希平港实验中使用的燃料是高浓缩铀和^{233}U,它们存在核扩散问题,所以现在看来是不可行的。附录A讨论了采用低浓缩铀的新型钍燃料循环方式。

2.铀燃料循环方式

在增殖同位素是^{235}U的反应堆中,确定转换比的主导因素是它的中子能谱。快中子谱(中子动能高)产生的转换比更高。如果反应堆的平均中子动能增加,慢化剂－燃料比值将降低,这是因为慢化剂(顾名思义,它们的作用是改变中子能量),例如水,可使裂变产生的快中子速率变小。因此,对于采用铀燃料循环方式的快堆,由于其冷却剂(如液态金属钠)无慢化作用,所以可获得快中子谱,从而得到高转换比(高至1.3)。与之相比,现有轻水堆的热中子谱(平均中子能量低)产生的转换比只有0.5～0.6。

如果可以得到超热中子谱(位于热谱和快谱之间),水冷堆的转换比就可接近1.0。降低慢化剂-燃料比值或改用重水(D_2O)作冷却剂都可以得到超热中子谱,因为慢化剂的效率有所降低。

与轻水相比,中子被重水碰撞开所失去的能量更低,因为重水分子中的氘核质量是轻水中氢核的2倍。所以,对于慢化剂一燃料比值低的水冷堆,如果用 D_2O 替代 H_2O,它的中子谱就会变硬(中子速率增加),这是获得高转换比的一种方法。但是,使用重水有如下劣势:(1)每千克重水价格高达几百美元;(2)反应堆系统的设计必须使高价冷却剂带来的损失最小化,以及避免 H_2O 污染;(3)氘发生中子俘获后会变成氚,氚的一种放射性同位素,并且必须用回收系统有效收集起来。

世界上的反应堆大部分是压水堆(PWRs)(一种轻水堆),所以可持续轻水堆的早期工作大多与压水堆相关。采用钚一铀燃料循环的高转换比 PWR 堆型最早是由 Edlund[3] 在1976年提出,他将 Babcock& Wilcox PWR 的堆芯重新设计成六角形燃料棒栅格和六角形燃料组件,通过减小水一燃料的体积比实现能谱的硬化,从而得到约为0.9的转换比,同时维持充分的冷却和小的负空泡反应性系数。

将现有压水堆改装成六角形栅格,从而获得高转换比的设计概念是由 Broeders[4] 在1985年为建造 Kraftwerk Union 1 300 MWe 压水堆而提出。此设计还包括反应堆非均匀点火区和再生区的设置,这样做主要有两个好处:(1)将转换比提升至0.96,(2)产生大的负空泡系数(功率溢出方面的核安全性更好)。当水温上升时,水的密度降低,使能谱变硬,更多的快中子从裂变区泄露进增殖区,从而导致中子吸收增加以及功率水平降低。点火区和转换区的设置将成为未来所有可持续轻水堆的一种固定配备,此设计概念意味着,点火区在高功率输出时运行,而转换区在低功率输出时运行(特点是减少热裕量和提高泵的功率要求)。该设计的安全约束是,在失冷事故工况下熄灭高功率点火区。

Ronen[5] 提出了一种1 000 MWe 压水堆堆型,其转换比为0.9,特点是沿六角形燃料棒的轴向加入了交互层:易裂变钚燃料区(MOX)和增殖区(天然 UO_2)。此设计的依据是 Radkowsky[6] 提出的高增益压水堆堆型,其特点是有两个点火区一转换区堆芯:预增殖区和增殖区。该堆型对燃料进行快速后处理,从而使 Pu-241 的 β 衰变(半衰期为14.4年)损耗最小化。在所有铀和钚的同位素中,Pu-241 的 η(有效裂变中子数:燃料每俘获一个中子产生的平均中子数)值最高,可以大幅提高转换比。预增殖区利用软谱,通过一系列热中子俘获,将 ^{239}Pu 和 ^{240}Pu 变成 Pu-241,然后对这些燃料进行快速后处理,并将其转移至快中子谱增殖区,而 Pu-241 在此处开始裂变,这些过程的总转换比为1.08。另外,如果发展出非常快的(3个月)后处理技术,就可以获得很大的负空泡反应性。

Hittner[7] 研究了一种可转换谱移控制反应堆,该设计采用谱的移动来优化增殖过程,从而得到高的转换比。另外,用贫铀填充燃料组件中的水洞来调节水一燃料体积比。在核燃料循环开始时插入铀燃料棒,平衡多余的反应性并实现钚的增殖,然后随着燃耗加深,逐步用机械系统撤出铀棒。该堆型的转换比可达0.95。

最近可持续压水堆的大部分工作都在日本进行[8,9]。设计采用六角形点火区一转换区组件,裂变燃料棒置于组件的中部,而增殖燃料棒放在外围。$ZrH_{1.7}$ 慢化棒插在转换区[8],通过软化中子谱来加深负空泡系数。此概念的设计特点:六角形栅距紧密、转换比为1.0。日本在高转换比轻水堆方面的工作已经从压水堆转移到了可持续沸水堆(BWR)的设计,因为:(1)日本拥有的沸水堆比压水堆多;(2)这些反应堆沸腾方面的研究进展产生了许多新的设计选项。其他地区的工作继续集中在高转换比压水堆，而几十年来的研究进展一直集中于开发可行的高转换比压水堆堆芯。

相对于压水增殖堆，沸水增殖堆可以承受更高的栅距一直径比，因为蒸汽空泡分数的增加可以降低水的密度。Hitachi[10]和JAEA[11,12]分别研究了资源可再生沸水堆（RB-WR）和可适应性核燃料循环创新型水堆（FLWR），其涵盖了近期大部分轻水堆方面的工作。两种设计都是改装现有的3926-MWt先进沸水堆，但是只对堆芯进行了再设计，通过采用轴向六角形燃料（交互地裂变区/增殖区）、紧密的六角形栅距和六角形组件，获得负的空泡系数和大于1.0的高转换比，而堆芯平均空泡分数约为0.60，比典型ABWR（约为0.4）高。

上述两种设计（不考虑燃料棒尺寸、每个组件的燃料棒数量和其他几何差异）的一个不同之处在于，FLWR采用二级堆芯概念，其转换比可以在1.0至大于1.0之间变化，由于这两级堆芯的几何数据相同，所以同一反应堆系统中的第一级可以转到第二级，从而在反应堆运行期间为其核燃料循环提供一定的灵活性。这两种堆型仍然处于研究和发展阶段，但是代表了高转换比轻水堆的最先进设计[13]。日本高转换比LWR的发展，使Rokkasho后处理新厂开始商业运行，而如果需要，也可能为快速转变为闭式可持续核燃料循环提供一个应变选择。

降低水－燃料体积比和非均匀布置点火区－转换区，是对现有轻水堆堆芯进行再设计得到可持续反应堆的最快速、简单的方法。然而，对于这项技术，我们需要更多的研究和发展，特别是对最常见的轻水堆类型压水堆。问题是怎样才能最好地获得1.0的转换比，同时又保证在事故工况下提供充足的冷却裕量。

B.1.2 一次通过式可持续快堆

摘要——传统上来说，可持续核能的要求是具备一个燃料后处理和再循环的闭式燃料循环。然而，几十年来有很多人提议，采用一次通过式燃料循环发展可持续快堆，该设计是先用浓缩铀启动反应堆堆芯，再更换为天然铀或贫铀继续焚烧。虽然乏燃料会成为废物，但是铀的利用率可以比现有的轻水堆高1个数量级。燃料组件中的^{238}U转换成钚，然后钚原位发生裂变产生能量。这种堆型有几个潜在优点：首先，核燃料循环成本低；其次，不需要铀浓缩（启动反应堆堆芯除外），因此不用太担心核燃料循环前端设施的核扩散；最后，国家可以购买一个反应堆和它的第一个堆芯，或者以低成本制造贫铀或天然铀替代燃料，使得在堆芯启动后不需要浓缩铀。作为一种选择，可以购买低成本贫铀或天然铀燃料组件的终生供给，使之成为初始堆芯的一部分。这样，国家就不用通过鼓励建造政策来浓缩厂来确保现有反应堆的燃料供给。

该堆型存在一个技术限制：燃料和燃料包壳必须承受非常高的燃耗。最近，有人研究了一种行波堆计算设计方法，可以使一次通过式快堆堆芯的燃耗有所降低（但仍然很高）。我们无法确定现有燃料包壳材料是否能够经受这样的高燃耗，但是技术可行性反应堆和实验堆之间的燃耗差值在逐渐减小。行波堆是一种改进的钠冷快堆，而其堆型适用于铅冷快堆（见下文）。除了技术可行性的问题，还需考虑快堆的经济可行性。

一次通过式原位增殖可持续反应堆概念并不是最新的。早在1958年，Saveli Feinberg[14]最先提出和研究了反应堆使用堆内自有燃料进行增殖。这个概念通常称为增殖和焚烧反应堆。1979—2005 年期间，许多科学家（1979 年 Driscoll 等[15]，1988 年 Lev Feoktistov[16]，1995 年 Edward Teller/Lowell Wood[17]，2000 年 Hugo vanDam[18]，2001 年 Hiroshi Sekimoto[19]，2005 年 Yarsky[20]）发表了关于此概念的进一步研究成果。之前的研究表明，该堆型的主要技术挑战是燃料包壳，它必须经受高中子通量和高燃耗，从而到达稳态增殖－焚烧工况。最近，TerraPower 有限责任公司开发了获得稳态增殖－焚烧堆芯的方法，可以显著减少中子通量、燃耗以及随之而产生的堆芯材料的退化。他们提出的行波堆（TWR）通过结合堆芯设计特点和工程设施降低了对材料的要求，但是需要用行波堆原型证明这一点。

我们正在探索各种概念，从几百 MWe 的小型模块化设计到满足基荷电力生产的大型独立电厂（1 GWe 或更多），以满足潜在的应用范围。行波堆的第一个样式是基于钠冷快堆技术[21~23]，该堆芯设计是最有前景的，它的堆芯几何形状近似于圆柱形，由六角形燃料棒束（组件）组成，组件中包含浓缩铀和贫铀金属合金棒，而包壳为钠金属与铁素体－马氏体不锈钢进行热结合的管体。经过预定的堆芯运行时间（如 1～2 年或更久）后，根据功率密度，关闭反应堆，将高燃耗组件转移至堆芯低功率区，再用贫铀组件替代这些高燃耗组件。这种燃料转移的完成有三个作用：(1)控制功率分布和燃耗，使堆芯材料处于运行限值内；(2)联合控制棒，共同调节剩余反应性；(3)延长反应堆寿命，因为堆芯寿命主要由可移动贫铀组件的数量决定。

所有的燃料移动行为都在反应堆密封容器中完成，里面有足够的贫铀组件来维持反应堆在寿期内的运行。用少量富集燃料组件启动反应堆后，贫铀组件中足够多的裂变材料将开始增殖，使得堆芯持续焚烧贫铀，直到电厂寿期末。除了最初启动反应堆时需用浓缩铀，其他燃料都可以是贫铀（世界上的存量有几百万吨）、天然铀或经过转化成为金属形态的轻水堆乏燃料（不需要同位素分离）。这种核燃料循环成本比其他任何反应堆都低。

上述反应堆概念的技术问题在于，燃料是否能够到达一个高的燃耗，使得足够多的燃料发生增殖，从而维持反应堆的运行。燃料包壳通量限值的基础实验数据并不能达到所要求的燃耗。因此，我们并不知道现有材料是否能够满足这些要求或者是否需要新型材料。

B.1.3 铅冷快堆

摘要——钠冷快堆已经成为快堆的历史性选择，因其可以将铀全部转换成质量更大的锕系元素，并焚烧它们。但是，目前钠冷快堆并不经济，它的建造成本明显高于 LWRs。铅冷快堆（LFRs）的设计与钠冷快堆相同，其成本却比钠冷快堆低，这是因为：(1)铅的化学活性比钠或钾低，可以简化电厂设计；(2)铅冷却剂比钠冷却剂的沸点高，可以在更高温度中运行，因此反应堆的热电转换效率更高。然而，结构材料的腐蚀问题使得 LFRs 冷却剂的实际峰值温度低于钠冷快堆，热电转换效率也就比钠冷快堆低些。另外，腐蚀问题也限制了铅冷却剂流经堆芯的速度，导致堆芯设计尺寸更大，成本变高。实验室已经开发了新型抗铅腐蚀的高温金属合金，但是尚未在全套可信的反应堆工况下进行测试。如果这些合金的耐腐蚀特性在实际堆工况下得到确认，并且没有其他不可预期的挑战，那么铅冷快堆可能会成为一个颇具吸引力的钠冷快堆替代选择。

传统快堆一般采用液态金属作冷却剂，因为它们在快堆堆芯中表现出来的核性能很好，而且传热性能也不错。通常优先考虑 Na 和 Na-K 混合物，因为它们对典型金属结构的腐蚀率低。但是，也存在一些缺点：(1)沸点限制了反应堆冷却剂峰值温度，约为 550 ℃；(2)与空气或水接触时的化学活性很高。冷却剂峰值温度限值限制了电厂效率，而其化学反应性也增加了电厂设计的复杂性。

采用 Pb 或 Pb-Bi 液态冷却剂就可以克服上述缺点。铅的沸点高达 1 620 ℃，允许冷却剂峰值温度可以更高(约为 700 ℃)，从而得到更高的热电转换效率。铅在空气或水中的化学活性更低，可显著简化电厂设计。正因为铅的这些理想特性，俄罗斯开始为 Alpha-Class快速攻击型潜艇开发和应用铅冷快堆，还设计了铅－铋冷却商用快堆，并在近期宣布了一个输出功率为 100 MWe 的小型模块化铅冷快堆。

铅具有腐蚀性，它可以溶解许多其他金属。为了控制铅的化学性质，可以在金属表面添加保护性氧化层以减少铅腐蚀。但是，由于腐蚀性的控制存在一定难度，所以俄罗斯决定不在其他潜艇上建造铅冷快堆。腐蚀性控制方面的问题限制了铅冷快堆的冷却剂出口温度，大约在 400～500 ℃之间。

MIT、洛斯阿拉莫斯国家实验室、爱达荷国家实验室和美国能源部(DOE)合作的项目开发了一系列新型合金[24~26]，可允许运行温度达到 700 ℃，并且功率密度高、堆芯成本低。新开发的 Fe-Cr-Si 合金系列的化学成分中含质量分数为 12％的 Cr，1％～2.5％的 Si 表示为 Fe-12Cr-(1～2.5％)Si，科学家已经证明该 Fe-12Cr-2Si 合金可以抵抗铅/铅－铋共熔合金的腐蚀，材料的运行温度可到 700 ℃，其中的双层氧化物(Cr 基/Si 基)可提供高度保护作用。

虽然这些合金表现出必要的抗腐蚀性，但是不满足包壳的强度要求，它们必须与强度更大的金属结合成双金属管材，其包壳强度和抗腐蚀性才能同时满足设计要求。合金可以制造成两种形态：(1)焊条，用作挤压坯料(管材、管道或包壳)的覆盖层或者形状更复杂的材料的覆盖层；(2)套筒，用作护套或涂层，可以和基础结构材料一起挤压。结构合金中由抗腐蚀层组成的功能性分级复合物有两种生产形式：(1)用于输送的管材；(2)用于燃料包壳的管材[27]。在用验证方法处理铅冷反应堆的限制性问题之前，包括辐射测试在内的重要工作都是必须要做的。

为了对铅冷快堆的潜力进行完整评估，我们应该做如下工作：(1)与钠相比，铅的凝固温度更高，所以要评估这一项对钠冷却剂主回路设计的影响，以防局部堵漏的需求；(2)评估铅冷却剂温度限制的兼容性对二回路设计(采用超临界 CO_2 循环还是超热蒸汽泵循环)的影响。

B.1.4 先进高温反应堆

摘要——在过去的 10 年里，人们提出了一种反应堆新概念：先进高温反应堆(AHTRs)，它用液态氟盐作冷却剂，并采用为高温气冷堆开发的包覆颗粒燃料，也称为高温氟盐反应堆(FHRs)。该堆型具有潜在的经济性，因为主系统设计紧凑，热裕量大，可以在低压下运行；冷却剂温度足够高，可以满足高效率功率循环的使用。和其他反应堆不一样的是，它通常采用 U-Th 燃料循环和一次通过式燃料循环相结合的模式，而如果运行时采用闭式燃料循环，转换比就可接近 1.0。在核燃料循环背景下，这是一种径向偏离，因为一个变体可以利用流动的球形燃料，使反应堆堆芯随时间进行三维优化，从而创造新的核燃料循环选项，今天的我们只能理解其中一部分内容。当运行温度低于 700 ℃时，反应堆不存在任何决定技术可行性的单个技术问题。但是迄今为止，我们所做的工作都不足以理解其潜在能力和局限性，因为冷却剂在几百摄氏度时会凝固，所以为了满足反应堆的可靠性，保证冷却剂循环回路始终维持在如此高的温度是很重要的。

AHTRs 是一种新概念堆[28]，它采用传统高温气冷堆燃料和液盐冷却剂。燃料是由一种包覆颗粒嵌在石墨基体中组成，石墨基体可以是棱柱形燃料块，或燃料组件，或直径为几厘米的球体、高温氦冷堆的原型已经建成：(1)美国和日本采用棱柱形燃料块；(2)德国和中国采用球形燃料。和高温气冷堆一样，AHTRs 的中子能量为热谱到中间谱。

我们正在考虑用液盐作 AHTRs 的冷却剂，其中最佳候选是[28] LiF 和 BeF_{29} 的混合物，其冷却剂出口温度约为 700 ℃，可以得到高的热电转换效率。这种混合物与熔盐堆(MSRs)所用的冷却剂是同一种液体，但与 MSRs(燃料溶解在冷却剂里)不同的是，AHTRs 采用干净的冷却剂，从而防止早期反应堆概念中腐蚀问题的发生。目前有两个已建成的小型熔盐测试堆，一个是 20 世纪 50 年代的航空核能发展计划(ANPP)，另一个是 20 世纪 60 年代的熔盐增殖反应堆计划。MSRs 采用钍燃料循环可以得到接近 1.0 的转换比，从而成为可持续反应堆。从某些方面来说，可以认为 AHTRs 的球形燃料是 MSRs 的一种固态燃料变体。最近，法国启动了一个关于快中子谱 MSRs 的研发计划[29]，该堆型比文中提到的堆型更先进，它的特性不同寻常，即易裂变燃料存量极低，是一个负空泡系数非常大的快中子谱反应堆，也是易裂变材料有效焚烧的长期候选堆。

球形 AHTRs 可以采用铀利用率增加的改进型 Th-U-235 开式燃料循环，或者转换比接近于 1.0 的 Th-U-233 闭式燃料循环。之所以选择这种不同一般的核燃料循环，是因为：(1)球形燃料；(2)液态冷却效率可防止局部热点的生成。在球形反应堆中，燃料由直径为几个厘米的球体组成，这些燃料球在堆芯中周期性(几个星期)移动，同时产生电力。当燃料球从反应堆移出时，辐射探测器会确定它们的燃耗，低燃耗燃料球将返回反应堆重新参与循环，而高燃耗燃料球则成为乏燃料。

下列燃料类型有几个特殊影响：都能提高反应堆的燃料效率，形成不一样的核燃料循环方式。

(1)均一的乏燃料。所有乏燃料被充分辐照。在其他固态燃料反应堆中，虽然燃料组件的中心被充分辐照，但是反应堆边缘组件的末端燃料只是部分焚烧。球形反应堆中，低燃耗燃料球将返回反应堆重新循环，直到它们达到全燃耗值(所有燃料被利用完全)。

(2)燃料三维分区。反应堆堆芯中的球形燃料可以布置成三维几何形状，以使燃料性能最优化。实验证实[30]，球形反应堆中的燃料球在反应堆堆芯中以近似塞流的方式移动。在反应堆入口处正确布置燃料球，就可以预测和控制它们在反应堆中的流动过程。实际上，堆芯中不同成分的燃料就可以形成三维堆芯，以使转换比最大化。传统堆中传统燃料组件也可以进行三维分区，但是燃料焚烧时成分会发生变化，由于反应堆换料时间延长，想要在燃料焚烧后，每隔几个星期就重新布置传统燃料组件来优化堆芯是不可行的。与球形反应堆的实时换料不同，AHTRs 堆芯可以在三维连续优化。

最近的工作[31]显示，三维分区堆芯与移动燃料球相结合，可以使燃料(采用铀—钍燃料循环)利用率明显提高，新鲜的钍—铀燃料球最初会在堆芯周围形成转换区，既可以吸收中子产生燃料，也能作为堆芯的屏蔽层。裂变加深后，这些燃料球可以用作燃料焚烧。

作为一种新反应堆概念，先进高温堆的研究仍有限，因此对它进行可信评价会有点困难。当最大温度维持在 700 ℃以下时，不存在任何单个技术障碍(如铅冷快堆中的腐蚀问题)。当然，高温堆有一系列的技术问题，虽然燃料的功率密度高，为 30～60 kW/L，但是燃料峰温度比高温气冷堆的低很多，通常认为这会导致冷却剂温度更高。另外，必须确认在任何运行工况下不会发生冷却剂回路塞流。

所有高温堆(先进化石和太阳能高温系统)都需要发展动力循环，以充分利用温度越高发电效率越高的原理。提高传统蒸汽动力循环的温度是可行的，闭式氦循环就可以实现这一点，而超临界二氧化碳动力功率循环具有更低成本和更高效率的潜力，但是只处于实验室开发阶段。最后，对于 AHTRs，可以选择空气布雷顿(Brayton)动力循环，大多采用现有技术：热电转换效率比其他循环方式要低一点(40%比 45%)，但是此动力循环不需要水冷，可以放宽对选址要求。

最初的评估表明，AHTRs 具有比轻水堆(采用一次通过式燃料循环)成本低的潜力，原因有两个：首先，它的运行温度更高，使得热电转换效率比轻水堆高；其次，电厂尺寸更小。如果轻水堆或钠冷快堆采用闭式燃料循环，可能会面临回收乏燃料方面的挑战。燃料是高温堆的基础，对它进行后处理比较困难，而钍燃料循环会生成 ^{232}U，^{232}U 衰变产生 2.6 MeV 的 γ 射线，使得燃料制造也变得有难度。高温堆燃料还具有其他特性，可以生成防止其他燃料转移的屏障，详见附录 C。

B.2 核燃料循环技术

不考虑反应堆堆型，现有核燃料循环技术对未来核燃料循环的选择有重大影响。

B.2.1 从海水中提取铀

摘要——海水中储存了大约 4×10^9 t 铀。最近日本有研究表明，海水铀的成本最终可能足够低，促使铀成本出现一个上限，因此一次通过式燃料循环在几个世纪内将一直具有经济竞争力。它的经济可行性取决于海水中离子交换媒介和其他设备的长期耐用性，而目前还没有全面评估其商业可行性的数据。如果说对海水铀的经济性(高或低)有很大的信心，那么可能是核燃料循环选择中的主要因素。

虽然海水中的铀浓度有点低(质量分数约为 3.3×10^{-9})，但仍然长期吸引着核燃料循环的研究者们，因为它的总量巨大，约有 4×10^9 t。而面临的挑战是，需要建立一个可以处理这么大容量海水的经济性系统。提取海水铀的最新方法是，利用洋流或波浪来促进海水与纤维离子交换媒介的接触和流动，在这里可以考虑用一种人造褐藻作收集器，它可以选择性的提取海水中的铀。

20 世纪 80 年代初期，MIT 在 DOE 的支持下开展了一个重大的研究项目[32,33]。通过测试，高选择性离子交换介质——丙烯酸胺肟仍是今天的首选材料。从那时起，只有日本持续进行着这项研究工作，现在已经到了海洋模块测试阶段，他们当前[34]的估算成本约为 \$ 750/kg(基于已确定的参数)，预测未来成本可低至 \$ 125～210/kg。如果今天把 MIT 1984 年的模型缩小[33]，那么成本为 \$ 1170/kg，而日本的长期目标性能若能实现，成本就可以低至＄117/kg。最近，日本在降低铀回收成本方面有了很大研究进展[35]。

因此，目前对于从海水中提取铀，我们既不能确定，也不能舍弃。如果能与日本合作策划一个适当的测试项目，来确定未来的成本是否可能降至低于＄300/kg，这将是明智之举，因为一旦成功将产生深远影响。

B.2.2 快堆启动替代策略

使用低浓缩铀、采用一次通过式燃料循环再过渡到闭式燃料循环

摘要——我们的分析显示，可持续快堆的转换比应优先选择1.0，并且不受铀资源的严格限制。场地规范的变化可能产生新的快堆启动策略。初步评估表明，转化比为1.0时，应该用低浓缩铀来启动快堆，而不是钚或中浓铀（武器用）。快堆还有以下开发可能：(1)一次通过式燃料循环，转换比接近1.0；(2)核燃料循环成本与传统轻水堆一次通过式燃料循环接近。如果做到这些，那么就能采用一次通过式燃料循环开发应用快堆。快堆的应用将取决于其经济性，不需要同时开发应用闭式燃料循环。如果建立一个大的反应堆群，并且燃料成本增加，那么可以回收乏燃料形成经典的快堆燃料循环。

在一个核反应堆里，由裂变反应产生中子，这些中子有以下去处：(1)中子继续参与裂变反应；(2)中子由于泄漏、被结构材料吸收或者被冷却剂吸收而消失；(3)^{238}U或^{232}Th吸收这些中子，转变成易裂变的^{239}Pu或^{233}U。一个高转换比可持续反应堆需要有高浓度易裂变材料(^{235}U、^{239}Pu或^{233}U)产生足够的中子，从而实现燃料增殖。中子损失量最小时或者增殖材料吸收的中子数最大时，快堆的转换比可以达到最大值，而传统做法是将^{238}U增殖燃料布置在反应堆堆芯里面，^{238}U俘获从高裂变区泄露出的中子，转换成^{239}Pu。

如果转换比为1.0是可接受的，就不需要用很多中子来生成^{239}Pu，^{238}U外围转换区也可以省略。如果进入转换区的中子被反射回反应堆堆芯参与裂变，那么可以降低堆芯的易裂变燃料浓度。中子反射体的最新研究表明[36]，这样的反射是有可能的。一旦确认，就可以用低浓缩铀启动快堆，从而防止高浓缩铀的核扩散问题。启动快堆的优先策略是采用低浓缩铀。LWR的乏燃料不需要进行后处理就可以为商用快堆提供钚原料。

如果可以用低浓缩铀启动快堆，那么后续问题来了：快堆可以和轻水堆一样，在运行时采用经济的一次通过式燃料循环吗？快堆的浓缩度明显要比轻水堆高。要使两种堆的核燃料循环成本相同，快堆的乏燃料燃耗必须比轻水堆高。传统快堆的燃耗比轻水堆高，因为转换比为1.0或者更大，即反应堆易裂变燃料的产生速率比消耗速率快。与快堆不同，轻水堆中的易裂变材料焚烧后，反应性同时减小而最终限制了燃耗。如果可以得到足够高的燃耗，快堆的一次通过式燃料循环成本将和轻水堆相同。我们可以利用快堆的乏燃料将一次通过式燃料循环转换成闭式燃料循环，来开发应用快堆(假设建造成本与轻水堆相同)，所需乏燃料的燃耗可能要比前面讨论的可持续一次通过式快堆低，而快堆的建造成本仍然是一个挑战。

B.2.3 长寿命放射性核素的钻孔处置

摘要——油/气/地热井的钻井技术的发展使人们开始重新关注用深钻孔方法处置乏燃料完整组件或后处理过程中分离出的废物——包括次锕系元素。单井钻孔可禁锢反应

堆乏燃料20年，钻孔将深入到几千米处的低渗透花岗石基岩，其化学环境更稳定——可提供安全的地质隔离。处置深度比传统地质贮存深很多。如前文所述(第5章)，在处理高衰变热小体积废物或长寿命放射性废物时，钻孔处置比传统地质贮存更有潜力。

作为一种先进技术，钻孔处置的制度特点可以加深对核燃料循环的影响。可钻井深度处的岩石基体比其他地质类型分布更广，使得经济可行的小型贮存库(处置量比钻孔处置小)可以实现区域贮存或者为反应堆数量少的国家提供一种可以处置高放废物或乏燃料的技术，但是，很难在防核扩散(详见"废物管理"一章)的背景下恢复潜在动力。

B.2.4 后处理设施、燃料制造设施和贮存库之间的配置与整合

摘要——闭式燃料循环的发展早于地质贮存(处置长寿命废物)。所以，后处理设施、燃料制造设施和贮存库在地理位置上是分开的。我们假设，美国采用闭式燃料循环还要等几十年，那么需要对处置废物用的地质贮存库进行选址，这就产生了后处理、燃料制造和贮存库设施之间的配置与整合问题。配置整合完成后，可以明显降低闭式燃料循环的成本和风险，同时为解除废物(含易裂变材料)的安全防护提供技术选择。后端核燃料循环设施的配置与整合有助于未来贮存库的选址。与地质贮存库相比，后处理一制造设施可以提供更多直接或间接的工作岗位。但是，我们尚不确定后端设施的配置与整合是否足够推动核燃料循环的选择。

在20世纪50年代，人们认为闭式燃料循环成本低，部分依据是汉福德(Hanford)场址的乏燃料后处理经验(就地处置废物)。然而，如果废物处置不当，就需要很高的补救成本。直到20世纪60年代，我们才意识到，地质处置应该作为大部分废物的最终处置方式。在20世纪60年代到70年代早期，美国政府鼓励私人建造后处理设施和燃料制造设施。因为没有地质贮存库，不能对后处理、制造和贮存设施进行配置，所以只能对它们进行分开选址。

由于对闭式燃料循环的后处理设施和燃料制造设施进行分开选址，所以必须要储存废物并运至地质贮存库。反过来，这些过程有利于对后处理和制造方式的选择，以便减少废物体积。但是，20世纪80年代的理念是，处置低热废物(包壳和硬件、超铀元素、低放废物、失效设备等)的地质贮存方式成本不高，而处置高热废物(乏燃料和高放废物)的成本很高。从后处理和燃料制造设施出来的废物大部分是低热废物。如果对后处理和燃料制造设施与贮存库进行配置和整合[37]，对低热废物体积的限制就会大幅放宽，从而产生如下影响：

(1)成本。放宽对废物体积的限制，可以降低后处理(如汉福德场对乏燃料采用化学方式去除包壳)和制造厂的成本。因为后端设施的配置可以有效节约成本，德国在20世纪70年代试图配置与整合戈莱本(Gorleben)贮存库的所有核燃料循环设施。但是由于德国决定采用一次通过式燃料循环方式，所以这项配置从未实现。

(2)风险。对设施进行配置，可以消除某些运输与储存(高放废物处置之前的储存除外)方面的要求；而对设施进行整合可以降低废物量最小化的要求，简化废物减少过程，从而降低潜在的事故风险。

(3)贮存库性能。放宽对废物量的限制，可以降低最终态废物的载荷。反过来，这可①使废物的使用性能达到最佳状态，但是技术原因使得废物载荷低；②减少废物的辐照损伤；③允许溶解度有限的放射性核素发生同位素稀释，以提高性能。

(4)安全防护。许多废物都含有易裂变材料。如果将废物转换成具有低载荷和低浓度易裂变材料的废物形式,就可以撤销对这些废物的安全防护,因为易裂变材料实际上是不可回收的。

几十年来,对核燃料循环后端设施的选择有两种:分离和配置一整合,但其实我们尚未对这两种方式在技术上、经济上和体制上的影响进行评估,也不知道其利益大小是否足以推动对设施的选址决策——假设地质贮存库选址后采用闭式燃料循环。

B.2.5 核能可再生前景

摘要——了解核燃料循环前景的一个最大的不确定性是核能企业的规模,它能决定替代性核燃料循环何时才是可取的。历史观点认为核能是一种基荷负载电力来源,它涵盖了 1/4～1/3 的世界能源市场,但是,如果核能用作其他用途,那么核能企业的规模会大得多。现有几个候选市场如下:(1)将基荷反应堆耦合成 GWe/a 的能量储存系统,以生产日变、周变和季节性变化的电力;(2)为从化石、生物质和二氧化碳生产液态燃料提供热能和氢气。其可行性取决于核电的经济性和核能用户技术的成功开发及商业化,如 GWe/a 的储热、高温电解生产氢气和木质素的氢化裂解。这些领域的开发可以扩大核能企业的规模,提高反应堆要求(如要求的峰值温度),并反过来推动核燃料循环决策。

(1)可变电力生产。电力需求每天都在变化:与气候相关的循环(中纬度区以 3 天为循环周期)、工作相关的周期性循环、季节性循环。化石厂优先满足现在的电力需求变化,它具有低建造成本和高运行成本。而如果考虑大气温室气体释放对气候变化的影响,我们应当选择低碳能源,如核能、封存二氧化碳的化石燃料和可再生能源,它们的共同点是建造成本高、运行成本低,对于满足可变电力负载来说是昂贵的。另外,可再生电力的生产和电力需求并不匹配(最大风力出现在春天的晚上,而此时的电力需求最低;太阳能在 6 月达到峰值,而电力需求最大则在 8 月)。

季节性储电的媒介有三种:水、热和氢气。水电存在地理和容量限制,其他两种储电与核电厂相关。先谈核能地热:在电力需求较低时,可以利用反应堆产生的热能加热大量地下岩石(5×10^9 m^3 可以储存 1 GWe/a 的热能);电力需求高时,核电厂生产电能并加热岩石,将其变成地热电力系统的一部分[39]。核电厂作为基荷持续运行,这在本质上是一种大规模储能系统,因为储存少量地热是不可行的,岩石的表面积一体积比很高,会导致小规模热系统的热能大量泄露。我们一直在开发这些和其他电力系统,但是在进行决策之前需要对储能系统的可行性做大量的研发。

(2)液态燃料生产。美国每天要消耗 2 000 万桶石油(60%来源于石油进口):其中 39%用于国家的能源消费,而其他大部分石油[40]用于运输(运输:13.66%;工业:4.94%;住宅和商业:1.10%;电力生产:0.22%)。石油消耗是美国温室气体的最大来源,是美国国家安全的一个主要挑战,也是最大的单项国家贸易赤字。目前有很多减少石油消费的激励政策。现有技术(如高效率汽车)和近期技术(如插入式混合动力汽车)都可以降低交通运输行业一半的石油消费需求[41],但是,交通运输行业仍然需要一种运输用的高能量密度燃料。

生产液态燃料需要碳源、氢气源以及能量。根据历史观点,原油可以提供以上三种需求,而今天的天然气可以为其提供部分能量。美国的炼油厂耗能约占总能的 7%,原料与汽油或柴油的相似点越少,所需转换能就越多。煤炭液化厂使用的能量及其释放的二氧化碳超过了液态燃料的能量容量，而且燃料焚烧后会释放二氧化碳。对于生物质液态燃料厂，炼制生物质需要消耗1/3或更多的生物质（用作锅炉燃料）。

核能可以为液态燃料的生产提供额外的热能和氢气。有了核能的支持，如果原料是化石燃料，就可以避免炼油厂在炼油时对化石燃料（石油、天然气、煤）的消耗及其释放的温室气体；如果原料是生物质，每吨生物质产生的液态燃料可以翻2～3倍，但是没有足够多的生物质资源可以替代石油，这是一个潜在的限制点。

核能的这些非传统应用可能会推动反应堆堆型和核燃料循环的选择。现有轻水堆可以满足大部分上述应用；但是，有些应用需要有高温热能，许多其他情况还需要700 ℃热能，而轻水堆只能提供300 ℃热能，这就需要开发高温反应堆。

引文与注释

[1]Ronen Y. *High Converting Water Reactors*, CRC Press, Boca Raton, FL, 1990.

[2]Connors D. R., et al. Design of the Shippingport Light Water Breeder Reactor, WAPD-TM-1208, Bettis Atomic Power Lab, West Mifflin, PA, 1979.

[3]Edlund M. C. Physics of Uranium-Plutonium Fuel Cycles in Pressurized Water Reactors, *Transactions of the American Nuclear Society*, 24, 508, 1976.

[4]Broeders C. H. M. Conceptual Design of a (Pu,U)O_2 Core with a Tight Fuel Rod Lattice for an Advanced Pressurized Light Water Reactor, *Nuclear Technology*, 71, 82-95, 1985.

[5]Ronen Y. and Y. Dali. A High-Conversion Water Reactor Design, *Nuclear Science and Engineering*, 130, 239-253, 1998.

[6]Radkowsky A.and Z. Shayer. The High Gain Light Water Breeder Reactor with a Uranium-Plutonium Cycle, *Nuclear Technology*, 80, 190-215, 1988.

[7]Hittner D., J. P. Millot,and A.Vallee. Preliminary Results of the Feasibility on the Convertible Spectral Shift Reactor Concept, *Nuclear Technology*, 80, 181, 1988.

[8]Hibi K.,et al. Conceptual Designing of Reduced-moderation Water Reactors (2)—Design for PWR-Type Reactors, Proceedings of the 8th International Conference on Nuclear Energy, Paper 8423, April 2-6, 2000.

[9]Shelley A., et al. Optimization of Seed-Blanket Type Fuel Assembly for Reduced-Moderation Water Reactor, *Nuclear Engineering and Design*, 224, 265-278, 2003.

[10]Takeda R., et al. General Features of Resource-Renewable BWR(RBWR)and Scenario of Long-term Energy Supply, Proceedings of the International Conference on Evaluation of Emerging Nuclear Fuel Cycle Systems, GLOBAL '95, 1, 938, 1995.

[11]Iwamura T., et al. Concept of Innovative Water Reactor for Flexible Fuel Cycle(FLWR), *Nuclear Engineering and Design*, 236, 1599-1605, 2006.

[12]Uchikawa S.,T.Okubo,and Y. Nakano. Breeder-Type Operation Based on the LWR-MOX Fuel Technologies in Light Water Reactors with Hard Neutron Spectrum(FLWR), Proceedings of ICAPP 2009, Tokyo, Japan, Paper 9022, May 10-14, 2009.

[13]International Atomic Energy Agency. Status of Advanced Light Water Reactor Designs 2004, IAEA-TECDOC-1391, 2004.

[14]S. M. Feinberg. Discussion Comment, Rec. of Proc. Session B-10, ICPUAE, United Nations, Geneva, Switzerland, 1958.

[15]M. J. Driscoll, B.Atefi, D. D. Lanning. An Evaluation of the Breed/Burn Fast Reactor Concept, MITNE-229, December, 1979.

[16]L. P. Feoktistov. An Analysis of a Concept of a Physically Safe Reactor, Preprint IAE-4605/4 (in Russian), 1988.

[17]E. Teller, M. Ishikawa, and L. Wood. Completely Automated Nuclear Power Reactors for Long-TermOperation, Proc.of the Frontiers in Physics Symposium, American Physical Society and the American Association of Physics Teachers Texas Meeting, Lubbock, Texas, United States, 1995.

[18]H. Van Dam.The Self-Stabilizing Criticality Wave Reactor, Proc. of the 10th International Conference on Emerging Nuclear Energy Systems, ICENES 2000,188,NRG, Petten, Netherlands, 2000.

[19]H. Sekimoto, K. Ryu, and Y.Yoshimura. CANDLE:The New Burn Strategy, *Nuclear Science and Engineering*, 139, 1-12, 2001.

[20]P. Yarsky, M. J. Driscoll, and P. Hejzlar. Integrated Design of a Breed and Burn Gas-Cooled Fast Reactor Core, MIT-ANP-TR-107, 2005

[21]C. Ahlfeld, P. Hejzlar, R. Petroski, et al. Cost and Safety Features of 500 MWe to 1150 MWe Traveling-Wave Reactor Plants",*Trans. Am. Nucl. Soc.*, 101, 491-492, November 15-19, 2009.

[22]K. D. Weaver, C. Ahlfeld, J. Gilleland et al. Extending the Nuclear Fuel Cycle with Traveling-Wave Reactors, Paper 9294,Proc. of Global 2009, Paris, France, September 6-11, 2009.

[23]T.Ellis, R.Petroski, P.Hejzlar, et al. Traveling Wave Reactors:A Truly Sustainable and Full-Scale Resource for Global Energy Needs, ICAPP10, San Diego, June 13-17, 2010.

[24]Ballinger R. G, and Lim J. An Overview of Corrosion Issues for the Design and Operation of Lead and Lead-Bismuth Cooled Reactor Systems, *Nuclear Technology*, 147(3), September, 2004, 418-435.

[25]Loewen E. P., Ballinger R. G., and Lim, J. Corrosion Studies in Support of a Medium Power Lead Cooled Reactor, *Nuclear Technology*,147(3),September, 2004, 436-457.

[26]J. Lim, R. G. Ballinger, P. W. Stahle, et al. Effects of Chromium and Silicon on Iron-Alloy Corrosion in Pb-Bi Eutectic, ANS Annual Summer Meeting, Reno, NV, June 4-8, 2006.

[27]Short M. Manufacturing of Functionally Graded,Si Enriched Ferritic Steels",PHD thesis(in progress), Nuclear Science and Engineering Department, April, 2010.

[28]C.W. Forsberg, P.S. Pickard, P. F. Peterson. A Molten-Salt-Cooled Advanced High-Temperature Reactor for Production of Hydrogen and Electricity,*Nuclear Technology*,144,289-302 (December, 2003).

[29]E. Merle-Lucotte, D. Heuer, M. Allibert, et al. Minimizing the Fissile Inventory of the Molten Salt Fast Reactor, Advances in Fuel Management Ⅳ(ANFM 2009), Hilton Head Island, South Carolina, USA, April 12-15, 2009.

[30]A. C.Kadak, M. Z.Bazant. Pebble Flow Experiments for Pebble Bed Reactors, 2nd International Topical Meeting on High-Temperature Reactor Technology,Beijing, China, September 22-24, 2004.

[31]A. T. Cisneros, E. Greenspan, P. Peterson. Use of Thorium Blankets in a Pebble Bed Advanced High-Temperature Reactor, Paper:10046, Proc.of ICAPP'10, San Diego, California, June 13-17, 2010.

[32]M. J. Driscoll. An Artificial Kelp Farm Concept for the Extraction of Uranium from Seawater, MITNE-260,April, 1984.

[33]F. R. Best, M. J. Driscoll. Prospects for the Recovery of Uranium from Seawater, *Nuclear Technology*,Vol.73, No.1, April, 1986.

[34]Confirming Cost Estimations of Uranium Collection from Seawater,(anon.),JAEA R&D Review Section 4-5, Page 63 (2006).

[35]M.Tamada. Current Status of Technology for Collection of Uranium from Seawater, Erice Seminar, 2009.

[36]R. R. Macdonald, M. J. Driscoll. Magnesium Oxide:An Improved Reflector for Blanket-Free Fast Reactors, *Transactions of the American Nuclear Society*, San Diego,June, 2010.

[37]C. Forsberg. Collocation and Integration of Reprocessing, Fabrication, and Repository, Facilities to Reduce Closed Fuel Cycle Costs and Risks,Proc. of ICAPP'10, San Diego, CA, USA, June 13-17, 2010.

[38]F. Barnaby. Gorleben Revisited, Ambio,8(4), 182-183 (1979).

[39]Y. H. Lee, C.W. Forsberg, M. J. Driscoll, et al. Options for Nuclear-Geothermal Gigawatt-Year Peak Electricity Storage Systems, 2010 International Congress on Advances in Nuclear Power Plants (ICAPP10) San Diego, June 13-17, 2010.

[40]Energy Information Administration. Annual Energy Outlook 2008 with Projections to 2030,U.S. Department of Energy, http://www.eia.doe.gov/oiaf/aeo/aeoref_tab.html (2009).

[41]C. W. Forsberg. Nuclear Energy for a Low-Carbon-Dioxide-Emission Transportation System with Liquid Fuels, *Nuclear Technology*, 164, 348-36, December, 2008.

附录 C

包覆颗粒燃料高温堆

在 2003 年《核电前景研究》报告里，我们提出了一个公众一私人计划，用以确定包覆颗粒燃料高温堆(HTRs)的商业可行性。这项提议基于 HTRs 的五个理想特性：产生高温热能，使电力生产效率更高，同时对电厂冷却水的要求降低可简化选址过程，还能支持液态燃料的生产；相对其他动力堆，高温堆独立于反应堆的运行，具有较高的安全级别；对乏燃料的相关安全防护及防核扩散的担忧有所减少；易裂变燃料的焚烧利用率提高；作为一种废物形式，乏燃料的性能极好。

HTRs 概念并不新，早在 20 世纪 70 年代，美国和德国就建造了试验和示范高温堆。最近，中国和日本也建立了试验堆，而且中国正在建造示范电厂，美国能源部的下一代核电厂(NGNP)计划，宣布支持西屋公司和通用原子公司领导的两个工业团队承担商用 HTR 原型的初步设计。HTRs 的商业利益来自三个方面：(1)高温热能市场的发展；(2)燃料可靠性和反应堆设计的完善，可大幅提升经济可行性；(3)经济性小规模核电厂的潜力。

C.1 潜在市场

轻水堆的冷却剂峰值温度约为 300 ℃，主要用于电力生产，而现有高温堆的冷却剂峰值温度在 700～850 ℃之间，以后还有升高的潜力。冷却剂出口温度越高，电力生产效率越高(高温堆效率 40%～50%比轻水堆效率 30%多)，同时会降低对电厂冷却水的需求。

如果排除电厂对冷却水的需求，高温堆有简化电厂选址的潜力。传统热电站(核能、化石、地热、太阳能等)需要大量的冷却水，而核电厂选址更有难度，因为公众和城市通常靠近水源(河流、湖水和海洋)。如果没有冷却水的需求，反应堆选址范围会扩大很多。电厂干式冷却技术是存在的，但是成本高。高温堆比轻水堆更适合采用干式冷却，因为电厂效率越高，其单位电力输出所需要的冷却量越小。高温堆还有第二个选择——直接空冷布雷顿动力循环(不需要水参与)，但是已有的研究成果有限。高温堆可以为化工厂、炼油厂、钢生产厂和其他工业领域(目前主要使用化石燃料，释放的温室气体约占美国温室气体总释放量的 16%)提供高温热能，其中炼油厂是最大的高温热能市场，约消耗美国总需求能源的 7%，相当于美国现有核电厂的输出总能。

高温堆还可以用来生产液态燃料，同时使温室气体的释放最小化，这是发展高温堆的长期动力。石油、天然气、油砂、油页岩、煤炭和生物质等都可以用于液态燃料生产，但是，像汽油或柴油等燃料的炼制，原料与汽油或柴油的相似处越少，转换成汽油或柴油所需要的能量就越多。炼制轻质原油需消耗约15%的原油，而煤炭液化厂的耗能比生产出来的汽油和柴油燃料所含能量还高。因为我们正在将轻质原油转变为替代性原料，所以在未来几十年，生产每升汽油或柴油燃料所释放的二氧化碳量将会升高。

如果炼油厂、煤炭液化厂和生物质炼油厂可以使用外部能源，那温室气体的释放量可以最大限度地减小。对于生物燃料，使用外部能源炼制燃料的可行性决定了生物燃料的分配。据估算，美国每年最终可生产 1.3×10^9 t可再生生物质，且对食物和纤维生产无重大影响。如果这些生物质完全燃烧，产生的能量约等于每天1 000万桶柴油消耗；如果转换成乙醇，能量值相当于每天500万桶柴油消耗，而大部分剩余能量可用于生物质转换成燃料的用能。如果可以使用外部热量和(或)氢气，那么相同的生物质可以每天产生约1 200万桶柴油当量的能量。生物燃料有潜力在交通运输行业替代石油，但前提是生物炼油可以找到外部能源。因为植物从大气吸收二氧化碳，假若生物炼油的用能属于低碳来源，生物燃料不会增加温室气体的释放。

最近有文章对核能支持液态燃料生产方面的应用进行了评估[1]，有的应用可以使用轻水堆的低温热能，但有些必须用到高温堆热能。最大的长期市场是汽油和柴油生产，通过利用氢气和高温处理将生物质转换成燃料。今天的生物炼油过程[2]只是将一部分生物质转化成汽油，剩下部分用于燃烧，为生物炼油厂提供热能和氢气。HTRs可以替代生物炼油厂消耗的生物质提供外部热能，从而使每吨生物质的燃料产量提高2倍。

C.2　技术简介

高温堆的设计类型繁多，但共同点是都使用包覆颗粒燃料。它潜在的社会性优势(安全性、安全防护和防核扩散、易裂变燃料燃烧、废物形式性能)与这种燃料的特性息息相关，潜在缺点(如燃料制造成本高)也与其有关。

高温堆燃料(如图C.1)由铀或钚的氧化物或含氧碳化物小颗粒组成，含碳层和碳化硅(有时是碳化锆)层包裹在这些颗粒周围，形成包覆颗粒，并嵌入石墨基体中。这些燃料颗粒与沙粒大小相同，石墨基体可以是不同的几何形状，通常为球形，大小和网球相当，也可以是六角形块。这些燃料体有如下几个特点：

(1)温度限制。燃料失效温度比其他燃料高，一些颗粒的初始失效温度高于1 600 ℃，比铁的熔点还高。

(2)化学反应性。化学反应性低，碳化硅在大部分环境中具有化学惰性。

(3)高燃耗。包覆颗粒燃料的燃耗比轻水堆高1个数量级，因此可充分利用燃料资源。

(4)燃料稀释。燃料的易裂变材料含量比其他堆型低1～2个数量级。高温堆属于热中子堆，需要燃料(通常为铀)和慢化剂(石墨)，此二者结合在一起，而轻水堆燃料组件中不含慢化剂(水)。

在历史上有过对这种混合燃料性能的评价。然而，过去10年的研究和燃料测试证明，该燃料的性能和可靠性都较高[3,4]，而我们对燃料行为的了解也有所完善，这些信息有助于理解之前的燃料失效问题，促使我们对生产可靠的高性能燃料充满信心。

传统上一直使用的冷却剂（将热量从堆芯传输至电厂）是高压氦气（一种惰性气体）。美国能源部提出的“下一代核电厂计划”（NGNP）也采用氦气作为冷却剂。今天的气冷堆温度可高达约 850 ℃。最近出现了使用低压液态盐作冷却剂（先进高温堆）的相关研究工作，结果显示，虽然用液盐作冷却剂的 AHTRs（附录 B）成本更低[5,6]，但是技术开发尚不完全。大部分 HTRs 的研发都支持使用上述两种冷却剂。

包覆颗粒燃料的四种潜在特点有其社会性优势，因此可以推动联邦政府鼓励开发该类堆型。但是这些优势尚未完全量化或证明。

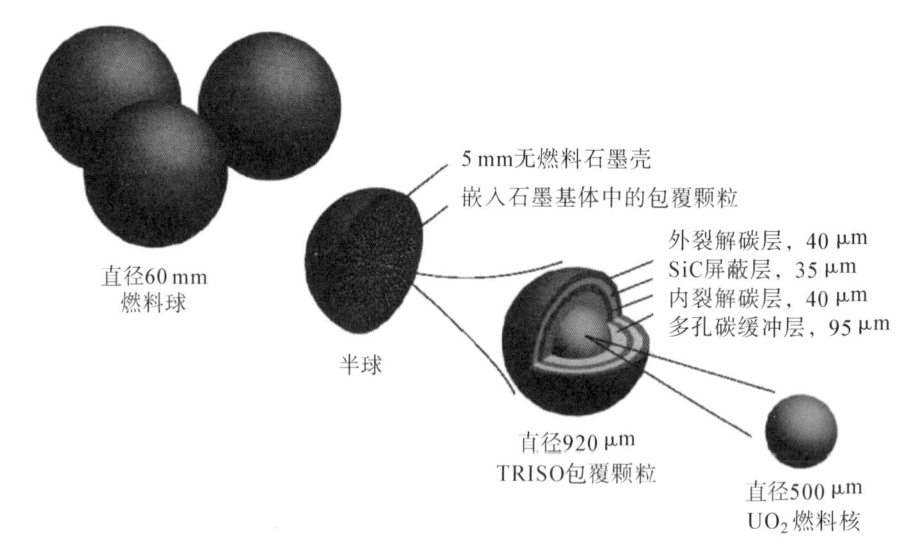

图 C.1 球形包覆颗粒燃料

C.2.1 安全性

燃料的高温性能导致反应堆安全的实现途径有所不同，该性能的益处很多。对于传统轻水堆，如果一个大型反应堆停堆，并停止堆芯冷却，那么堆芯将会升温并熔毁，这就是三哩岛事故中发生的事情。而 HTRs 的设计是这样的，如果反应堆失冷，热量可以通过热传导和对流过程释放到周围环境中。这可能是因为：(1)尚未失效的燃料可以升至非常高的温度，并形成一个大的温差，促使热量传输至周围环境中；(2)功率密度低（燃料稀释）使得停堆后堆芯的热量上升速度很慢。实际上，反应堆（应急安全系统）和反应堆操作员可以将许多安全功能转移给燃料制造商，制造商需要生产可以承受极端条件的燃料。

C.2.2 安全防护和防核扩散

核燃料循环在防核扩散方面存在两个问题：(1)在核燃料循环前端，铀浓缩过程可以提供生产武器用的高浓铀；(2)在核燃料循环后端，从乏燃料中分离钚。HTRs 需要用到低浓铀，因此存在许多与轻水堆循环前端相同的问题。然而，HTRs 的乏燃料和其他反应堆不同，它的含钚量很低，可以达到国际原子能机构设定的安全设施最终限值；这就意味着，易裂变材料的回收太有难度，任何想要得到制造武器用的材料的人可能都会选择其他替代途径[7]。原因如下[8]。

(1)燃耗。HTRs 的乏燃料燃耗比轻水堆高，通常为 50%，这在制造武器用的钚同位素的含量方面没有吸引力。

(2)钚含量。乏燃料的钚浓度(某些设计的钚的质量分数约为 5.7×10^{-4})低，因为易裂变钚被碳、碳化硅和石墨稀释了，而想要制造一个常规核武器，至少需要 20 m^3 的乏燃料。

(3)化学形式。回收 HTRs 乏燃料中的易裂变材料的技术及经济难度比其他反应堆大，因为：(1)乏燃料中的易裂变燃料浓度比其他反应堆低 1～2 个数量级；(2)易裂变材料的化学形式使回收变得困难。

乏燃料中含有低浓铀，通过浓缩可以变成制造武器用的高浓铀(HEU)。从浓缩铀开始通常会减少生产高浓铀的工作。然而，这种回收铀含有我们不希望存在的来自反应堆辐照的高浓 U-236，它会与易裂变 U-235 一起被浓缩。

我们不建议撤除 HTRs 乏燃料的安全防护，虽然我们尚未确定这种技术好处到底有多大。但是，在防核扩散环境里，高温堆乏燃料的技术吸引力与其他反应堆是不相同的。

C.2.3 核燃料循环

我们已经并正在考虑用 HTRs 销毁锕系元素，因为一次通过式燃料循环可以到达极端燃耗。典型轻水堆乏燃料的燃耗限值约为 60 000 MWd/t 重金属，而一些快堆约为 150 000 MWd/t 重金属。在极限测试中，包覆颗粒燃料的乏燃料燃耗高于 600 000 MWd/t 重金属，这样的高燃耗使得易裂变材料在反应堆单独辐照环境里的焚烧程度很高。但是关于 HTRs 燃料循环方面的研究内容很少，因为核燃料循环方式和其他反应堆不同，且经济可行性问题尚未解决。

C.2.4 废物处置

有限的研究表明[9~13]，由于乏燃料的化学组成(碳化硅包覆颗粒和石墨基体)特殊，所以 HTRs 乏燃料贮存库地质的长期性能要比轻水堆更好，而后处理之后的大部分废物形式也应如此。大部分研究者建议采用碳化硅和石墨混合物，以提高废物包和废物形式的性能。

C.3 结论

HTRs 及其核燃料循环的定义来自包覆颗粒燃料。这种燃料决定了如何利用核能为工业领域提供高温热能。而高温输送一直受到结构材料(不是燃料)可用性的限制。

HTRs 的燃料特性可以带来很多方面的好处(与轻水堆乏燃料相比)，如反应堆安全、安全防护、核燃料循环和废物管理。面临的主要问题与工程学和经济性有关。因其拥有的特殊市场(高温热能)与社会性好处，我们提出了一个研发和示范计划，用来确定是否可以建造经济可行的 HTRs。

引文与注释

[1]Forsberg, C. W. Nuclear Energy for a Low-Carbon-Dioxide-Emission Transportation System with Liquid Fuels, Nuclear Technology, 164, 348-367, December 2008.

[2]Ondray G. Tryout Set for Biomass-To-Gasoline Process, Chemical Engineering, 117(2), 11 (February 2010).

[3]S. B. Grover, D. A. Petti, J. T. Maki. Mission and Status of the First Two Next Generation Nuclear Plant Fuel Irradiation Experiments in the Advanced Test Reactor, Proc. of the 18th International Conference on Nuclear Engineering ICONE18, Xi'an, China, May 17-21, 2010, Paper ICONE18-30139.

[4]S. B. Grover, D. A. Petti. Completion of the First NGNP Advanced Gas Reactor Fuel Irradiation Experiment, AGR-1, in the Advanced Test Reactor, Proc. of the 5th International Conference on High Temperature Reactor Technology HTR 2010, October 18-20, 2010, Prague, Czech Republic.

[5]Peterson P. F. Progress in the Development of the Modular Pebble-Bed Advanced High Temperature Reactor, Global 2009 Conference, Paris, France, September 6-9, 2009.

[6]Griveau A., F. Fardin, H. Zhao, et al. Transient Thermal Response of the PB-AHTR to Loss of Forced Cooling, Proc. of Global 2007, Boise, Idaho, 872-884 September 9-13, 2007.

[7]Durst P.C., et al. Safeguards Considerations for Pebble Bed Modular Reactor(PBMR), Idaho National Laboratory, INL/EXT-09-16782(October, 2009).

[8]Moses D. L. Nuclear Safeguards Considerations for Pebble-Bed Reactors, 5th International Conference on High Temperature Reactor Technology HTR 2010, Prague, Czech Republic, October 18-20, 2010.

[9]Wolf J. Ultimate Storage of Spent Fuel Elements from the AVR Experimental Nuclear Power Plant in the Asse Salt Mine, GERHTR-147(translation of JUL-1187), Institut fur Chemische Technologie, Kernforschungsanlage, Julich G.m.b.H., Julich, Germany (February 1975).

[10]Brinkmann H. U., et.al. Contributions Towards the Development of a Packaging Concept for the Final Disposal of Spent HTGR Pebble Fuel, *Nuclear Engineering and Design*, 118, pp.107-113 (1990).

[11]Kirch N., H.U.Brinkmann, P.H.Brucher. Storage and Final Disposal of Spent HTR Fuel in the Federal Republic of Germany, *Nuclear Engineering and Design*, 121, 241-248(1990).

[12]Niephaus D., S. Storch, S. Halaszovick. Experience With the Interim Storage of Spent HTR Fuel Elements and a View to Necessary Measures for Final Disposal, Technologies for Gas Cooled Reactor Decommissioning, Fuel Storage, and Waste Disposal, IAEA-TECDOC-1043, International Atomic Energy Agency(1997).

[13]Forsberg C., et.al. A New Repository Waste Form: Graphite-Carbon High-Level Waste(HTGR Fuel Processing and Waste Forms), Proc. American Nuclear Society 2003 International High-Level Waste Management Conference, Las Vegas, NV.(March 30—April 2, 2003).

附录 D

核燃料循环方式选择的代际公平

D.1 前言

代际公平是乏燃料长期储存和废物管理建议下的一项考虑，为了更好地了解这个问题，我们做了很多研究[1,2]。代际公平框架是一种评估当前和未来核燃料循环方式的替代性方法。

“实现代际公平”是核废物管理的一个基石，也是选择地质处置库作为核废物最终处置的原因之一。为了管理核废物和延长铀燃料供给时间，许多国家正在研究替代性核燃料循环的可能性，这些策略为当代和下一代带来利益的同时也会产生一定负担；如何在现有核燃料循环方式中进行抉择已经被视为一种代际公平问题。本研究提出了一种符合代际公平标准的未来核燃料循环评估方法，这里提到的代际公平标准是一组围绕可持续发展原则的道德价值观的广泛定义。之所以描述为道德价值观（图 D.1），是因为它们能够为环境和人类安全及所有社会福利的可持续发展做贡献。

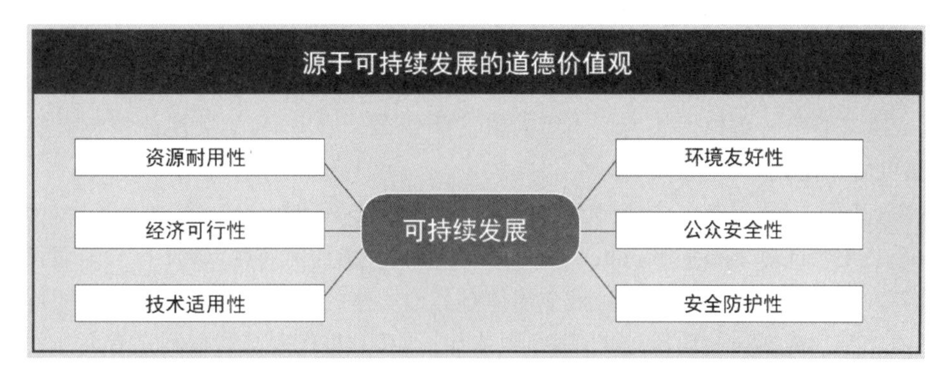

图 D.1 代际公平相关的价值标准和不同类型可持续发展概念

本次分析的前提条件是假设核能至少可以为下个世纪持续供给能量。分析的目标是提供一种方法，能让个体和利益相关者依据代际公平标准（如依据每代人所受利弊的分配）评估未来核能技术的发展。

在后面的章节中，我们主要讨论可持续发展概念及其与代际公平的关系。可持续发展的价值观被不断地探索，而代际评估标准就源于这样的价值观，该标准可应用于美国今天的一次通过式燃料循环和三种未来的替代循环。另外，还可用记分卡方式对这四种核燃料循环进行比较。

D.2 可持续发展和代际公平

每当讨论传统伦理观和人类关系时，我们常常会使用“权利、正义、善行和诽谤，社会契约”等术语。这些指导我们的基本术语就是价值观。首要问题是确定某些东西是否值得追求，因为不知道它是服务于自身还是其他更高利益。如果内容涉及怎样评价环境和怎样了解人类与自然界的关系时，就需要对这个首要问题进行讨论。

价值观是值得追求的思想体系，但是我们不应该混淆价值观和个人的切身利益。价值观是一般人应该持有的首要信念和信仰，如此才能使社会变得更美好。利益相关者的价值体系在很大程度上定义了他们对核技术发展路线的可接受程度。一个利益相关者接受风险的态度更多地与区分价值观优先次序的方法和价值抵消方法有关，与怎样认知一个孤立价值是没有关系的。

人们对地球自然资源枯竭和环境破坏方面的担忧引发了代际间利益与负担公平分配的讨论，以保证“既满足当代人的需求，又不对后代人满足其需求的能力构成危害”，通常称为布伦特兰(Brundtland)定义[3]。该定义指出，代际间利益的公平分配是可持续发展概念的基石。

可持续发展和代际公平有着复杂而又紧密的联系。Nigel Dower[4]认为，“保证可持续发展是一种维持人类永久利益的道德承诺。这种承诺不仅仅指对现在和不远的未来的承诺，更重要的是指对长远的未来的可持续发展承诺”。Dower 区分了两种代际公平的释义方式：(1)用现在公认的方式维持公平性；(2)以“我们能为后代留下些什么”来实现代际公平。“如果下一代人能够分配到足够的资源，但仅仅是当代人的一半，那么只实现了公平的可持续性，而不是代际公平。”在本文中，我们采用 Dower 的第二种代际公平释义，即当代人应该首先考虑他们能为下一代人留下些什么。这里，我们关注的重点是暂时公平，或核电生产的代际公平。

现在有两个问题需要关注：首先，为什么讨论代际公平问题是有意义的；其次，为什么它是一个公正性问题。根据 Stephen Gardiner 研究的“纯代际问题”(PIP)[5]，他假设存在一个世界，由暂时分开的团体组成，每个团体对其他团体的影响都不对称，“先到团体有权向后到团体施加成本……而反过来，后到团体却不能”。每代人都有权利享有商品的多样性，如果这些商品的当前利益达到最大，但是未来要花费大量潜在成本也同时达到最大，那这就存在公平性问题。这也适用于核能：当代人享受消耗核能资源带来的利益，而后代人却要为产生的核废物及其长寿命放射性核素等衍生问题买单。

我们将核电生产与 PIP 联系起来，并且认为后代人的“最广泛定义”是“不会与现在活着的人同时存在的人们”。该定义所指的一代人的时间跨度为 100 年。我们用 100 年作为 G1 和 G2 两代人的时间划分点。

D.3　可持续发展的道德地位:价值观攸关

目前,就如何将可持续发展概念应用于核电还未达成共识。部分相关利益者相信“存在基本案例可以证明核能是可持续发展的能源”[6],其他人则认为核电在本质上是“不可持续、不经济、不清洁和不安全的”。[7]

在本附录中,我们并不是妄想能回答“核能是否可能是可持续发展能源”这个争议性问题。我们认为,理解这个问题首先需要解释和正确理解可持续发展,并处理代际间的利益冲突。为此,我们区分了几种可持续发展价值观,然后给出这些价值观的相关说明(表D.1)。

可持续发展可以视为保持自然状态且情况不会变差的过程:我们为该定义制订的价值体系是“环境友好”。另一种释义与保护公众安全有关,或者是 NEA 给出的定义[8]:为当代人和后代人提供“相同程度的保护”。为此,IAEA 制订了安全性原则[9],即核废物管理应当满足“核废物对下代人的健康影响不会比当代人可接受程度大”。可持续发展的这种定义方式的相关价值体系是“公众安全”,涉及人体所受辐照及辐照对人体的健康影响。

NEA 指出,“相同程度的保护”不仅涉及公众健康和安全,也涉及如非法占有或盗窃放射性材料来制造破坏或生产核武器等安全问题,安全价值体系会在后文中进行分析。在 IAEA 的安全列表中,阴谋破坏的定义是“任何与核设施或核材料的使用、储存和运输有关的破坏行为,这些行为可能会威胁公众健康或环境安全”。[10]文中的“security”就涉及上述所有破坏行为。但是分析时,我们仍然要将“security”价值体系单独分离出来,以便区分开非故意伤害和故意伤害;后者与核扩散问题有关,如带有破坏性目的地使用和扩散核技术。我们将“security”定义为:保护公众远离故意破坏与核技术扩散所带来的电离辐射伤害。

目前为止,我们提出了三种与环境安全和人类安全有关的可持续发展价值体系。换句话说,图 D.1 的右边代表人类和动物及自然界状态的可持续发展。可持续发展的其他部分与人类福利的持续性有关;部分科学家[11]指出,“总福利水平不下降的发展是可持续发展”,“实现可持续发展的必要条件是创造并维持财富”。我们认为,能源是否可用的最低要求是福利的可持续发展。因此,我们划分了三种价值体系:(1)资源耐用性;(2)经济可行性;(3)技术适用性。这三种价值体系都属于道德价值标准,因为它们彼此相关且在资源的可持续发展方面为人类福利做贡献。

“资源耐用性”必须与自然资源的持续可获得性联系起来。Brian Barry[12]认为代际公平理论是一定历史进程中适度地消耗不可再生自然资源。而对于不可再生资源,“后代人拥有的部分不应变差…… Barry 指出,要对枯竭的自然资源采取补偿行动。Edward Page 表明,相关补偿的最明显例子大多依赖于技术发展,如提高资源利用率[13]。所以,我们认为技术进步也可以提高资源利用率或带来新自然资源的产能应用。因此,“技术应用性”是解释可持续发展的一部分,我们将它定义为某种与其“工业可用性”相结合的技术的“科学可行性”。特别是工业可用性,它主要取决于“经济可行性”和相关技术方面的竞争力。

表 D.1 相关价值体系列表

价值体系名称	释义
环境友好性	维持自然界的状态 保证它的状态不会比发现时更差
公众安全性	保护公众不受电离辐射相关事故的损害和非故意损害的影响
安全防护性	保护公众不受阴谋破坏或核扩散带来的电离辐射类故意损害的影响
资源耐用性	维持自然资源在未来的可用性或提供具有相同功能的替代资源选择
经济可行性	在某个阶段着手开发新技术，确保其连续性
技术适用性	某种技术的工业可用性和科学可行性

D.4 核燃料循环的代际评估

本章节将关注几种不同的核燃料循环方式，并讨论每种循环方式对各代人的影响。

D.4.1 当前采用的循环方式：一次通过式燃料循环

在一次通过式燃料循环（图 D.2）中，轻水堆的浓缩铀只经历一次辐照过程，然后将生成的乏燃料进行地上储存（几十年），最后放入地质处置库进行最终处置。

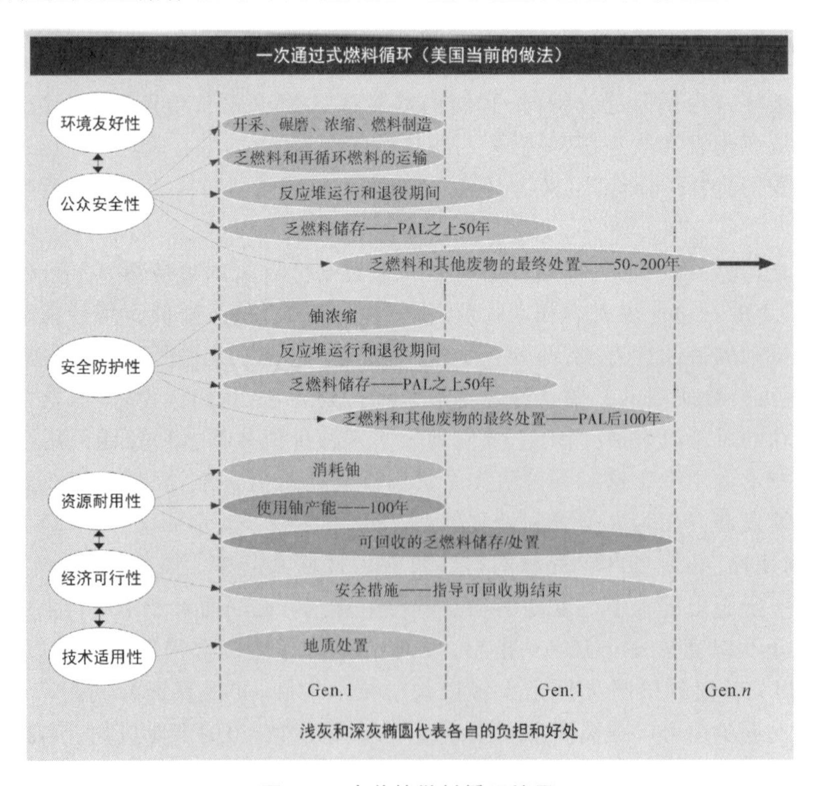

图 D.2 当前核燃料循环结果

分析时直接假设继续使用核电 100 年，这段时间称为活动持续期(PAL)。这样一来，我们关心的问题相继出现在 PAL 期内(如开式燃料循环前端的开采、碾磨、浓缩和燃料制造过程存在的安全问题)，也可能出现在 PAL 期外(如电厂退役及其安全问题)。最终，某些活动就会从 PAL 后段开始，然后结束于 PAL 期外。例如，运行开始后，一次通过式燃料循环的乏燃料必须进行几十年的地下处置，我们对这类问题的关注将在放射毒性期或废物寿命(20 万年)期限内持续。

图 D.2 中椭圆的长度与对应的实际时间长短无关，仅仅表示相对差异。水平黑箭头，例如画在公众安全一项的指向最终处置的箭头，描述了这些相关项未来的投影图，其远远超出图表列出的时间框架。图表划分了两种椭圆类型：浅灰色椭圆和深灰色椭圆，代表所有负担和利益。

我们还区分第 1 代(Gen.1)与第 2 代及其以后代(Gen.2～n)。根据最近的估算结果(第 3 章)，如果采用一次通过式燃料循环，21 世纪有足够多价格合理的铀资源可以使用。图中的深灰色椭圆表示 Gen.1 开发铀资源获得的利益，位于资源耐用性前面。在这里我们可以明显发现 Gen.1 的公平性问题，Gen.1 从能源生产中获得利益的同时也承受一部分负担，而遗留下来的长期处置核废物的安全负担只能由下一代承担。

乏燃料的可回收性可以实现一种有趣的利益权衡。可回收乏燃料可以为下一代提供一个同等利用能源的机会，即从乏燃料含有的易裂变材料中获得能量[14]，但是同时又要产生额外的安全问题。换句话说，为了尊重下一代自由使用乏燃料能源，我们需要让他们承受更多的安全负担。

D.4.2 采用直接地下储存/处置的一次通过式燃料循环

该类核燃料循环的乏燃料一般会快速储存在地下专用设施，该设施有储存和处置两种功能。这种循环方式是第一种核燃料循环的衍生体。在第一种核燃料循环中，当贮存库满负荷运行后不会立即关闭，而是变成一个长期储存设施，以便让下一代可以确定乏燃料中含有的资源是否可用于能源生产，与此同时，可以保证下一代自由使用能源。

这种循环方式可以大幅减少 Gen.1 直接储存乏燃料带来的安全问题，但是也会增加运输风险，因为放射性(和热的)乏燃料必须直接运输到储存/处置设施。如果 Gen.2 决定丢弃乏燃料(如果没有任何经济价值)，长期安全问题就会一直存在。图 D.3 中的黑色粗箭头指向的内容是传统一次通过式燃料循环的变化，向上、向下箭头代表增加和减小负担与利益。

D.4.3 嬗变锕系元素：LWR-FR

为了降低废物寿命以及提取铀和钚(重新用于轻水堆)，一些国家(如法国和英国)会对乏燃料进行回收处理。可是，人们对这种做法的争议很大，因为分离钚会带来核扩散风险。如果既要保留回收利益又想降低安全负担，就需要开发一种综合性快堆燃料循环，该循环采用铀作燃料并消耗钚和次锕系元素，另外还可以对裂变产物和锕系元素进行分离和嬗变(P&T)。在应用于工业领域之前，此循环方式还需要改良并实现经济可行性。

开发需要的技术和建造必要的额外设施(如后处理设施和快堆)的经济、安全负担主要由 Gen.1 承担。这种循环方式可以持续减少 Gen.2～n 需要面对的长期性问题，因为长寿命锕系元素可以在快堆里发生裂变(或嬗变)。在更进一步分析时，可以将这种核燃

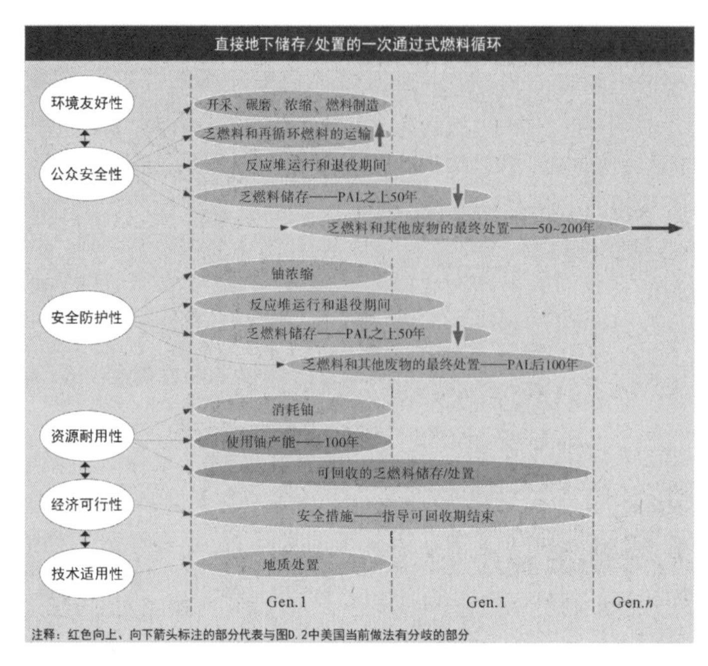

图 D.3　直接处置结果

料循环应用于 LWR－FR(嬗变)。图 D.4 对 P&T 法进行了评估，用虚线箭头标记了与一次通过式燃料循环的对比。

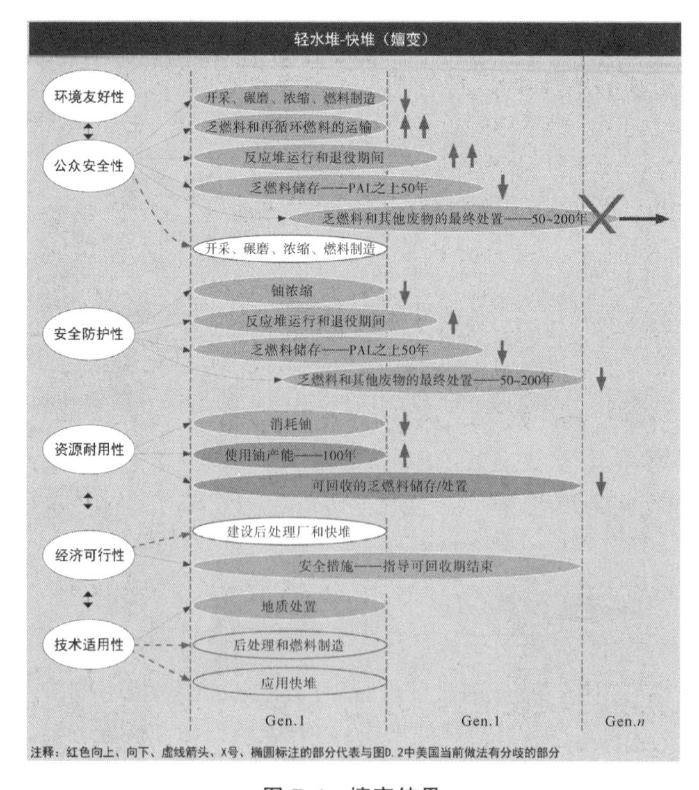

图 D.4　嬗变结果

D.4.4 LWR-FR，增殖

最后一种核燃料循环方式是利用快堆增殖从而产生更多燃料（比消耗的燃料多）。一方面，由于增殖对铀的利用率比轻水堆高，资源具有耐用性和潜在收益[15]的时间可延长至几千年。另一方面，这些潜在利益会给当前带来更多的负担，如开发此类核燃料循环的技术挑战、用于研发和建造其他设施的额外投资带来的经济负担以及所有未来的安全问题。总而言之，Gen.1 就可以为下一代提供充足的能源供给并且使长期废物问题最小化，同时承受安全和经济负担，图 D.5 评估了该类增殖燃料循环，并将其与一次通过式燃料循环进行比较。轮廓线为浅灰色椭圆表示资源耐用性的长期利益。

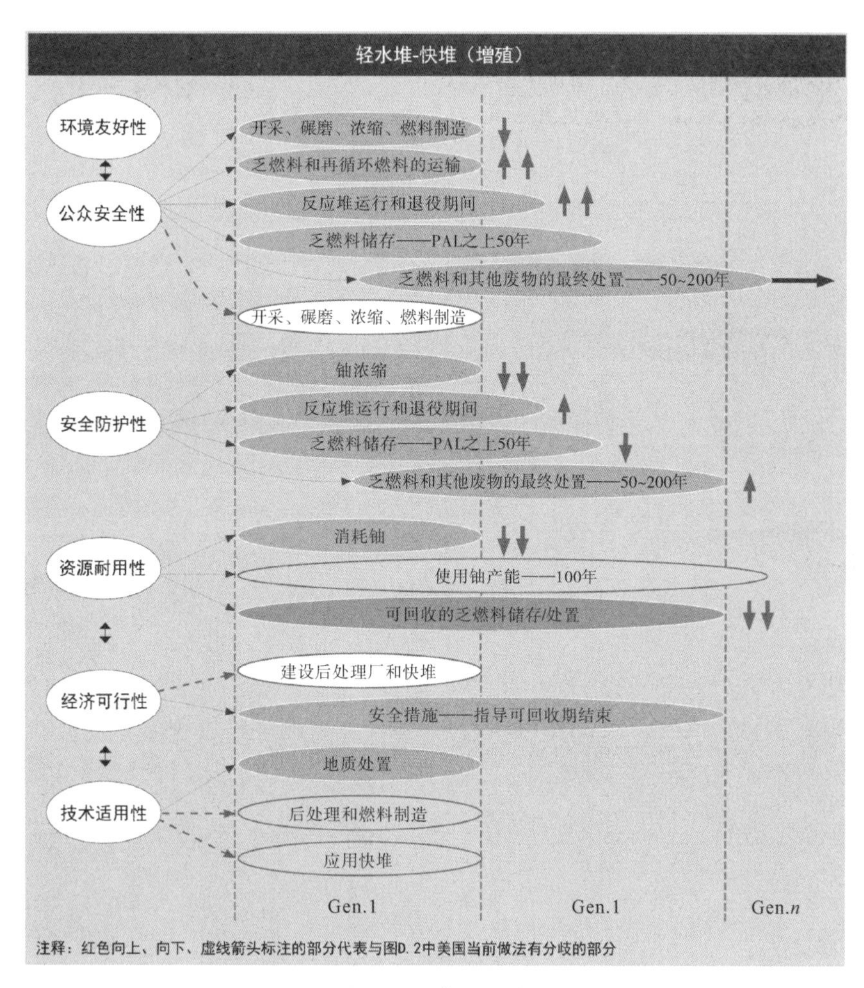

图 D.5　增殖配置

增殖燃料循环和嬗变法燃料循环关注的问题是相同的，但是当快堆成为增殖配置后，所有这些问题都会增多。原因有两个：(1)增殖燃料循环系统基于其最终将淘汰所有的轻水堆的理念，整个能源生产过程以增殖（和多种废物回收）为基础，因此需要建造更多快堆，从而产生更多的经济负担；(2)这种核燃料循环主要以钚为基础原料，将产生进一步的安全问题。

D.5 核燃料循环方式的对比

如果将上述四种核燃料循环方式合成一个影响表，就可以根据提出的价值标准（用“影响”表示）对它们进行评估，而循环方式可比性的唯一依据是基于单一价值标准的定性评估。等级分为高、中、低，用三种不同的颜色标记记分卡，分别表示四种循环方式的不同等级（依据单一价值标准），深黑色代表最不受欢迎的选项，浅灰色为最受欢迎的选项，深灰色表示在两者之间[16]，如表 D.2 所示。当评价负担时，影响值高代表结果不好，因此先用深黑色标记，深灰色和浅灰色次之。而对利益（能源生产的好处）进行排位时，高影响值用浅灰色标记。

表 D.2 记分卡和影响值及分级说明

	备选方案							
	先行方法（Alt.1）		直接储存（Alt.2）		嬗变（Alt.3）		LWR-FR（增殖，Alt.4）	
影响	Gen 1	Gen 2-n	Gen 1	Gen 2-n	Gen 1	Gen 2-n	Gen 1	Gen 2-n
环境友好性/公众安全性								
开采、碾磨、浓缩、燃料制造	High		High		Medium		Low	
乏燃料和再循环燃料的运输	Low		Medium		High		High	
反应堆运行和退役期间	Low	Low	Low	Low	High	High	High	High
乏燃料储存	High	High	Low	Low	High	High	High	High
乏燃料和其他废物的最终处置	Indifferent	High	Indifferent	High	Indifferent	Low	Indifferent	High
后处理-应用快堆	×		×		Indifferent		Indifferent	
安全防护性								
铀浓缩	High		High		Medium		Low	
反应堆运行和退役期间	Low	Low	Low	Low	High	High	High	High
乏燃料储存	Medium	Medium	Low	Low	Low	Low	High	High
乏燃料和其他废物的最终处置	Medium	Medium	Medium	Medium	Low	Low	High	High
后处理 - 应用快堆	×		×		Medium		High	
资源耐用性								
消耗铀	High		High		Medium		Low	
铀产生能量（好处）	Low	Low	Low	Low	Medium	Medium	High	High
乏燃料的可回收储存和处置（好处）	High	High	High	High	Medium	Medium	Low	Low
经济可行性								
直到回收结束时的安全措施成本	Indifferent	Indifferent	Indifferent	Indifferent	Indifferent	Indifferent	Indifferent	Indifferent
建设后处理厂和快堆	×		×		Medium		High	
技术适用性								
地质处置	Indifferent		Indifferent		Indifferent		Indifferent	
应用后处理和燃料制造	×		×		High		High	
应用快堆	×		×		High		High	

Legend 图例说明
- 最不受欢迎的
- 中间的
- 最受欢迎的

记分卡分级说明如下：

D.6 环境友好性/公众安全性

D.6.1 开采、碾磨、浓缩、燃料制造

一次通过式燃料循环(Alt.1)和采用直接地下储存/处置的一次通过式燃料循环(Alt.2)以铀浓缩为基础,风险值最高。增殖燃料循环(Alt.4)不需要浓缩铀,风险值最低。嬗变法燃料循环(Alt.3)以嬗变轻水堆乏燃料中的锕系元素为基础,风险值比 Alt.1 和 Alt.2 低,比 Alt.4 的高。

D.6.2 乏燃料和再循环燃料的运输

Alt.1 不回收燃料,乏燃料直接运输到中间储存设施,最终放在贮存库。Alt.2 也不回收燃料,但是运输风险更高,因为刚从反应堆出来的乏燃料会立即运输到地下储存设施,这些燃料的热值高,数量也比 Alt.1 多。Alt.3 和 Alt.4 的燃料运输风险最高,因为要将回收好的燃料重新运回反应堆参与核反应。

D.6.3 反应堆运行和退役期间

Alt.1 和 Alt.2 只用于轻水堆,Alt.3 和 Alt.4 主要是快堆。后者通常是钠冷快堆,因其复杂度更高,所以退役过程相对更有难度。

D.6.4 乏燃料储存

Alt.3 和 Alt.4 采用钠冷快堆,储存乏燃料的难度大,因为需要将钠储存在惰性气体中。Alt.1 是在地上储存乏燃料,健康风险也相对更高。一旦 Alt.2 的乏燃料放在地下,其安全影响就会降低。

D.6.5 乏燃料和其他废物的最终处置

对于第一代人来说,四种循环方式的最终处置问题无差异,这里的"无差异"并不代表"没问题",只是问题相同,无法对其分级。对于 Gen.2 及其后代,Alt.3 产生的问题得分最低,即影响最小,因为长寿命锕系元素发生了嬗变。而其他几种循环都需要对长寿命锕系元素进行长期环境隔离。

D.6.6 后处理—应用快堆

Alt.1 和 Alt.2 只用于轻水堆,不需要对核废物进行后处理,因此没有此类风险。后两种循环存在一些或多或少的相同安全问题。

D.7 安全防护性

D.7.1 铀浓缩

前两种循环方式对浓缩铀的需求相同，所以该类风险相同。Alt.3 在铀浓缩方面的安全问题排名靠中间，而 Alt.4 主要使用钚，所以需要的浓缩铀数量最少。

D.7.2 反应堆运行和退役期间

Alt.1&2 最受欢迎，因为运行期间不用分离钚，轻水堆工作时只使用浓缩铀或者混合氧化物燃料(MOX)。快堆(Alt.3&4)最不受欢迎，因为其燃料是钚。

D.7.3 乏燃料储存

Alt.4 最不受欢迎，因为使用钚作为燃料。而 Alt.3 不涉及所有锕系元素(包括钚)，所以是最好的选择。Alt.2 的安全风险更小，因为辐照后的乏燃料会立即放在地下(物理上难以到达的地方)储存。严格来讲，Alt.2&3 的风险不相同，但是为了清楚起见，视为一样。Alt.1 对钚进行中期储存，因此得分比 Alt.2&3 低。

D.7.4 乏燃料及其他废物的最终处置

Alt.3 是最佳选择，因为锕系元素被去除和嬗变。两个首选项得分较低，因为它们在循环中使浓缩铀和获得钚。最坏的选择是最后一个选项，因为它是纯钚循环；在增殖堆的废物流中，仍然有钚的同位素需要处置。

D.7.5 后处理一应用快堆

前两种循环只用轻水堆，不需要后处理，因此没有此类安全风险。Alt.4 要对钚进行后处理以重新利用一段时间，安全负担最高。Alt.3 循环涉及锕系元素(包括钚)后处理和嬗变(快堆)，但是安全负担比 Alt.4 低。

D.8 资源耐用性

D.8.1 消耗铀(负担)

前两种循环消耗铀的量最多，不存在回收(再利用)问题。Alt.3 得分较低，利用锕系元素嬗变后产生能量，因此铀的使用量更少。Alt.4 是钚循环，铀的使用量最少。

D.8.2 铀产生能量(好处)

考虑能量生产方面的利益，应用增殖堆循环(Alt.4)是最好的选择，因为产生的燃料

(钚)量比消耗量多。Alt.3 需要使用铀并且嬗变快堆锕系元素,所以次于 Alt.4。前两种核燃料循环方式消耗铀的量最多,利益最少。这里讨论的是利益,因此得分高的代表最受欢迎,用浅灰色表示。

D.8.3 乏燃料的可回收储存和处置(好处)

这一行涉及的内容是,回收乏燃料(或废物)和再利用易裂变材料作为新燃料的潜在利益。前两种循环方式有现成的铀和钚可以被分离和再利用。嬗变循环(Alt.3)以嬗变锕系元素为基础,但是嬗变会产生其他可用作燃料的易裂变锕系元素。增殖循环将消耗所有钚燃料。这里讨论的是利益,因此得分高的代表最受欢迎,用浅灰色表示。

D.9　经济可行性

D.9.1 直到回收结束时的安全措施成本

四种循环方式的乏燃料在最终处置之前的安全性没有不同之处,即使是立即对乏燃料进行地下储存(Alt.2),也需要监测和回收成本。我们假设四种循环方式产生的这些成本相同。

D.9.2 建造后处理厂和快堆

前两种循环方式只用轻水堆,不需要后处理,因此没有此类风险。Alt.3 要建造后处理厂和快堆,成本很高。Alt.4 是最差选择,因为要用快堆取代所有轻水堆,经济成本最高。

D.10　技术适用性

D.10.1 地质处置

四种循环方式都一样。但不同处置库的设计标准不同,带来的技术挑战不一样。

D.10.2 应用后处理和燃料制造

前两种循环方式只用轻水堆,不需要后处理,因此没有此类风险。后两种循环方式的技术挑战很大,虽然增殖燃料已经生成(和 Alt.3 循环中用于嬗变的锕系元素燃料不同),但是仍然有燃料(回收的“增殖乏燃料”)制造方面的挑战(Alt.4)。大部分增殖燃料都尚未回收。Alt.3&4 的技术挑战的分级相同,用同种颜色标记。为了强调这些挑战需要被处理,等级归类为“高级”。

D.10.3 快堆的应用

前两种循环方式只用轻水堆,不需要后处理,因此没有此类风险。后两者在这方面的挑战仍然相同。就持久影响来说，Alt.3&4 的技术挑战分级相同，为了强调这些挑战需要被处理，等级归类为“高”级。

为了强调代际问题(详见最后一部分的负担/利益表)，记分卡划分了 Gen.1 和下一代。当选定某一种循环方式时，两种比较方式如下：(1)用亮色格子代表第一代受到的影响；(2)暗色格子代表下一代受到的影响。当两种循环方式对两代人的影响都得到最优值时，冲突就产生于选择哪种循环方式，这就关系到代际公平问题。记分卡可以为决策者在权衡几代人之间获得的利益时提供一个总评定。

由于很多价值标准都不具有可比性，用数值排名选择最终的核燃料循环方式时，记分卡是没有任何作用的，但是可以提供权衡利弊的信息，帮助决策者了解和权衡这些循环方式。换句话说，记分卡阐明的内容是，选择某种循环方式需要付出的社会代价及其对每代人造成的负担。

现在让我们举个例子来说明这一点。假设决策者决定用第一种核燃料循环方式(Alt.1)，根据“公众安全”和“安全防护”的中心价值，这个替代选项的得分相对来说算好，这就表明，乏燃料储存的短期安全负担和最终处置的长期(Gen.2 以及后几代)安全负担都是可以接受的。该循环方式涉及现有技术(技术挑战较少)的应用，所以和其他选项相比，“技术适用性”的得分较高。由于这些原因，Alt.1 循环带来的经济问题较少，但是它的“资源耐用性”得分较差，因为铀的同位素(^{235}U)的利用率很小，只作为燃料在反应堆里使用一次。另外，假设在一个世纪内该核燃料循环使用的铀的价格都是合理的。

表中的记分卡缺少的是对价值的优劣排序，这种排名很大程度上取决于决策者和社会特点时期的价值系统。决策者是否会认为保护资源的价值比成本或安全防护更高？这就是记分卡只能强调问题却不能给出决策的原因。

让我们再来简单讨论一下 Alt.3(嬗变循环)，该核燃料循环方式可以尽可能多地消除乏燃料中的(长寿命)放射性材料，主要是利用快堆的嬗变结构和后处理，后者会带来更多后处理方面(与钚的分离有关)的安全问题。而快堆(及其燃料)还需要进一步地开发，这将给当代人带来技术挑战和经济负担。

虽然表 D.2 中每个类别的分级可能容易产生分歧，但建立颜色代码应当是协商过程中鉴定一致性的主题，它可以帮助决策者阐明关键问题的地位，并增加决策的透明度。对最优行动方案进行最后评估时，该表可以提供对每代人获得的利益和负担的评定(根据代际公平原则)。

D.11 结论

因为涉及代际间负担和利益的分配，所以核燃料循环方式的选择有一定的复杂性，本文对这种复杂性进行了阐明，为理解各种核燃料循环提供了方法。另外，本书对当前开发的核燃料循环方式和三种未来核燃料循环方式进行了评估。

最后决定选择某种循环方式时，应该首要解决的关键问题是：为了后代人的利益，Gen.1 是否应该承担安全和经济负担，以便扩大能源供应(Alt.4)或尽量减少长期废物问题(Alt.3)？

如果核废物储存库的长期风险(包括地质处置库给后代人带来的风险和负担)非常低[18],那我们如何给当代人公平地分配负担,才能使后处理和嬗变带来的未来风险最小化？转移给后几代人的风险应达到哪种程度？在何种条件下,这一代人和后几代人承受的风险可以达到一致？这些问题都不好回答,但是这种方法可以用告知的方式说明核燃料循环选项。

怎样处理这些问题,怎样对评价核燃料循环方式的价值标准进行分级,都超出了分析范围。我们以单一价值(来源于可持续总价值)为基础,比较了四种核燃料循环方式。另外,阐明了决策者选择某种循环时所做的权衡。在选择核燃料循环时,我们必须评估每代人可承受的社会成本和负担,以及这些因素如何才能是公平的。

必须注意的是,净风险和净利益一定程度上依赖于可用技术,这对选择代际利益也至关重要。

引文与注释

[1]Taebi B., A. C. Kadak. Intergenerational Considerations Affecting the Future of Nuclear Power: Equity as a Framework for Assessing Fuel Cycles, Risk Analysis, 2010,30(9):1341—1362.

[2]B. Taebi, Nuclear Power and Justice Between Generations—A Moral Analysis of Fuel Cycles, Delft University, Netherlands, Simon Stevin Series in the Ethics of Technology, ISBN 978-90-386-2274-3, 2010.

[3]Brundlandt G.H. Our Common Future. Report of the World Commission on Sustainable Development. UN, Geneva, 1987, 208.

[4]Dower N. Global Economy: Justice and Sustainability. *Ethical Theory and Moral Practice*, 2004,7(4):399-415.

[5]Gardiner S. M. The Pure Intergenerational Problem, *The Monist*, 2003, 86(3):481-501.

[6]Stevens G. Nuclear Energy and Sustainability, Sustainable Development: OECD Policy Approaches for the 21st Century, Paris Nuclear Energy Agency, Organization for Economic Cooperation and Development, 1997.

[7]Greenpeace. Nuclear Power, Unsustainable, Uneconomic, Dirty and Dangerous, A Position Paper, in UN Energy for Sustainable Development, Commission on Sustainable Development CSD-14, New York, 2006.

[8]NEA-OECD. Long-Term Radiation Protection Objectives for Radioactive Waste Disposal, Report of a group of experts jointly sponsored by the Radioactive Waste Management Committee and the Committee on Radiation Protection and Public Health, Paris: Nuclear Energy Agency, Organization for Economic Cooperation and Development, 1984.

[9]IAEA. The Principles of Radioactive Waste Management. Radioactive Waste Safety Standards Programme.(RADWASS) Safety Series 111-F, Vienna: IAEA, 1995.

[10]IAEA. IAEA Safety Glossary, Terminology Used in Nuclear Safety and Radiation ProtectionVienna: IAEA, 2007.

[11]Hamilton K. Sustaining Economic Welfare: Estimating Changes in Total and Per Capita Wealth. Environment, *Development and Sustainability*, 2003, 5(3):419-436.

[12]Barry B. The Ethics of Resource Depletion. In B. Barry, (ed). Democracy, Power and Justice,

Essays in Political Theory. Oxford Clarendon Press，1989.

[13]Page E. Intergenerational Justice and Climate Change. Political Studies，1999，47(1).

[14]除了对未来经济价值的考虑，可回收性还有其他目的，其中最重要的两个方面是：(1)如果贮存场的运行不如预期，能够采取补救措施；(2)能够让后代人有机会利用新技术解除废物的有害性。

[15]如果后代人要分享这项利益，我们就需要放弃“核裂变的部署可以持续100年”的设想。但是，作为一种潜在的未来利益，这似乎是公平的。

[16]当我们讨论能量生产的形式时，使用绿色可能会产生误解。而选择颜色时，需要以政策分析和可比性研究方面的文献为依据。本项分析中出现的几种颜色仅仅是用于一连串的对比，不能对其他能量形式进行推测。

[17]值得注意的是，为了便于分析，我们将“公众安全”和“环境友好”合并在了一起。

[18]NRC. Yucca Mountain Repository License Application for Construction Authorization，Safety Analysis Report，U.S.Nuclear Regulatory Commission，2008.

附录 E

核燃料循环技术现状

现有核燃料循环技术所反映出的是核燃料循环的历史目标和当时的可用技术。在20世纪60年代至70年代初，人们对发展核电寄予了很高的期望，并且认为铀资源是非常有限的，从而产生以下观点：(1)由于铀的利用率不高，轻水堆技术被认为是一种过渡技术；(2)对轻水堆乏燃料进行后处理和回收，然后重新用于轻水堆；(3)核燃料循环模式将迅速转变为闭式循环，所有乏燃料将被后处理和回收，成为高转换比钠冷快堆的燃料。轻水堆乏燃料首先在乏燃料池中储存几年，然后被运输至后处理厂，最后回收其中的易裂变材料重新用于反应堆。在之后10年的福特/卡特时代，人们对核扩散的担心使得政策开始发生变化，不再对钚元素进行回收，所以最终废弃了Barnwell后处理厂（用于回收轻水堆乏燃料中的钚）。另外，经济因素（更好的轻水堆燃料、低的铀价格、高于预期的乏燃料循环成本、快堆的高成本）推动了这项政策的实行，使得一次通过式轻水堆燃料循环方案更具吸引力，最终轻水堆成为世界上大部分地区最受欢迎的反应堆。核电的缓慢发展阻止了美国快堆的研发和示范（RD&D），一次通过式轻水堆燃料循环发展为美国的标准核燃料循环技术。

E.1　一次通过式燃料循环技术

一次通过式轻水堆燃料循环的历史目标是改进短期经济性或燃料的防核扩散特点。20世纪70年代的最后一个主要计划是，通过提高轻水堆燃料的燃耗，改善经济性（降低燃料制造成本、降低反应堆换料频率、减少乏燃料处置量）和防核扩散特性（提高乏燃料辐照水平、降低单位产能的耗钚量）。目前针对先进轻水堆燃料开展了一部分工作，这类燃料采用碳化硅包壳以及新型燃料基体材料，使得燃料可以从反应堆安全（更大的安全裕量）和废物管理（更稳定的废物形式）方面得到改善，但这些研究工作尚不足以实现新型燃料的商业化。最新发展如下：

(1)高温反应堆燃料。近几年发展了一种可靠的高温堆燃料，使我们距离实现商用高温堆的目标（很可能采用一次通过式燃料循环）更进一步。

(2)一次通过式快堆燃料。人们一直都在关注一次通过式可持续快堆的初期发展情况，该反应堆在堆芯初次装料完成后使用的燃料是贫铀或天然铀（附录B）。先进的一次通过式燃料循环的可行性取决于燃料包壳新材料的开发和验证。

E.2 闭式燃料循环技术

闭式燃料循环的种类很多,它们虽然有各自不同的目标、堆型和裂变材料,但核燃料循环运行的后端处理都是相同的:(1)用物理或化学方法将乏燃料分离成不同产物流;(2)将挑选好的产物转换成新燃料组件或反应堆用材料;(3)废物直接被转换成可以进行处置的化学和物理形式。闭式燃料循环可以实现开式燃料循环所不具备的四种功能。

(1)浓缩提纯易裂变燃料。在反应堆里,易裂变燃料发生裂变,而增殖材料转换成易裂变燃料。燃料(主要由易裂变产物组成)成分的变化可能会导致反应堆停堆。在转换比小于1的反应堆中,易裂变燃料浓度随时间而降低。回收分离易裂变材料,将其转换成新燃料,从而避开反应堆中子学限制。

(2)燃料组件更换。辐照将随着时间推移对燃料造成损伤。而采用闭式燃料循环可以实现燃料包壳和其他燃料部件的更换,这也是在大多数快堆中采用闭式燃料循环的主要目的。易裂变材料的产生和消耗速率一致,避免了因裂变产物的累积引起的反应堆停堆。在这样的闭式燃料循环里,回收(或需要回收)的乏燃料数量取决于包壳材料的性质。因此,改善材料性能可以降低回收需求。

(3)转换燃料形式。如果燃料从一个反应堆转移到另一反应堆,必须改变它的物理形式。

(4)核废物管理。某些类型的乏燃料可以被直接处置,但必须转换成可接受的废物形式。对乏燃料后处理(为了管理废物)的需求,是由乏燃料储存、运输和处置所驱动的。

在轻水堆闭式燃料循环中,钚元素要通过回收过程变成MOX燃料,采用该循环方式的主要目的是提纯(消除裂变产物)和提高易裂变材料(Pu)的浓度,从而充分利用燃料和替换燃料组件。在许多金属燃料快堆系统中,闭式燃料循环的主要目的是替换燃料组件和二次提纯(燃料包壳的辐照损伤限制了燃料寿命)。轻水堆闭式燃料循环产生的乏燃料可以用来启动快堆,该循环需要对燃料形式进行提纯和转换。快堆需要的易裂变材料浓度比轻水堆高,燃料形式也不一样。已有许多以管理废物为目的的后处理案例:20世纪50年代,为了发电和生产钚元素(用于制造武器),英国建造了Magnox反应堆,采用镁合金作包壳,铀金属作燃料(铀金属在大部分环境里都是不稳定的状态)。起初是对乏燃料进行后处理以提取乏燃料中钚元素用于制造核武器,而现在则直接后处理成可接受的废物形式。

由于生产新核燃料组件的技术和经济限制,对于大部分现有闭式燃料循环技术,在制造新燃料之前都需要从乏燃料中分离纯铀或钚/铀混合物。核燃料组件是高度工程化部件,需要很高的质量保证,所以要使用纯的材料,而不能是非纯材料(含有高辐照限制的裂变产物)。大部分情况下,分离纯的易裂变材料(如钚元素)不是闭式燃料循环的基本要求,而是现有燃料制造技术限制的结果。

从根本上说,不同类型的闭式燃料循环采用的堆型和燃料也是不相同的。但是,核燃料循环后端的技术相同,都是分离不同类型的乏燃料制成产物流并将废物转换成可接受的废物形式(用于废物处置)。这是因为这些乏燃料都含有相同的锕系元素和裂变产物,且同样需要转换成可接受的废物形式。相反,燃料制造技术是核燃料循环和反应堆的特有环节。

回收厂废物处理单元的设计、配置和运行的关键是产品构成。产品构成取决于乏燃料供给材料、选择的回收堆型(快堆或热堆)、回收策略(全闭式循环或半闭式循环)、反应堆燃料结构(均匀或非均匀)、回收燃料的类型(金属、氧化物、其他陶瓷材料)以及目标材料、结构。最终,回收燃料的制造和废物处置形式决定了回收厂出来的产物的形式和成分。

E.2.1 废物的分离和处理

想要从乏燃料中获得的产物数量越大,回收厂的复杂性就要越高。回收厂分离乏燃料得到需要的产物,然后将废物送入废物管理设施。表E.1列出了回收厂的传统功能,包括水法处理和电化学(高温化学)处理。

(1)水法处理。将燃料溶解在低温酸性水溶液中,加入多种有机萃取剂用于分离水溶液中的产物,该方法的处理量可以非常大(7 000 t/a乏燃料)。

(2)电化学(高温化学)处理。将燃料溶解在高温盐中,用电化学方法使金属产物“析出”。这个过程通常采用多管道批量处理,以满足生产力的需要。

商业上只存在一种回收厂,从轻水堆乏燃料中回收钚,用来生产MOX燃料(将回收的钚元素重新放入轻水堆)。目前已经建造了三个完全商业化的回收厂,包括废物的分离和处理,但是都缺少对挑选的废气和氚化水的处理:

LaHague(法国):800 t/a轻水堆乏燃料,两列;

Sellafield THORP(英国):1 200 t/a轻水堆乏燃料;

Rokkasho(日本):800 t/a轻水堆乏燃料。

表E.1 回收厂的功能

领域	水设施功能	电化学设施
回收	卸载燃料桶、检验组件以及储存	
进料预处理	碾碎、过滤和溶解	碾碎、切条,装入处理篮
气体处理和提纯系统	清除溶剂中的气体和加工处理	除去惰性气体室中的氧气和水,收集裂变气体
分离	回收溶液中的各种氧化产物	回收金属铀和U/TRU产物
产物转化	固态转变	固化(熔融)
设备修理和维护	加工和远程操作设备的修理和维护	
废物形式生产	转换成可放在贮存库处置的废物形式,特别是玻璃,二次废物的处理和储存,包括包壳、硬件、低放废物、超铀元素、有机物、加工水、过滤器和失效设备	金属废物形式和非金属废物形式(可以放在贮存库处置的废物形式)的生产和包装,二次废物的处理和储存,包括硬件、过滤器和失效设备
储存设施	管理废物(最终处置之前的废物)的设施,包括对处置之前的高放废物衰变热进行冷却	
产物储存设施	产物的临时储存	

多目标核燃料循环可能存在的一些潜在经济价值刺激着我们对材料进行分离工作,如图E.1(轻水堆燃料)所示。回收的产物越多,对各种分离技术和产物制造技术的需求

就越大。表 E.2 列出了金属和氧化物燃料的不同回收技术及其开发阶段的举例。

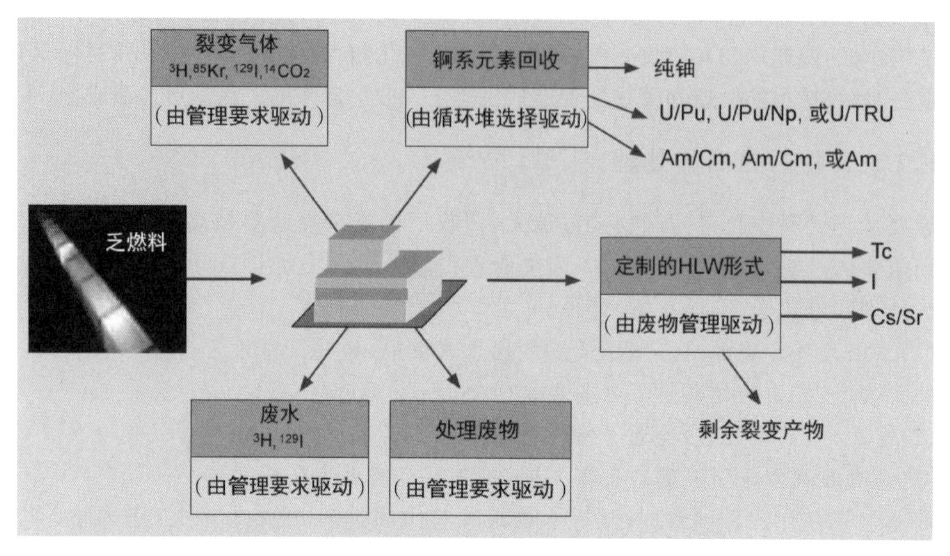

图 E.1 轻水堆燃料循环的潜在产物和废物流

表 E.2 乏燃料回收技术*

燃料成分	技术	技术描述	技术准备状态
U/Pu-MOX 轻水堆	PUREX	用低浓铀稀释 Pu;Pu 与 U 后期混合 Am 和 Cm 在 MOX 废物中累积	厂规模
U/Pu-MOX 快堆	PUREX	低浓铀和 20%以上的 Pu;Pu 与 U 后期混合 有增殖的可能	厂规模
U/Pu-金属 快堆	电化学	低浓铀和 20%以上的 Pu;Pu 从未被分离 有增殖的可能	大型工程规模
U/Pu/Np-OX 轻水堆	COEX UREX+2	用低浓铀稀释 Pu;Pu 从未被分离 Np 衰变出的 γ 辐射 Am 和 Cm 在 OX 废物中累积	小型工程规模
U/Pu/Np-OX FRw/Am/Cm 靶	UREX+3	低浓铀和 Np,以及 20%以上的 Pu Pu 从未被分离 来自 Np 衰变的 γ 辐射 靶材料存在高 γ 和 n 辐射场 有增殖的可能	小型工程规模
U/TRU-OX 快堆	UREX+1a 电化学	Pu 约占超铀元素的 90% 后期混合 U/TRU,Pu 从未被分离 来自 MA 衰变的 γ 和 n 辐射 有增殖的可能	小型工程规模
U/TRU-金属快堆	电化学 UREX+1a	Pu 约占 TRU 的 90%; 后期混合 U 和超铀元素,Pu 从未被分离 来自 MA 衰变的 γ 和中子辐射 有增殖的可能	小型工程规模

* 商业化后处理厂可以用 PUREX 方法处理多种乏燃料。产物流是纯的氧化钚、氧化铀或钚与铀氧化物的混合物。其他放射性核素全都进入废物加工。

Purex 是唯一的商业化加工方法，主要采用水法处理，易于发展成大型厂。对废物进行分离时，水法处理更加通用，因为有大量有机萃取剂可以用来萃取特定锕系元素或裂变产物。COEX 和 UREX 是其他类型的水法处理，它们采用不同萃取剂。

E.2.2 回收燃料生产设施

燃料的选择对回收燃料制造设施有很大影响。现有技术只能制造低辐射水平的钚、铀和镎(Np)混合燃料。制造氧化铀燃料需要依靠许多手动操作(要求屏蔽最小化，图 E.2a)。表 E.3 列出了轻水堆 UO_2 燃料生产设施的传统功能。如果为了实现废物管理或防核扩散而将其他核素回收至反应堆，目前尚不存在这样的商业化生产技术。我们可以在回收分离厂对高辐射限制的全远程操作设施(如暗室、热室等)进行操控，而燃料生产设施的远程操作仍需验证。

MOX 燃料制造设施可以将氧化铀和氧化钚的混合物制成轻水堆燃料，添加的手套箱(图 E.2b)主要用于保护工作人员使他们不会吸入空气中的放射性核素(发射 α 粒子)，但是 MOX 燃料的处理方法和 UO_2 几乎相同。嬗变靶材或含次锕系元素的燃料(都含有超铀元素)的生产必须采用远程操作，因为热室(图 E.2c)的 γ 和中子辐射场很强。生产 TRU-OX 燃料需要开发新的制备工艺，避免人工操作。至今为止，只有两种发展不完全的技术可以尽量减少人工操作：溶胶-凝胶法和振实法。表 E.4 列出了不同燃料制造技术及其发展状态。

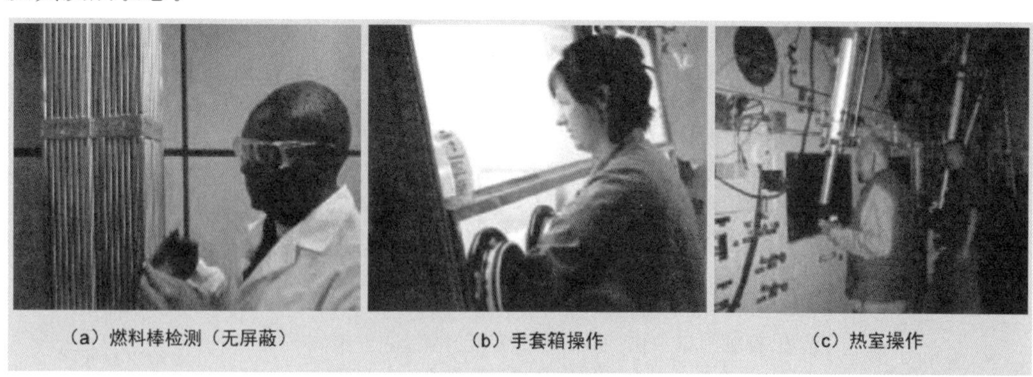

(a) 燃料棒检测（无屏蔽） (b) 手套箱操作 (c) 热室操作

图 E.2 燃料制造设施

表 E.3 传统燃料制造的功能

区域	功能
接收区	卸载 UF_6 圆柱体
UF_6 气化一氧化转化区	将 UF_6 固体加热成气体，用化学法处理成 UO_2 粉末
粉末研磨、挤压、烧结和压片区	将 UO_2 研磨得大小一致并挤压成圆片，然后烧结成陶瓷芯块
陶瓷芯块质量检查区	通过目测对陶瓷芯块进行检查
燃料棒生产区	将陶瓷芯块堆放进锆合金管，生产燃料棒
燃料组件生产区	燃料棒束集成组件——取决于反应堆结构
储存设施区	储存燃料组件，等待转移至反应堆设施

目前还没有哪个国家使用过商业化的全闭式燃料循环。任何成功商业化的“半闭式燃料循环”或“全闭式燃料循环”都需要仔细挑选将要被回收的乏燃料。例如，如果对轻水堆实行经济性回收，就需要维持回收燃料的铀/钚同位素比，这将减少当前可以被经济性回收的轻水堆乏燃料数量，分离设施只分离元素而不是同位素，要选择对哪些乏燃料进行回收则取决于理想同位素的比值。法国拥有“半闭式燃料循环”，可利用轻水堆乏燃料回收的钚元素生产 MOX 燃料，但是回收之前要对乏燃料进行仔细选择，挑选好的乏燃料燃耗和冷却时间都必须一致，以便简化处理工艺，提高其商业吸引力。由于法国有统一的反应堆群，所以该方案比较容易实行。MOX 乏燃料无法被回收，因为 MOX 乏燃料中的钚同位素很难在轻水堆中进行循环。

表 E.4　回收燃料的制造技术

燃料成分	燃料制造技术	燃料包装	屏蔽要求	技术准备状态
U/Pu-MOX 轻水堆	研磨并混合铀和钚氧化物，冷压并烧结	芯块堆在包壳内堆叠	全屏蔽式可控气氛手套箱	厂规模
U/Pu-MOX 快堆	研磨并混合铀和钚氧化物，冷压并烧结	芯块堆在包壳内堆叠	全屏蔽式可控气氛手套箱	厂规模
U/Pu-金属快堆	熔融金属浴浸入式铸造	金属燃料棒置入钠粘合包壳	全屏蔽式可控气氛手套箱	大型工程规模
U/Pu/Np-OX 轻水堆	研磨并混合氧化物；冷压和烧结	芯块堆在包壳内堆叠	全屏蔽式可控气氛手套箱或操作室	小型工程规模
U/Pu/Np-OX 快堆	研磨并混合氧化物；冷压和烧结	芯块堆在包壳内堆叠	全屏蔽式可控气氛手套箱或操作室	小型工程规模
U/TRU-OX 快堆	析出氧化物或前期产物形成颗粒产物	远程遥控产品在包壳内堆叠	全屏蔽式可控气氛操作室	小型工程规模
U/TRU-金属快堆	熔融金属浴浸入式铸造	金属燃料棒置入钠粘合包壳	全屏蔽式可控气氛操作室	小型工程规模
U/Pu 或 TRU 陶瓷	溶胶-凝胶** 微球化生产	将微球包装在包壳里(Pu-U 元素的固溶氧化物、碳化物或氮化物)	全屏蔽式可控气氛手套箱或操作室	实验室规模
U/Pu 或 TRU OX	Vibro-pack***	陶瓷芯块远程包装	全屏蔽式可控气氛手套箱或操作室	半工业规模
Am/Cm 靶	析出氧化物或前期产物形成颗粒产物	远程遥控产品在包壳内堆叠	全屏蔽式可控气氛操作室	实验室规模

注：* 技术准备状态是大型工程规模，但由于有废物产生及锕系元素损失，当前处理方式无法商业化；
** 溶胶-凝胶 2；
*** 振实 3。

从概念上说，闭式燃料循环中裂变材料的回收与废弃金属的回收相同。为了生产回收钢，钢回收厂准备了不同类型比例适当的混合废物，以满足回收钢的产品规格。同样地，在回收钚时，也将不同乏燃料组件混在一起，从而得到理想的终产品。

E.3　美国核燃料循环

像美国这样的国家，反应堆群分布很不均匀，库存乏燃料的燃耗时间和冷却时间都有很大不同。在现有的乏燃料存储局面下，美国是无法采用法国商业化应用 MOX 策略的。如果美国要实现多目标核燃料循环，就必须评估出最适合美国当前和未来乏燃料存储的循环方式。在这种情况下，回收大部分乏燃料和回收所有乏燃料之间就存在非常大的技术性和经济性差异。如果经济性是回收乏燃料政策的主要影响因素，那么，易裂变成分高的乏燃料将被回收，而易裂变成分低的乏燃料会被归类为废弃物，这与纸、金属以及世界上其他废物流的回收是一样的。

最新一项支持闭式燃料循环研究的基金是由 DOE 的全球核能合作伙伴(GNEP)计划提供的。该计划最初是为了对先进回收技术进行集中研发和小型工程级示范(研发投资组合的一部分)。之后，GNEP 策略开始转为部署全面性商业化设施的方案，从而有了对工业界的投资机遇公告，以及四个投资合作协议[4]。工业界提供部署计划和核燃料回收及先进回收堆的概念设计。表 E.5 总结了工业界的意见，里面没有任何关于分离纯钚的内容。FOA 规定的设计能力如下：

(1)分离轻水堆乏燃料，将其转变成可以再次使用的燃料组件和核废物；

(2)降低需要地质贮存处置的废物的体积、热载荷以及放射毒性；

(3)用先进反应堆将超铀元素作为燃料的一部分消耗掉并生产电力。

在 2008 年，DOE-NE 起草拟了 GNEP 环境安全影响声明(PEIS)[5]和防核扩散影响评估(NPIA)[6]，用以评估扩大美国核电(在具备六种核燃料循环选项的情况下)的潜在影响。另外，GAO[7]公布了一项评估结果，如果采用原有的工程方案和加速办法，DOE 可能早已完成 GNEP 建立全范围设施的目标。GAO 建议，DOE 再次评估它对 GNEP 加速办法的优先权，这是因为假如在废物管理和防核扩散领域采用现有技术，可能会导致整体经济收益低于采用先进技术的经济预期收益。此外，NRC[8]公布了一份关于管理回收厂相关问题的白皮书。GNEP 计划在 2008 年终止，并为核燃料循环研发计划所替代。

表 E.5　已提议的工业配置方案

	核燃料回收中心	先进回收堆
国际核回收联盟(INRA)	• COEX^{TM}处理(没有纯钚产物流) • 可灵活部署新技术(技术成熟后回收次锕系元素 MA) • 燃料回收市场的容量(800～2 500 t/a)	• 再利用 U/Pu，先采用轻水堆 MOX 燃料形式，然后再进入钠冷快堆(SFR) • 需要进一步研发，使成本更具竞争力，加强技术可靠性和安全性(基于 JOYO、MONJU、Phenix、SuperPhénix等技术) • 从氧化物燃料开始，也可采用金属燃料
Energy Solutions 公司	• NUEX^{TM}处理(没有纯钚产物流) • 部署次锕系元素分离技术 • 容量 1 500 t/a • 同时部署产物分离和燃料生产设施	• 在 CANDU 或轻水堆中利用回收铀 • 先将 U/Pu 以 MOX 形式利用，之后再在先进回收堆内实现 U-TRU 的利用 • Am/Cm 可选项：在 CANDU 或轻水堆中进行焚烧－嬗变

续表

	核燃料回收中心	先进回收堆
GE/Hitachi	• 电法冶金处理(没有纯钚产物流) • U/TRU 产物 • 核燃料循环设施(可支持 3 个 622 MWe 功率的反应堆) • 分离和燃料制造的协同定位	• 在 CANDU 堆中再利用回收铀 • 在 PRISM 钠冷快堆中再利用锕系元素
General Atomic	• 用于回收轻水堆的 UREX+1a 处理 • 用于回收高温气冷堆的电法冶金处理 • U/TRU 产物 • 容量 2 000 t/a	• 在深燃耗堆 HTGR 中再利用轻水堆锕系元素 • 在先进回收堆中再利用深燃耗 HTGR 燃料

资料来源:Nuclear Waste Technical Review Board, Presentations, June 11 and September 23,2009 and "GNEP Deployment Studies: Executive Summary GA Project30293", General Atomics, May 22, 2008, San Diego CA, PC-000555 Rev. 2.

引文与注释

[1]Managed and operated by UChicago Argonne, LLC, for the U.S. Department of Energy under Contract No. DE-AC02-06CH11357.

[2]Bischoff, Stratton. Process for the Production of Ceramic Plutonium-Uranium Nuclear Fuel in the Form of Sintered Pellets, United States 4231976, 1980.

[3]Based on technologies developed by RIAR(Research Institute of Atomic Reactors) in Russia "Trends in Nuclear Fuel Cycles Economic, Environmental and Social Aspects", Organization for Economic Cooperation and Development 2002, Chapter 4.

[4]U.S. Department of Energy Press Release "Department of Energy Seeks to Invest up to $15 Million in Funding for Nuclear Fuel Cycle Technology Research and Development", April 17,2008.

[5]U. S. Department of Energy. Draft GNEP Programmatic Environmental Impact Statement, DOE/EIS-0396, October 2008.

[6]U.S. Department of Energy. Draft Nonproliferation Impact Assessment for the GNEP Programmatic Alternatives, NNSA, December, 2008.

[7]U.S. General Accounting Office. GNEP DOE Should Reassess Its Approach to Designing and Building Spent Fuel Recycling Facilities, GAO-08-483 Washington D.C., April, 2008.

[8]U.S. Nuclear Regulatory Commission. Background, Status, and Issues Related to the Regulation of Advanced Spent Nuclear Fuel Recycling Facilities, ACNW&M White Paper, June, 2008, NUREG-1909.